大飞机出版工程

总主编　顾诵芬

致命地带：
威胁飞行员生命的原因

The Killing Zone: How and Why Pilots Die

（Second Edition）

【美】保罗·A. 克雷格（Paul A. Craig）著

薛峰 朱妍 李梓衡 译

上海交通大学出版社
SHANGHAI JIAO TONG UNIVERSITY PRESS

内容提要

本书是美国一名资深飞行员及飞行教员对多起航空事故的搜集、整理和总结分析。本书较为全面和系统地总结了这些事故发生的"致命地带"，即可视飞行转仪表飞行、机动飞行、起降阶段飞行、跑道入侵、空中碰撞、燃油管理、夜间飞行、结冰、飞行员个人健康状态等。书中以文字和图片的形式对事故进行了真实还原，给读者以身临其境的感受；同时，又具体分析了事故原因，并总结经验教训，给人以启发。本书既能为飞行学员和飞行教员等相关人员提供较好的借鉴和参考，又可为航空设计人员"举一反三"，从飞行员的角度改进设计提供有力支持。

上海市版权局著作权合同登记号：09-2021-614

图书在版编目(CIP)数据

致命地带：威胁飞行员生命的原因 ／ （美）保罗 A. 克雷格(Paul A. Craig)著；薛峰，朱妍，李梓衡译
. 一上海：上海交通大学出版社，2022.9
（大飞机出版工程）
书名原文：The Killing Zone: How and Why Pilots Die

ISBN 978-7-313-26706-1

Ⅰ. ①致… Ⅱ. ①保… ②薛… ③朱… ④李… Ⅲ. ①航空运输-飞行事故-事故分析-世界 Ⅳ. ①V328.2

中国版本图书馆 CIP 数据核字(2022)第 053296 号

致命地带：威胁飞行员生命的原因
ZHIMING DIDAI: WEIXIE FEIXINGYUAN SHENGMING DE YUANYIN

著　　者：[美]保罗·A.克雷格(Paul A. Craig)		译　　者：薛　峰　朱　妍　李梓衡	
出版发行：上海交通大学出版社		地　　址：上海市番禺路 951 号	
邮政编码：200030		电　　话：021-64071208	
印　　制：上海万卷印刷股份有限公司		经　　销：全国新华书店	
开　　本：710 mm×1000 mm　1/16		印　　张：15.75	
字　　数：252 千字			
版　　次：2022 年 9 月第 1 版		印　　次：2022 年 9 月第 1 次印刷	
书　　号：ISBN 978-7-313-26706-1			
定　　价：128.00 元			

版权所有　侵权必究
告读者：如发现本书有印装质量问题请与印刷厂质量科联系
联系电话：021-56928178

本书译校人员名单

主　　　译：薛　峰　朱　妍　李梓衡

参与翻译人员： 张　超　鲍颖祎　马　晓　吴佳驹
　　　　　　　 赵跃明　王　洋　杨　俊

审　　　校：李梓衡　李宏刚　林　皓　李　伟
　　　　　　 朱　妍　段晓军

作 者 简 介

　　保罗·A.克雷格是一名驾龄很长的飞行员、飞行教员、航空教育工作者，并负责大量飞行员研究工作。克雷格毕生都在关注飞行员在通用航空飞行中的高事故率，为此他负责高校、FAA 和 NASA 的很多针对此项问题的研究项目。从 2002 年起，他作为 NASA 项目的理论研究专家承担了基于场景的飞行训练、基于能力的飞行训练、先进飞机设计、ADS－B(广播式自动相关监视技术)应用以及航空训练的团队合作工作。克雷格是一名航线运输飞行员且获得了多发飞机、仪表飞行、水上飞机等黄金奖章；两次被 FAA 评为"年度区域飞行教员"；于 2005 年获得 NASA 授予的"目标实现"奖；2004 年以国家杰出航空教育学者的身份获得"惠特利"奖。他还经常为推进飞行训练和安全为飞行教员举办讲座。另外，他还著有飞行系列图书：《飞行员与指令》《成为更好的飞行员》《失速与螺旋》《多发飞机飞行》《可控飞行员失误》等。

　　在有限的生命中，没有一个人可以从每一个错误中吸取经验。这也就是为什么我们要一起学习、理解并分享经验以提高飞行技能的原因。我们在一起相互研讨，期望可以减少这些"致命地带"。本书献给今天仍然飞行在这些"致命地带"的飞行员。

保罗·A.克雷格

美国田纳西州　穆夫雷斯伯勒

2012.05

致　　谢

　　感谢飞行安全基金会、NALL 报告（AOPA 定期报告/杂志）、美国联邦航空管理局（FAA）、美国国家航空航天局（NASA）、美国国家运输部、研究与创新技术管理局和运输统计局提供用于印证"致命地带"的大量数据。

　　我一直效力于非常有能力的团队，该团队负责了多项与飞行训练和航空安全有关的项目。SATS 航空飞行教育研究（SAFER）项目以及随后的飞行运行中心联合仿真项目的研究，对减少"致命地带"起着重要的作用。

　　我所有的灵感都来自与我共处 30 年的妻子和知己——多萝西·瓦尔卡塞尔·克雷格博士。

　　特别感谢以下人员对本书的支持：汤姆·奇塔姆、安德烈亚·乔治欧、杰里·希尔、里克·莫菲特、迈克·海因、格伦·利特尔佩奇、约翰·伯特兰、汤姆·康诺利、查理·罗伯逊、米歇尔·萨默斯、汤姆·格利斯塔、鲍勃·赖特、弗兰克·艾尔斯和詹姆斯·伯利。

　　特别感谢 SAFER 项目中年轻的创新团队的成员：金伯利·索尔斯比、罗比·安德森、瑞安·迪皮尤、戴维·罗宾逊、格雷格·斯莱格尔、贾森·西托、埃利奥特·费舍和詹姆斯·巴克。

　　感谢 FOCUS 实验室创新和研究团队的成员：保罗·卡尔森、杜兰特·布里奇、杰夫·蒂普顿、乔·库珀、贾斯蒂斯·阿曼科、珍妮·亨斯利、诺拉·科尔、杰伊·默里、艾伦·韦德、阿曼达·赖斯、科迪·科比特、科迪·伊万斯、埃米莉·桑德斯、利兰·韦特、沙娜·金克森、瑞安·利拉德、安德鲁·威洛比和蕾贝卡·拉米雷斯。另外还要感谢阿曼达·赖斯对初稿的评价和建议。

感谢我的顾问及同事：汤姆·卡尼、比尔·科鲁斯、温迪·贝克曼、特里·多里斯、加里·凯特利、艾伦·斯托尔兹、罗恩·费拉拉、格雷格·罗宾斯和杰里米·布朗。

相信本书肯定会为飞行教员、飞行教育者和相关研究者提供有力支持。

前　　言

　　本书的风格与教科书不同，本着一种可讨论的模式，就像飞行教员和学生一样，讨论如何成为更好的飞行员。当你的飞行教员离开时，我们将一起成为更安全的飞行员。

　　本书列举了很多飞行事故，尤其包括一些飞行时间短、经验不足的飞行员经历的事故。编写本书的难点在于它将讲述我的那些同伴——处于危险中的飞行员。在过去的10年中，我在遇难飞行员的追悼会上赞扬了一位失败的飞行员，在法庭上代表另一位飞行员作证，并且在事故发生后，我也是第一个给其家人打电话的人。对我来说，事故数据是有人性的，而不仅仅是数字。书中所列举的事故是对在事故中牺牲的生命的最大尊重。在分析本书中的事故时，我希望其他飞行员能从中获取经验，保证飞行的安全性。这些案例中很多都是致命的事故，选择案例时考虑了不同的地区，他们遇难的价值也许就是保全了另一名飞行员的生命。

　　本书引用的事故来自美国国家运输安全委员会（NTSB）发布的调查研究文件。这些事故是随机选择的，选择的目的也仅是用于教学。这些事故选择于美国国内的所有地方，若在任一区域中选取的事故数量与其他地区的不均衡，则纯属巧合。这些事故作为例证也取自不同的飞机制造商，并未试图筛选出某个制造商，若从同一飞机制造商处选取的数量与其他的不均衡，也纯属巧合。

目　　录

1 致 命 地 带

　　一般来说，飞行是安全的，尽管书名看起来不像这么回事。其实，本书主要围绕飞行的安全裕度进行讨论，最小的裕度在哪？最大的裕度又在哪？当你作为乘客，或者驾驶飞机时，什么时候遇到的风险最大？首先我们必须假设：无论何时，以何种方式出行，我们都要承担一定的风险。1972年，美国最高法院裁定："安全并不等于没有风险。"因此，根据法律，有些东西虽然有风险，但仍被认为是安全的。这取决于我们个人判断到底存在多大的风险，然后决定接受或拒绝这样的风险。当我开车去杂货店时，就已经接受了风险。我知道我可能会在路上遇到车祸，但我接受这个风险，而且经常开车去杂货店。我知道我可能遭遇一次飞机事故，但我会评估每次飞行的风险，并努力做出正确的决定——我经常由于感觉风险太大而取消航班。当我们知道所面临的所有风险时，往往会做出更好的决定。遗憾的是，飞行与人生一样，就算是发生过了，我们常常还是很难了解到所有的真实情况。飞行员通常都是优秀的决策者，但当他们遇到之前不知道的风险时，比如突然的机械故障，或快速移动的雷暴，事故就可能发生。当飞行员忽视告警信号时，事故也会发生。当飞行员可以进行风险评估，但没有抓住这个机会时，事故同样会发生。那些本可以避免的事故，也是本书关注的重点内容。

　　许多书籍和出版物使用事故统计数据来证明或者反驳一个理论。美国交通部（USDOT）设有一个交通统计局，专门负责事故的统计和分类。但事实是，事故本身并不是一个好的衡量安全的指标。一个系统即使今天没有发生任何事故，也不能证明其是安全的。同样地，一个系统哪怕今天发生了事故，也不能证明其就是危险的。另一个事实就是事故很少发生。每发生一起致命的汽车事故，汽车都已经行驶了数百万英里①的无事故里程。每发生一起致命的飞行事故，飞机都已经有数十万小时的安全飞行时间。因此，事故是异常值。统计学家

---

① 1英里≈1.6千米。

通常会剔除异常值，因为它们并不能代表更大的群体。但当我们研究事故统计时，我们只关注异常值。这并不是一个统计学上的合理做法，我们也不可能把那些从未发生过的事故统计进来。如果一个飞行教员真的向他的学生强调了侧风着陆技术，而且这些学生对侧风着陆很在行，那么他们的侧风事故会减少吗？几年后，其中一名学生可能会处理棘手的侧风进近并安全着陆，或者，因为他知道危险，所以选择转向另一个没有侧风的机场着陆。在这种情况下，没有任何事故发生。飞行教员为"训练出"侧风事故所做的努力并没有被注意到，也没有被计算在内。因此，每当我们使用事故数据来讨论问题时，必须牢记这些事实。然而，遗憾的是，有时事故数据是我们必须了解的。在本书中，我选择了一名飞行教员对事故的看法，而不是统计学家的看法。对我来说，事故数据是关于人的数据，而不仅仅是冷冰冰的数字。每当我谈论飞机事故时，我都带着敬畏的心情，而从不去评判受害者。已经发生的事故，再也无法预防了。我们现在只能用飞行员的牺牲，来消除下一次事故。这是事故数据的目的和价值——理解"致命地带"的目的和价值。

1999 年，我出版了《致命地带》第 1 版，我评估了 1983—1999 年飞行时间少于 1 000 小时的通用航空、私人和学生飞行员的事故。我根据作为飞行员的经验，识别出了发生最多致命事故的地方。根据美国国家运输安全委员会（NTSB）的事故报告，我能够确定飞行员在飞机失事当天的飞行时间。通过使用图 1.1 中的原始数据，我们可以清楚地看到，当私人或学生飞行员的总飞行时

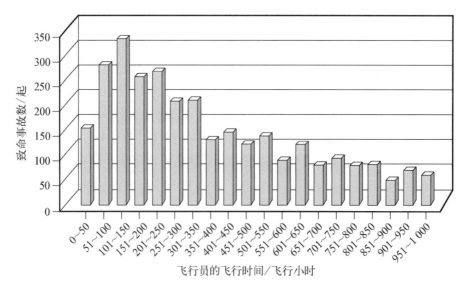

图 1.1　致命事故总数——私人和学生飞行员（1983—1999 年）

间为50～350飞行小时时,发生的事故数量是最多的,这就是"致命地带"的时间跨度。

《致命地带》第1版就是对该区域的一次努力研究——在这些区域中找到安全裕度最薄弱的一个环节并试图通过训练来避免下一次事故的发生。《致命地带》第1版已经出版10多年了,如果第1版中对消除事故的尝试以及其他数百名飞行教员、政府项目和研究人员的努力,都已经完全成功的话,就没有理由再来写《致命地带》第2版了。因此,现在的问题是航空界在经过这10多年的变革后,"致命地带"是否依旧存在?答案如下:是的,它依然存在。

自1999年以来,在私人飞行员、学生飞行员、休闲飞行员和现在的轻型运动飞行员之间发生的通用航空致命事故持续发生,每一起都是航空家族的人员损失。在过去的10年里,我曾在一位遇难飞行员的追悼会上发言;我以专家的身份证实了出错的事情;事故发生后,我是第一个给其家人打电话的人。

因此,为了回答"2000—2011年,'致命地带'是否依然存在?"这个问题,我查询了国家运输安全委员会(NTBS)的数据库。数据显示,在这12年间,由学生飞行员、私人飞行员、休闲飞行员或运动飞行员担任机长的,共有1 908起致命事故发生。在这1 908起致命事故中,飞行员飞行时间不足1 000飞行小时的有1 062起事故。图1.2给出了原始数据。

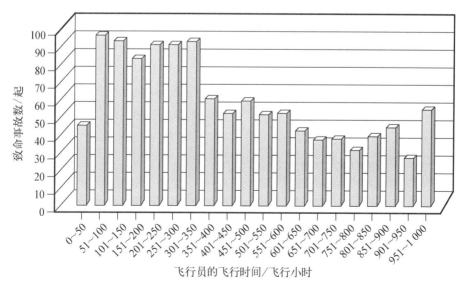

图1.2 致命事故总数——学生、运动、休闲和私人飞行员(2000—2011年)

图 1.3 比较了 1983—1999 年的致命事故总数和 2000—2011 年的致命事故总数。结果表明,1983—1999 年的时间跨度似乎有更多的事故发生,事实也确实如此。首先,更多的事故显然是因为更长的时间跨度,前者是 17 年,而后者仅有 12 年。其次,更重要的是,2000—2011 年的致命事故率更低。然而,这两组数据都表明,50～350 飞行小时范围内的致命事故数量出现了激增。

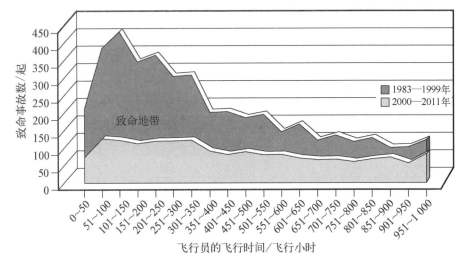

图 1.3　致命地带比较(1983—1999 年和 2000—2011 年)

我研究了 2000—2011 年的每一起事故,以确定飞行员在事故发生时的飞行时间,但其中一些数据是不完整的。调查人员总是试图发掘事故飞行员的经验水平。有时信息是直接来自飞行员的飞行日志;其他时候,飞行员的日志可能无法使用——甚至在事故中被毁、遗失等,或者家人没有将日志交给调查人员。当无法获取飞行日志信息时,飞行时间是通过飞行员接受的飞行训练记录来确定的。不过,在很多情况下,飞行时间信息来自飞行员的最后一次医疗证书申请。考虑到最后一次医疗报告和事故发生之间有一定的时间间隔,使用飞行员的最后一份医疗报告上的飞行时间,会降低相关信息的准确性。如果你是一名飞行员,就会记得上一次去参加飞行员体检的事情。在进去看医生之前,会被要求填写申请表。当你坐在候诊室里,被问到“总飞行时间”和“最近 90 天内的总飞行时间”时,由于你一般不会随身携带飞行日志,因此必须猜测。当你猜的时候,通常使用整数,比如 200,而不是 198。当我查看数据时,发现 NTSB 报告中出现了大量这样的“取整估计”。每当我看到有飞行员飞行时间为“200 飞行小时”的事故报告时,我很确定这不是一个准确的数据,但我仍然采纳它,因为这是最好的,或者唯一能够获得的数据信息。在一起案例报告中，一名私人飞行员在事故发生时的飞行时间总计为 16 飞行小时，要知道 40 飞行小时的飞行时间是获得私人飞行员证书的最低要求，因此，私人飞行员不可能在只有 16 飞行小时的情况下发生事故。那么，这该怎么解释呢？我猜测是那个飞行员在他只有 16 飞行小时的飞行时间时，向医生办公室申请了学员飞行员证书；在那之后，他通过了私人飞行员的飞行认证；再之后的某个时候，他发生了致命事故。由于没有或者找不到实际的飞行时间记录，所以调查人员采用了唯一可用的记录——学生飞行员证书的申请报告上所写的 16 飞行小时。因此，当我们查看实际的事故数据时，一定要牢记，这些数据是由调查人员生成的，他们也可能无法获得完整的信息。还有一件事实，就是调查本身的水平和质量也存在差距。NTSB 和联邦航空管理局（FAA）是两个独立的政府机构。NTSB 并不是 FAA 的一部分，反之亦然。这种相互独立的安排是有意的，以防止任何可能的利益冲突。如果调查结果表明有必要对现有法规进行修改，则 FAA 会为了避免可能的责难，而不会大力推行这一修改建议。由 FAA 开展事故调查可能并不是一件好事，但它一直在发生。NTSB 共有约 800 名调查人员，但这些人员的调查内容包括公路、水路和管道运输等所有的运输方式。航空调查人员的数量很少，因此，在很多情况下，NTSB 都会把航空事故的调查交给 FAA 来处理，除非是一些引人注目的案例，如小肯尼迪的事故等。FAA 飞行标准地区办公室（FSDO）在全国各地都有一名督察员随时待命，以防该地区发生事故。在一些情况下，主要是没有人员伤亡的情况下，FAA 可以进一步将事故调查委派给个人处理，我就被委派了好几次。在这种情况下，我成了调查员，并被许可在完成调查后，就可以移动飞机。此时调查包括采访飞行员、会见目击者、拍摄照片、获取油类和燃料的样本，以及记录事故发生时的天气情况等。NTSB 的第 830 部规定，在初始调查完成之前，无论谁进行了何种调查，都不应该移动飞机残骸。其子章节 C 规定，在委员会或其授权的代表接管前，飞机残骸、邮件或货物等不得被扰乱或移动，除非在以下必要的范围内：① 为将受伤或受困的人移走；② 为保护残骸免受进一步损害；③ 为保护公众免受伤害。规则接着说，如果需要移动飞机残骸、邮件或货物，必须有草图、描述性说明或者照片等，标记残骸的原有位置和状态，以及所有重大的撞击位置等。因此，NTSB 规定赋予了每个公民在规则描述的情况下成为事故调查员的权力。有一次，NTSB 的一名调查员告诉我，他到达事故现场时，首先受到了当地警长的欢迎，警长不仅已经封锁了事故现场，还给了他一个额外的"帮助"：他和他的副手已经将所有的飞机残骸和碎片收集在了一起，并将它们摆放整齐地呈现在调查员面前。显然,警长和他的部下违反了 NTSB 的第 830 部的规定,从而使得调查无法有效开展。本来可以根据飞机残骸和碎片的模式,计算撞击的角度和速度,但现在它们被收集在一起,也就无从计算了。此外,当从地面捡起燃油管路时,里面的液体可能会流光。现在也无法确定管路里的液体是燃料还是水,或者是两者的混合物了,有关管路液体类型的数据也永远丢失了。可以检查灯泡内部的灯丝,以确定事故发生时灯的状态。如果灯泡亮着,就表明飞机上有电。不过,如果灯泡被撞在碎石堆上,该信息可能也会丢失。所有这一切都是为了说明,我们用来分析事故的数据可能不完整,因此就不可能完整地分析。空难事故的调查和分析充满了附加说明。但是,正如我前面说过的,尽管可能有一些瑕疵,但这是我们为了继续研究所能获取的所有数据。

考虑到所有这些潜在的缺陷,我把数据按照飞行时间进行划分。图 1.2 给出了以 50 飞行小时为时间间隔的划分方式。你一眼就可以看到,事故数从 0～50 飞行小时区间的 39 起,直接跳到了 51～100 飞行小时区间的 91 起。虽然也有学生飞行员的飞行时间超过 50 飞行小时,但这里的主要假设如下:飞行时间小于 50 飞行小时的飞行员,大多数是学生飞行员;而超过 50 飞行小时的飞行员,大多数是私人飞行员。这里的进一步假设是图 1.2 事故数据的跳变与飞行教员有很大关系。学生飞行员有飞行教员进行操纵指导,而私人飞行员却没有,在这种没有指导的情况下,似乎就会突发致命事故。在接下来的 5 个飞行时间区间内,这种跳变持续存在。在《致命地带》第 1 版中,涵盖了 1983—1999 年的事故数据,致命事故总数在 51～100 飞行小时的时间区间范围内开始大幅上升,并持续保持高位,直到 301～350 飞行小时的时间区间后才下降。因此,将 50～350 飞行小时的时间范围称为"致命地带"。现在,根据 2000—2011 年的事故数据统计,发生数据跳变的情况与之前一样,在 51～100 飞行小时区间内开始上升,在 301～350 飞行小时的时间区间后才开始下降。显然,这样的事故数据表明"致命地带"仍然存在。

1.1　学生飞行员

由于学生飞行员是在飞行教员的监视之下飞行的,因此,人们普遍认为学生飞行员是相对安全的飞行员类别。飞行教员依法拥有对学生飞行员的否决权。好的飞行教员通常允许学生自己收集相关信息,并对即将发生的飞行制订放飞/取消决定。但是,由飞行教员对是否允许其单独飞行或对其取消飞行的决定进行最终的决策。我们必须假设事故数量激增的出现(见图 1.2 的底部)是因为当学生飞行员变为私人飞行员时,他们之前的飞行教员将不再拥有否决权。当这个安全保护网被移除时,一些飞行员做出了糟糕的选择,从而导致事故量的激增。飞行教员的监督是一股保障飞行安全的强大力量。飞行教员是预防事故的第一道防线。

根据 NTSB 数据库,2000—2011 年,有 311 起与学生飞行员相关的致命事故。但这个数据是不准确的,因为凡是事故报告中提到学生飞行员,哪怕学生飞行员没有驾驶飞机,也会将其统计在学生飞行员事故的名单中。因此,为了获取真实情况,我阅读了所有的报告,并做了一些选择性删减。在初始的 311 起学生飞行员事故中,有一名站在地面的学生飞行员是一起事故的目击者,但计算机程序还是提取了该数据,最终计入了 311 起事故总数。显然,这不是学生飞行员导致的事故,不应该计算在内。通过分析,在 311 起事故中,只有 103 起事故是学生飞行员独自飞行并担任机长时发生的。许多涉及学生飞行员的致命事故是在他们接受飞行教员的指导时发生的。有 94 起致命事故是飞行教员和学生一起飞行时发生的。在这 94 起事故中,有一起事故发生在一名"非认证"的教员身上,一起事故发生在一名证书已经过期的教员身上,一起事故发生在"介绍性飞行"中,一起是在一次销售演示上,还有一起是在真实考试中——一名学生和他的飞行员考官在私人飞行员考试过程中丧生了。还有一名学生飞行员的致命事故被证实是自杀。另外还有 13 起涉及 26 架飞机的空中相撞事故。

在 103 起学生飞行员担任机长的致命事故中,有 9 起涉及非法载客,违反了联邦航空法规(Federal Aviation Regulations)FAR - 61.89"禁止学生飞行员搭载乘客"的规定。这意味着一名学生飞行员可以在教员的同意下单独飞行,或者与他的教员一起飞行。在其他任何情况下,学生飞行员的乘客都只能是自己。尽管有法律规定,仍可能有一些学生飞行员不顾教员的反对,搭载了乘客,2000—2011 年,有 9 起这样的致命事故发生。FAR - 61.87 规定,一个人必须首先持有有效的学生飞行员证书,并获得飞行教员的同意,才能单独驾驶飞机。然而,在 103 起学生飞行员致命事故中,有 14 起涉及没有学生飞行员证书,或者其证书已经过期。大部分事故都发生在不遵守法律规定的飞行员身上。

根据 FAR - 61 规定的要求,一个人只有累积到 40 飞行小时的时间,才有资格参加私人飞行员认证考试。这 40 飞行小时包括夜间飞行指令、模拟仪表条件飞行指令、飞往带操作控制塔的机场,以及飞往距离本土机场 50 海里以外的机场等。在这 40 飞行小时内,应至少有 20 飞行小时与一名认证的飞行教员在一起,以及至少有 10 飞行小时的单独飞行时间。40 飞行小时是最短的时间,许多学生飞行员都需要更多的时间准备口试和飞行试验，全国平均完成时间接近67飞行小时。在103起涉及学生飞行员的致命事故中，只有65份报告包含了飞行员在事故当天的飞行时间——显然这些数据是不完整的。在包含飞行时间的65份报告中，的确有一些不同寻常的发现。在65人中，有20人的飞行时间超过了100飞行小时。一名学生飞行员有600飞行小时的飞行时间，两名学生飞行员截至他们死亡当天，有超过1000飞行小时的飞行时间。是的，没错！确实有超过1000飞行小时的学生飞行员。我不记得是否曾遇到过飞行时间超过1000飞行小时的飞行员，但我的确碰到了一两次这样的情况。有些人成了"职业"学生飞行员，这是很罕见的，但他们通常拥有自己的飞机，或者在没有证书的情况下非法飞行，或者每90天请一位飞行教员在他们的证书上签字，以便能够单独飞行。通过规避相关法规，这些学生飞行员可以不必为通过知识测试或飞行考试而担心，他们只是飞行。我认为，那些不断在证书上签字，从而使飞行员绕过法律规定的飞行教员，实际上是在伤害学生和航空事业。这种做法是对飞行教员认证的滥用。不管怎么说，这种事情的确发生了。防止出现"职业"学生飞行员而构建的安全网，就是其学生飞行员证书终将到期。当学生试图向FAA的体检医师更新证书时，医生应该只颁发一个医学证书，而不是另一个学生飞行员证书。重新获得学生飞行员证书的方法是造访最近的FAA飞行标准地区办公室(FSDO)。在FSDO，FAA检查员决定该人员是否应该重新获得学生飞行员证书。一个人在他的学生飞行员证书到期前为什么没有再次通过飞行考试，有很多很好的理由：他们搬到了一个新的城市，他们对飞行的兴趣时大时小，他们没钱飞行了，等等。但是一名拥有1000飞行小时以上的学生飞行员，应该是可疑的。

删除"职业"学生飞行员的数据后，我计算了剩余数据的平均值，在独自飞行时遇难的学生飞行员中，截至事故发生当天的平均飞行时间是42.5飞行小时，报告中最低的飞行时间是8飞行小时。

我的假定如下：由于存在飞行教员的指导，学生飞行员要比飞行时间较短的私人飞行员更安全。但是一些学生飞行员事故是在飞行教员的监督之外发生的。2002年1月4日晚，一名学生飞行员在没有得到教员批准或飞机所属飞行学校许可的情况下起飞了(NASA报告LAX02FA059)，起飞后不久飞机就在山区坠毁了。这个学生飞行员是唯一的乘员，他受到了致命伤，飞机也坠毁了。该飞行员有95飞行小时的飞行时间，其中25飞行小时是在夜间开展双人教学飞行，但他没有在夜间单独飞行的许可。当然，如果咨询过教员，该事故可能不会发生。

1.2 私人飞行员

根据 NTSB 数据库,2000—2011 年,有 2 119 起私人飞行员的致命事故。但是,就像学生飞行员的数据一样,有必要阅读每一份报告,以剔除那些私人飞行员不是机长的事故。有部分案例表明,在某次由商业飞行员驾驶的致命事故中有一名乘客是私人飞行员。另一份报告提到一位私人飞行员是事故的目击者。有 8 起致命事故在私人飞行员接受飞行教员的高级指导时发生,其中一起发生在 2 年一次的飞行复审中。经过复审,我发现,在报告的私人飞行员致命事故中,有 339 起实际上并不是在私人飞行员担任机长的情况下发生的,因而私人飞行员担任机长的致命事故只剩下 1 780 起。在这一类事故中,有 28 起涉及 56 架飞机的空中相撞事件,其中包括一名私人飞行员及其教员与另一名私人飞行员及其教员相撞的事件。2000—2011 年,2001 年 9 月 9 日至 2001 年 10 月 3 日这段时间是"最安全"的,当时根本没有发生任何致命的私人或学生飞行员事故,这也是这一时期致命故障发生间隔最长的一段时间。想一想,你就会知道为什么是这样了。在"9·11"恐怖袭击之后的一个月里,整个美国的通用航空飞机基本上都停飞了。即使 2001 年 9 月 11 日这一天没有发生过任何通用航空致命事故,但你仍不能称之为"安全日"。

1.3 休闲和运动飞行员

2000—2011 年,有 9 起涉及休闲飞行员的致命事故,其中,只有 4 起是由休闲飞行员担任机长时发生的。"4"虽然看起来是一个较少的数字,但持有休闲飞行员证书的总人数也很少。从 2001 年到 2010 年,只有 503 人成为休闲飞行员。休闲飞行员证书是在 20 世纪 80 年代由 FAA 为了应对当时的超轻型飞机的"潮流"而创建的。但在休闲飞行员证书颁布之前,这股热潮就已经消退,而且它从未真正流行起来。休闲飞行员证书的权限也是非常有限的。休闲飞行员只能载一名乘客。他们必须在距离起飞机场 50 海里以内的地方飞行,不能飞往需要双向无线电通信的机场(D 类、C 类和 B 类空域),也不能在夜间飞行。除了携带一名乘客的权利外,休闲飞行员实际上比学生飞行员的权利更少。一名学生飞行员只要有教员的支持,就能在距离起飞机场 50 海里以外的地方飞行。学生飞行员还可以飞进 D 类、C 类和一些 B 类空域,以及夜间飞行。因此,如果一个人通过了休闲飞行员考试,他实际上失去了部分权利——这就是它为什么没有真正流行起来的原因。在 2004 年 9 月，FAA 创建了运动飞行员证书，并于 2005 年产生了第一批运动飞行员。从 2005 年到 2010 年，共有 3 894 人成为运动飞行员。运动飞行员证书也比私人飞行员证书享有更少的权限，其主要限制是运动飞行员只能驾驶轻型运动类飞机。运动飞行员证书是唯一不需要 FAA 医疗检查（可用驾驶证代替）的带动力飞机的 FAA 飞行员证书。2005—2011 年，NTSB 的数据库列出了 54 起与运动飞行员有关的致命事故。对这 54 份报告的进一步研究显示，运动飞行员担任机长的仅有 21 起事故。在这 21 份报告中，有 7 份将飞行员在事故发生时的飞行时间标记为"未知"。请记住，由于没有要求医疗证书，因而没有医疗证书记录可以依靠。其余的运动飞行员报告表明事故发生时飞行员的平均飞行时间为 165.4 飞行小时，最少为 48 飞行小时，最多为 367 飞行小时。尽管总数要小得多，但对于运动飞行员来说，致命事故的"曲线"与整个"致命地带"有着惊人的相似。

1.4　好消息

虽然 2000—2011 年"致命地带"确实依然存在，但学生和私人飞行员的致命事故总数却在减少。从 1983 年到 1999 年，通用航空致命事故的总数为 7 377 起，即在这 17 年间，平均每年发生 433.94 起。从 2000 年到 2010 年，通用航空致命事故的总数为 3 412 起，即在这 11 年间，平均每年发生 310.18 起，大约减少了 28%。从 1983 年到 1999 年，通用航空死亡人数为 13 592 人，即平均每年799.53 人。从 2000 年到 2010 年，通用航空死亡人数为 6 114 人，即平均每年555.82 人。请注意，发生致命事故的飞机上通常不止一个人，因此死亡人数总是多于致命事故的数量。从 1983 年至 1999 年，通用航空的平均致命事故率为1.64 每 10 万飞行小时，即通用航空飞机每飞行 10 万小时，就发生 1.64 起致命事故。这一数字在 2000 年至 2009 年有所改善，因为每 10 万飞行小时的致命事故率下降到了 1.29。

但是这些数字是以所有的通用航空飞行来计算的。若目标群体为那些没有经验的学生和私人飞行员呢？在 1983—1999 年的所有通用航空飞机致命事故中，在飞行员飞行时间小于 1 000 飞行小时的情况下，有 33.9% 的致命事故发生在私人飞行员和学生飞行员身上。2000—2010 年，这个数字下降到了 29.3%。在 1983—1999 年的 17 年里所有通用航空飞机的致命事故中，在"致命地带"范围内，有 19.1% 的致命事故发生在私人飞行员和学生飞行员身上。在 2000—2010 年的 11 年里，这个数字下降到了 14.6%。因此，虽然致命事故在"致命地带"确实出现了激增,但 2000—2010 年在"致命地带"发生的事故总数,要比 1983—1999 年的总数还要少。

目前为止,所有提供的事故数据都是原始数据,或实际发生的次数。但原始数据本身可能具有欺骗性。例如,有一年发生了 100 起事故,飞行时间为 100 万飞行小时。与之相比,另一年发生了 150 起事故,飞行时间为 200 万飞行小时。哪一年会被认为是"更安全"的一年? 仅凭原始数据可以看出,在后一年中又多发生了 50 起事故,因此,这是一个更加危险的年份。但是,当你把事故的数量与要承担的风险进行比较时,事故数量更多的年份反而变得"更安全",这是因为发生事故的概率下降了。

因此,当我们看这些数字时,确实应该公平比较。航空事故数据的比较标准是每 10 万飞行小时发生的事故数量。每年通用航空飞行时间是如何确定的? 这是一个经验数据,通常需要依赖诸如燃油销售、检查和飞行员记录等统计数据。每年的飞行时间永远都不会是精确的,但是如果每年使用相同的公式进行计算,那么就可以进行比较。在美国交通部(USDOT)内部设有研究和创新技术管理局(RITA)。研究和创新技术管理局下设交通统计处(BTS)。根据 BTS 计算,2000—2009 年,通用航空共飞行了 24 431.7 万飞行小时。10 年来,通用航空飞行时间在稳步下降。2000 年是飞行时间最多的年份,其飞行时间达 2 783.8 万飞行小时。2009 年是飞行时间最少的一年,其飞行时间达 2 086.2 万飞行小时。此外,BTS 确认 2000—2009 年,通用航空共有 5 668 人死亡。这个数字是实际的死亡人数,它总是比事故的数量多,正如前面所说,在一起通用航空致命事故中,往往不止一个人死亡。我们将死亡人数与飞行时间进行比较得知,2000—2009 年,通用航空飞机平均每飞行 10 万飞行小时就有 2.32 人死亡。2.32/10 万的比值表明通用航空事故的死亡率多年来得到了缓慢而稳定的改善。1965 年,这个比值是 6.5/10 万;1985 年,这个比值下降到 3.38/10 万;20世纪 90 年代,其平均值为 2.82/10 万;有史以来最低的死亡率是在 2007 年,其值为 2.08/10 万。死亡率的改善是个好消息,但 2000—2009 年,其改善速率有所放缓。改善速率趋于平稳,甚至略有下降。同时期的班机运输航空公司事故的死亡率约为 0.65/10 万。

1.5　飞行与驾驶

当航班落地,乘客准备离机时,我深感内疚地告诉他们"接下来开车回家才是你旅行中最危险的部分"。真的是这样吗? 驾驶汽车是否比乘坐通用航空飞机面临更大的致命事故风险？为了回答这个问题，我们必须再次确保我们的比较是公平的，而这并不容易。正如刚才所说的，2000—2009 年，通用航空飞机平均每飞行 10 万飞行小时就有 2.32 人死亡。但是汽车交通死亡事故并不是用"飞行小时数"来统计的，其采用的是"驾驶里程"。为了较为公平地比较汽车和飞机，我们需要把飞机的飞行时间改为"飞行里程数"。此外，飞机使用的标准比率是每 10 万飞行小时发生的事故数；汽车使用的标准是每行驶 100 万英里发生的事故数。因此，除了把飞行小时数转换成英里外，我们还需要移动小数点。确定通用航空飞机从飞行小时到飞行里程的比率存在问题，主要是通用航空飞机的飞行速度可以从轻型运动类飞机的 100 英里每小时跨越到商务飞机的接近声速飞行。哈利·曼塔科斯根据一年的数据进行了分析，并决定以时速 150 英里作为平均值。根据他的计算方法，我计算了整个 2000—2009 年的比率。每 10 万飞行小时中 2.32 人死亡的概率，转变为每 100 万飞行小时中有 23.2 人死亡（我移动了小数点位置），再除以 1.5（时速 150 英里），就会得到通用航空飞机每飞行 100 万英里，大约有 15.4 人死亡。国家公路交通安全管理局（NHTSA）为我们提供的数据表明，同样在 2000—2009 年，每 100 万英里的驾车死亡人数约为 1.41 人。没错，就是 15.4（通用航空飞机）对 1.41（地面车辆）。这些数字表明，一个人在通用航空飞机中发生致命事故的可能性比在车祸中发生致命事故的可能性高 10.9 倍。当你想到这一点，你就会开始理解我们在这里所做的事情。你开始看到我们为改善通用航空安全所做的所有努力的重要性。虽然我很难承认，但事实确实是从机场开车回家，要比乘坐通用航空飞机更安全。

1.6　通用航空附加险

据报道，航空公司飞行在统计上（每 10 万飞行小时 0.65 人死亡）仍然比开车安全，比乘坐通用航空飞机更是安全得多。为什么通用航空飞行员会首先遭遇更多的事故？事实是，通用航空飞行员比航空公司飞行员面临更大的风险。在每次飞行中，航空公司的机组人员比通用航空飞行员有着更少的起飞/着陆次数。比如航空公司飞行员可能会经历一次起飞、飞行 3 小时后，再降落一次，而通用航空飞行员则可能飞行 1 小时，并在这 1 小时内进行三次起飞和降落。作为一名飞行教员，我知道我所经历的起飞和着陆时间在总飞行时间中的占比，要比其他我的航空公司同行高得多。起飞和着陆比平直飞行更危险。因此，需要做更多起飞和着陆的通用航空飞行员面临着更大的风险。

通用航空飞行员共进出 19 820 个机场。这些机场并不都拥有配备辅助导航和应急设备的,又长又宽且灯火通明的跑道。在 19 820 个机场中,只有 599 个获得了搭载 9 名或更多乘客的航空公司运营证书。简而言之,我们的航空公司飞行员朋友只在拥有最好跑道和大量安全设备的机场间飞行。

通用航空包括空中应用(喷洒农药)、管道和电缆巡逻、搜索和救援、空中救援,以及许多其他可能涉及低空作业的日常工作等。这些通用航空飞行员当然要比在 FL240 高度巡航的航空公司机长和机组人员面临更大的风险。通用航空事故率较高,有一部分原因是在 10 万飞行小时中,机组人员要完成许多更危险的工作。

但是,我们不能将更高的事故率完全归咎于执行的操作,绝对不能! 发生通用航空事故最大的原因是缺乏经验。但是,把通用航空飞行员看作一个经验不足或根本没有经验的群体是错误的。请记住,通用航空是唯一不受航空公司或军队调度的,它拥有更为广泛的行为。这意味着,价值数百万美元的跨洋商务飞机的飞行员都是通用航空飞行员。那些冒着生命危险救人性命的空中救援飞行员也都是高技能的通用航空飞行员。政府机构和执法部门雇佣的是通用航空飞行员。公司的飞行员也是通用航空飞行员。就连以教授学生飞行为生的机场飞行教员,也是通用航空飞行员。这些人都是职业人士,将通用航空飞行员描述为"小"飞机上的"快乐乘客",并在周末匆忙地低空飞行,是不公平的。许多通用航空飞行员都持有航空公司的运输等级证书,尽管他们从来不会为航空公司飞行。

如果我们把经验不足看作事故的一个原因,那么我们并没有看到整个通用航空领域,而是聚焦在一个较小的子集。大多数人确实在通用航空内部学会飞行,然后逐步增加相关经验。新飞行员在这个经验增长期中,似乎被夹在两个世界之间。一方面,他们是有执照的合法飞行员;另一方面,他们还没有从经验中学习的机会。经验真的是最好的老师吗?

当我考完私人飞行员考试后,我的主考官说:"我将给你继续学习的执照。"我不知道他是什么意思。我不知道这是他告诉我已经通过考试的方式。但考官知道,当我拿着私人飞行员证书,作为一名飞行员飞行时,我学到的东西要比学生飞行员时多得多。在我的头脑里,我认为训练结束了——毕竟,我确实通过了! 我太天真了。我以为所有的学习都是在准备考试的时候进行的,考试通过后,学习就终止了。作为一名飞行员,我不仅缺乏经验,而且缺乏相关的"态度"。

我飞行的时候,确实学到了很多很多。在这个过程中发生了几次意外,当时我尽管无知,但仍幸存下来了。回头来看,那些年里我是多么的愚蠢,甚至危险。当然那时候,我并不认为自己是愚蠢或危险的。我一直认为自己曾经是一名优秀的飞行员，这恰恰说明了我们总是在不断学习，并且永远不能故步自封或傲慢自大。虽然我现在认为自己已经是一名相当机敏且注重安全的飞行员，但我仍希望在接下来的 5 年里学到更多的东西，这样我在 5 年后，就可以对现在的自己说："我当时是一个多么愚蠢的人。"

我从自己的无知中幸存下来，但其他人却没有那么幸运。在这个过程中，有一些飞行员没有从错误中吸取教训，且不幸的是，错误导致了他们的死亡。在某种程度上，一个有经验的飞行员可以定义为能够轻松拯救自己的飞行员。

总体而言，这份报告是有利的。事故率下降了，致命事故和死亡人数也下降了。但这还不够。安全不等于无风险，所以我们不能掉以轻心。由于在今天仍然存在"致命地带"，因而我们必须继续努力研究它。

2 可用安全性与实际安全性

可能是最著名，大概也是最重要的描写驾驶飞机的书出版于 1944 年，该书是由沃尔夫冈·朗格威舍（Wolfgang Langewiesche）撰写的《驾驶杆和方向舵：飞行艺术的一种解读》（*Stick and Rudder: An Explanation of the Art of Flying*）。该书直到今天仍在不断地印刷出版。它解释了飞机如何转弯、爬升和滑翔，并讨论了"通过执照的飞行测试所需的精确飞行技巧"。这些精确飞行技巧在今天仍然被认为是实践测试中所必要的，主要内容包括地面参考机动、慢速飞行和失速、急速转弯、起飞和降落等。实际上，飞行训练自 1944 年以来始终没有太大的变化，这也就解释了为什么《驾驶杆和方向舵：飞行艺术的一种解读》这本书仍与其相关，乃至成为经典教材。在 1938 年出版的《飞行手册——动力飞行的理论和实践》一书中，有一章是关于飞行仪表的，其中的空速管-静压系统及陀螺仪的插图和描述，与在 1998 年出版的飞行训练教科书上的一模一样。60 年来，教授飞行学员的教学技巧、飞行技巧、飞行仪表和地面导航等都没有发生任何重大变化。然而在 21 世纪的前 10 年里，航空业经历了历史上最大的转变。

似乎一夜之间，通用航空飞行训练一下子就进入了计算机时代和卫星导航时代。对有些人来说，事情发生得太快了。有一些飞行员只看了一眼驾驶舱里的电脑屏幕就选择了离开，就像 10 年前那些提前退休的飞行员并没有留下来学习自动化飞行座舱中的功能运行逻辑一样，一些通用航空飞行员也做了同样的事情。新的电子设备进入通用航空驾驶舱后，立刻改变了飞行员的角色。在过去的 60 年里，飞行员是飞行控制系统的操纵者。现在，飞行员变成了一名"信息管理者"。

20 世纪 90 年代爆发了一场完美风暴，为这种转变奠定了基础。1998 年，我管理着一支训练机群，这些飞机比驾驶它们的学生年龄还大。20 世纪 70 年代以后，制造商由于受到诉讼威胁，就不再生产通用航空训练飞机了。直到 20 世纪 90 年代的侵权法改革消除了大部分障碍后，传统的飞机制造商才又重新开始生产训练飞机。一些新的飞机制造商也进入了市场。但是，飞机的再次生产制造并没有产生这种转变。如果没有在激光陀螺仪、全球定位系统（GPS）和地球雷达测绘等三个领域取得突破的话，制造商们可能就只会生产翻新机型（有些确实是这么做的）。

2000 年，激光陀螺已不是一项新技术。它曾在航空和军用飞机上使用，实际的概念可以追溯到 1913 年，当时，法国物理学家乔治·萨纳克（Georges Sagnac）通过光线在圆形转盘上向相反方向移动，对该概念进行了验证。环状激光陀螺仪是为取代传统机械陀螺而设计的。环状激光陀螺仪没有运动部件，而且几乎从不失效。机械陀螺仪，例如像 1938 年出版的《飞行手册》中描述的那样，是飞行员最担心的一种仪器，其真空系统在穿云时可能会失效。真空系统把空气吸进机械陀螺仪，开始让其旋转。旋转陀螺提供了姿态陀螺和定向陀螺运行所需的空间中的定轴性。如果真空泵失灵，空气就会停止流动，陀螺仪就会慢慢空滑，直到停止工作。当陀螺仪空滑时，定轴性会缓慢失效，这很容易影响飞行员对飞机姿态的判断——许多致命事故都是由此造成的。但航空公司、军方和哈勃太空望远镜等应用环状激光陀螺仪时，通常将其用作惯性导航系统（INS）的一部分。这种包含导航功能的方法使得环状激光陀螺仪的成本在通用航空中是无法承受的。然后，关键的突破出现了：激光陀螺与导航功能分离，产生了姿态航向参考系统（AHRS）。AHRS 只试图估计飞机的滚转、偏航和俯仰等姿态角，且不用像 INS 那样还要估计速度、位置和高度等。AHRS 使得环状激光陀螺仪的成本下降，再加上计算机图像的生成，民用飞行员在训练中使用的主飞行显示（PFD）也得以实现。圆形气动测量仪器的时代结束了，玻璃座舱的时代开始了。

1991 年，美国有线电视新闻网（CNN）的伯纳德·肖恩和皮特·阿耐特在巴格达的阿尔·拉希德酒店所做的报道中，首次向全世界介绍了全球定位系统（GPS）的使用情况。他们报道了首次使用卫星制导巡航导弹进行轰炸并"照亮夜空"的情况。GPS 系统最初是由美国开发的，在开始的 18 年中，国防部有一个扰频信号，所以它只能被美军使用。最终，该信号提供给全世界人民使用，其准确性也提高了。GPS 的概念也是相当简单和老式的。GPS 与帆船船长 400 年来计算位置的方法相同——解决的是时间、速度和距离的问题。但是 GPS 保持的时间比 1736 年哈里森海钟的时间要长得多。GPS 使用原子钟，计算来自铯-133 原子的快速而可靠的辐射周期，并将其持续转换为时间很短的一些间隔。通过计算信号传输所需的时间，并考虑到信号是以光速传播的，就可以完成

GPS 导航卫星和 GPS 设备之间的距离计算,这就像学生飞行员使用 E‑6B 飞行计算机计算地面速度一样。如果已知速度,则只要能测量时间,就能确定距离。曾经的军事秘密就与现在的电话一样平常——事实上,GPS 可能就安装在你的手机上。这使得我们不依赖纸质图表、绘图仪和主观猜测等方式就能知道我们的位置。

这一转变导致通用航空革命的最后一块拼图于 2000 年 2 月完成。在 2000年以前,人类实际上拥有一张比地球表面更精确的金星表面地图。无人驾驶的麦哲伦飞船于 1989 年发射,1 年后进入环绕金星的轨道。金星笼罩在云层之中,所以金星的表面以前从未被人看到过。为了穿过云层观察,麦哲伦花了 4 年的时间将雷达向下瞄准地面,并将下面地形的图像反射回来。与麦哲伦飞船的无线电联系在 1994 年 10 月消失了,但在此之前,它发送了 98% 的金星表面详细地图。后来有人发现我们也应该为地球做同样的事情。2000 年 2 月 11 日,"奋进号"航天飞机发射了为期 11 天的地球雷达测绘任务。航天飞机雷达地形任务(SRTM)使用了两个雷达天线,一个在航天飞机的货舱内,另一个在一个从货舱延伸出来的 200 英尺①长的手臂末端,通过它们来建立第一个高分辨率的,占有 80% 地球表面陆地的数字地形数据库。直到 2000 年,我们才真正看到自己。

到 2002 年,所有的部件相结合:AHRS 可以给我们提供一个价格适中的用于显示飞机姿态图像的电脑屏幕,GPS 可以准确地告诉我们在地球上的位置,SRTM 可以看到我们飞过哪里。这发展了移动地图、耦合自动驾驶仪、平视显示器、ADS‑B 和合成视觉等衍生功能。这一切都发生在手机、笔记本电脑和高清电视发明以来,轻型飞机被再次生产制造的时候。那是一场充满机遇和挑战的有关通用航空和飞行安全的完美风暴。第一次,技术的使用使飞行员的可用安全性超过了飞行员的实际安全性。

多年来,我一直在训练中指导飞行员,在他们单独出发进行转场飞行之前,要"像一个小办公室一样"设置他们的驾驶舱。你所需要的一切,如图表、导航日志、频率、铅笔、时钟、绘图仪和手动飞行计算机等,都必须在飞行员触手可及的范围内。如果你把任何东西放在你的旅行袋里,然后把它扔到后面,这与把它扔在地面上是一样的。我让每个学生都用一个笔记板,上面有多个夹子和一支铅笔。在飞行中,他们必须担任所有角色——飞行员、领航员、天气预报员和机

①　1 英尺≈0.304 8 米。

务——所以他们必须做好准备。要沿着地面上的地标飞行,这些地标被提前选定并画在航图上。地面速度是根据这些地标之间的时间间隔来计算的。有了地速信息,可以根据需要调整到达时间,并估计油箱中剩余的燃料。利用 E - 6B 的风面和"目测",可得到风修正角。与外界唯一的联系就是无线电。"工作人员"将是飞行员可以通过无线电与之交谈的任何人,但这些人无法帮助飞行员进行基本的导航。飞行员可能会从飞行服务站的无线电里得到一些天气信息,但通常情况下,这些信息很少,飞行员已经忙得不可开交了,几乎没有时间去消化。现在这一切都显得那么原始而简陋,就好像给今天的飞行学员复述哥伦布是如何导航到新大陆一样。但是,当 2000 年《致命地带》的第 1 版出版时,飞行员就是这样训练的。现在,所有这些图表都在平板电脑上,机载计算机数据库可以告诉你今天下午加利福尼亚州的默塞德机场日落的确切时间。当你的飞行计划落后于加利福尼亚州的默塞德机场,而你不适合夜航时,这可能是一个重要的消息;但在田纳西州的默弗里斯伯勒使用 GPS 进近时,你可能就对该信息没什么兴趣。因此飞行员必须学会管理繁杂的信息。飞行员必须能够在特定的时间点挑选出重要的信息,并快速将可获得的信息转化为安全决策。2002 年以前的飞行员从来没有足够的信息,他们总是需要更多的信息。2002 年以后的飞行员所拥有的信息已经超出了需要的范围,他们必须决定保留什么和舍弃什么。我们仿佛一夜间就从饥肠辘辘到狂饮暴食。

这种迅速的变化带来了一些实实在在的忧虑。在整个航空史上,当引进新的设备或创新时,事故总是急剧增加。有时是设备本身造成了事故,但绝大多数事故都是由那些不习惯新设备或创新的飞行员造成的。回过头来看,联邦航空管理局(FAA)指定"富豪"飞机(Bonanza)、轻型双翼机、利尔飞机(the Lear Jet)、马里布飞机(the Malibu),以及西锐飞机(Cirrus)作为新技术的试点,事故也随之激增。2003 年,我们面临着航空史上最大的技术转变。如果历史重演,那么我们是否也面临着历史上最严重的事故? 当时,飞行教员的目标是跟上技术的转变,同时试图对潜在的技术转变可能导致的事故进行"训练"。

2000—2010 年的事故统计数据表明,技术转变引起的事故高峰最初是可以避免的。这是个好消息,但坏消息是同样的统计数据表明,"致命地带"仍然存在。总体事故数量正在减少,这是个良好趋势,但缺乏经验的飞行员仍然比其他飞行员有更高的事故发生率。那么,在 21 世纪头 10 年发生了什么,使得通用航空事故减少了呢? 如果我们能识别出提高安全性的措施,这就使研究"致命地带"能达到更好的目标。

我认为，消灭"致命地带"是一个持续不断的过程。我接受的是传统的训练方式，遇到过一些较好的和极少数较差的飞行教员。当我成为一名飞行教员时，我用我学到的方式进行教学——重复飞行。我有一名非常优秀的学生，他第一次就轻松地通过了他的私人飞行员实践测试。在飞行检查结束后，我问他："既然你已经有飞行员执照了，打算用它做什么呢？"他马上说："首先，我要带我的妻子和孩子飞到迪士尼。"我越想越担心。奥兰多在 1 000 多英里之外，他必须飞越或绕过亚特兰大才能到达那里。我突然想到，我从未教他飞过那么远，或者穿越几种天气模式，或者穿越世界上最具挑战性的一些空域。在过去的一年里，我们绕着机场转圈，开展接地、复飞等练习。他真的准备好那场旅行了吗？他告诉我，他买了一个特定淡季日期的不可退款套餐。现在我真的很担心。通过飞行执照测试的压力是一回事，但如果这次旅行不能按计划进行，可能会让妻子和孩子失望，并损失一大笔钱，这是现实世界的压力。我可以在他的训练中做些什么事情来更好地为他即将面临的压力做准备呢？

我开始在我的飞行训练中，在我力所能及的范围内增加了一些现实世界的情况。这并不意味着我停止教授飞行技巧和通过它们所获得的驾驶技能。飞行员总是需要技巧来处理复杂的侧风，并在失速的边缘安全飞行——但是飞机上真正的决策是真实的压力和飞行技巧综合的结果，远在飞行技巧之上。在训练中的飞行员通常会被告知假定的情况，并被要求处理这个问题，就好像它真实存在一样。好的飞行教员总是这样做，但这并不能帮助飞行员处理他们决策的后果。假设一位飞行教员要求一名学生飞行员计划一次 100 英里的转场飞行。在飞行中途，教员向学生提出了一个问题："我们目的地的天气越来越糟了。我们该怎么办？"一种选择是放弃原来的目的地，改到另一个机场。当学生选择这个选项时，教员就会观察学生如何改变导航计划，飞往一个不是最初目的地的机场。这对于一个飞行员来说是一项很重要的技能，所以当学生朝新的方向出发时，就会达到课程的教学目的。但是，这节课程所产生的压力和后果，是否会与飞行员在更真实环境中所感受的压力和后果一样呢？在训练环境中，目的地并不重要，因为教员知道他们无论如何都不会去那里。这节课的重点是看学生能否改变计划，朝着一个新的方向飞行。学生们也知道这次飞行是假的，他们不会真的一路去预定的目的地。一些学生甚至称这为"备降飞行"，因为他们在教学大纲中阅读了前面的内容。然而，在现实世界中，目的地很重要——首先这是飞行的唯一原因。当学生在备降课上准备备降时，不会有任何不利的影响，也没有持续的压力，因为从一开始它都是假的。但是，如果这次飞行的原因是为了运送用于移植的人类肾脏呢？飞行员会认为只前往另一个机场就万事大吉，并觉得这次飞行已圆满完成吗？不，如果肾脏没有被运送到正确的目的地，就会有严重的后果。你认为这些后果的威胁，会改变飞行员在这种情况下的决策吗？这些压力每年都会导致飞行员死亡，但飞行员在飞行技巧训练中从来没有接触到这些压力。我开始明白，基于场景的训练不仅仅是抛给学生一个问题。如果使基于场景的训练更接近真实世界，那就需要真正的理由来飞行。如果飞行不能按计划完成，就会产生真正的后果。在课堂上，必须有一些"内在的"场景呈现给学生，如一个运行不平稳的发动机，或者恶劣的天气，但为了有效，也必须首先提供本次飞行理由的"外部"场景。如果飞行的原因只是为了进行一系列的飞行训练，那么真实性就会丧失。你从来没有听到过空中交通管制人员说："Nl234A，你在原地做一个懒8字盘旋。"

马修·邦内尔是我的一名毕业生。他将情景训练比喻成这个例子：一个篮球教员正在为这个赛季的开始准备一支新的球队。在第一场比赛前一周的训练中，教员把队员分成了组。他派几个球员到球场的一端练习传球，另一组只是罚球，第三组练习运球。球员们开始变得非常胜任他们的个人技能，最后，教员停止了这种练习。在比赛的那天，面对一个有挑战性的对手，这些球员会如何表现？他们能把所有的东西组合在一起，作为一支从来没有当作一个团队训练过的球队打球吗？飞行员似乎在练习和掌握自己的个人技能，但是当他们面对一个有挑战性的对手，如低云、疾风，或连珠炮式的无线电通信工作时，他们能把所有的技能组合在一起吗？这些技能仍然是至关重要的，但如何运用这些技能，为飞行员提供一定程度的安全保障呢？我的策略优化了，但我相信，一个仅拥有优秀的"驾驶杆和方向舵"操控技能的飞行员，并不能自动成长为一个伟大的决策者。因此，飞行员的物理技能必须与心理技能相匹配，以保障安全。在通用航空座舱技术像海啸般袭来时，这将是更真实的。

2002年，我是一名大学飞行计划的管理员，该计划是在市场上购买一批新的飞行训练飞机。新的玻璃座舱飞机仍然没有实现。我们最后购买的飞机都来自"钻石飞机"，起初，它们都有圆形仪表盘。但我也获得了国家航空航天管理局（NASA）的研究基金。每当你提到你正在与NASA合作时，人们就会自然而然地认为你在从事航天工作，但其实NASA的第一个"A"就代表了航空。我向NASA提出的研究建议是通过NASA的一项名为"小型飞机运输系统"（SATS）计划，使用最新技术培训飞行员。SATS项目完全是通过硬件和软件技术，使通用航空在新世纪飞行得更安全、更快、更可负担。但我是一名飞行教员，不是电脑程序员。我只关心那些学习飞行和使用技术的人，而不是技术本身。我在2003 年获得了资助，并把升级到玻璃驾驶舱作为购买"钻石飞机"的先决条件。NASA 的研究资助被称为"SATS 航天飞行教育研究（SAFER）"。

当计算机控制的飞机首次投放入市场时，它就像一种新药，在没有食品和药品管理局（FDA）检测的情况下就投放入市场。没有人知道如何在玻璃座舱飞机上进行训练，也没有人知道它的"副作用"。我们一直以来的哪些教学经验会立即被新技术淘汰？我曾经知道如何改变打字机的色带，但这只是一项我不再需要的技能。今天任何花在教别人如何改变打字机色带上的时间都是一种浪费。现在什么飞行训练科目是打字机色带——浪费时间？新技术带来了什么样的学习挑战？有没有什么科目是我们需要开始教学，但之前从来没有想过的？SAFER 的启动是回答其中一些问题的一种尝试。

我作为一名新的 NASA 首席研究员，在"应交付产品"清单上，会产生一个我并不太理解的观点，即 SAFER 将创造程序和产品，以支持 FAA 行业训练标准，或者称为"FAA 行业培训标准（FITS）"。我一直在想："究竟什么是 FITS？"结果证明，并非只有我一个人认为我们需要走在新的航空技术浪潮的前面。另一个主要由罗伯特·赖特和汤姆·格利斯塔在 FAA 总部领导的小组也在展望未来。是的，你没看错，FAA 里面确实存在一些真正在展望未来的"幻想家"，他们实际上是面向未来。赖特离开 FAA 几年了，这也许为他提供了撰写 FAA 行业培训标准白皮书所需的政治掩护。白皮书所具有的创新性、前瞻性和创造性等特性，通常都是 FAA 所不具备的。赖特的想法是把现实世界的设置融入飞行训练中，这就成了 FITS 的开始。FITS 项目是一项非正式法规倡议，目的是在飞机技术的转变中改变我们教授飞行员飞行的方式。这就像在汽车移动的时候试图调试一样。FITS 必须是非正式法规，因为其发展速度是 FAA 难以紧跟的。法规往往需要耗费几年的时间，但我们脚下的土地每天都在变化，没有时间等待法规的出台，新的法规无论如何也不会奏效。增加规章是解决问题的老办法，但新问题需要新的解决办法。很快，FITS 和 SAFER 就被放在了一起。FITS 是一个概念，SAFER 是证明或反驳这一概念的研究工具。

当 SAFER 出现时，FITS 已经有一个合作伙伴。那就是通用航空研究的卓越中心（CGAR）。CGAR 是另一个 FAA 项目，该项目已经在为飞行员进行基于场景的训练。由于我的博士论文也是关于场景训练的，因而我发现自己其实是和朋友在一起，并与汤姆·康诺利、弗兰克·艾尔斯、查理·罗伯逊和米歇尔·萨默斯等一起组成了一个团队。

到 2003 年夏天，我完善了一个基于 CGAR 场景的教学大纲，供我自己的飞行项目使用。有一个鲜为人知的法规，FAR - 141.57:"特殊课程"是指，如果你自己想出的训练方法，能让 FAA 认可你的训练方法与 FAA 的方法一样好或更好，那么你就可以按照你自己的方式去做。在 FAA 总部的赖特和格利斯塔的帮助下，我的新的基于场景的教学大纲最终获得了批准。新的教学大纲有几个鲜明的特点。首先，它不仅是基于场景的，也是基于能力的。换句话说，它没有最小飞行时间的限制。每节课都有一个成绩标准。在课程结束时，如果学生达到了这个标准，他就继续下一堂课。如果他没有达到标准，则重复该教学，直到他达到标准——但没有最小飞行时间的要求。其次，该计划是在第一组装备了佳明 G - 1000 玻璃座舱系统的飞机上进行训练。该系统通过令人瞠目结舌的图形和移动地图，可以将夜晚变为白昼，并将仪表飞行规则(IFR)转化为目视飞行规则(VFR)。因此，为了测试这项技术，将 VFR 和 IFR 结合起来，让学生同时完成私人飞行员取证和仪表等级似乎是合乎逻辑的。我请求联邦航空法规(FAR)对这件事给予豁免，因为当时 FAR - 61.65 要求仪表等级的申请人必须已经持有私人飞行员证书，但我不想这样做。我想让学生们继续当学生飞行员，然后在最后进行一次单独的私人飞行和仪表等级飞行的组合。在 2011 年 8 月31 日，FAR - 61.65 改变了，如果他们愿意，现在学生可以自主选择是否在没有豁免的情况下，采取 VFR/IFR 组合检查飞行。SAFER 项目提供了使法律改变所需的统计数据证据，但在 2003 年，将 VFR 和 IFR 培训结合起来仍是一个非常独特的概念。

2003 年秋季学期的大一新生来到我们的大学校园时，并不知道自己会成为测试对象。他们不知道他们会成为一种新的训练方法的"实验鼠"。他们不知道他们会是第一批坐在玻璃座舱飞机上学习飞行的学生。我确信，在 FAA 总部的施压下，当地 FAA 办公室的督查人员并不完全知道他们批准了什么——但这些都没有阻止我们。我们在上课的第一天就把这个项目告诉了学生，并给了他们选择退出的机会。但没有一个人这样做，他们都要进入这个项目。在我们开始之前，他们只有 5 飞行小时或更短的飞行时间。我们打算从一开始就用玻璃座舱飞机教这些学生，我们不希望他们随身携带任何圆形仪表的"包袱"。学生们与在基于场景的教学和佳明 G - 1000 的概念上接受了许多飞行小时的额外培训的教员们一一配对。训练开始了，我们开始观察、提问和评估一切。

一般衡量一种飞行训练方法是否优于其他方法，是看学生能否在较短的飞行时间内获得所需能力。如果一个学生飞行员在 65 飞行小时内通过了私人飞行员的实践测试,而另一个学生在 55 飞行小时内通过了测试,那是什么导致了这种不同呢?飞行教员会告诉你,这种变量太多了,无法确定是什么造成了这种差异。然而,在我们的案例中,我们并没有记录飞行时间,学生们选择了 VFR/IFR 组合,所以任何与过去的比较都像是把苹果与橙子进行比较。因此,我们不得不采取不同的评估方法。与大多数飞行学校一样,我们有几个满是灰尘的文件柜,里面装满了旧的飞行员训练记录。我们查阅了过去 10 年来的学生飞行员记录。我们把那些记录拿出来,拂去灰尘,开始计算复试次数。一次复试是记录中的一个指标,表明一个学生没有达到该课程的标准,而不得不重复相关课程教学。我们发现,过去的学生在训练中从零飞行时间到仪表等级,平均要经历 12次复试。现在,任何一位飞行教员都可以告诉你哪些科目最容易复试:预单飞、预单飞转场、失速、侧风降落、部分面板 IFR、保持模式进场、仪表着陆系统(ILS)进近等。但现在我们已经有文件证明了可以作为 SAFER 学生的标准衡量证据。经过 1 年的时间,在第一组 SAFER 的学生完成了他们的私人/仪表检查组合后,计算了他们的平均复试次数。他们的平均成绩只有 3 次——平均每个学生减少了 9 次复试!在完成私人飞行员取证和仪表等级的过程中,少了 9 次复试,能节省多少挫败感和金钱?学生们非常喜欢现实世界的场景。飞行员喜欢看到做事情的理由。强度原理(来自 FAA 的《航空教员手册》)指出,学生从真实的东西中要比从替代品中学到更多的东西。学生们了解他们正在为现实世界训练,而不是"一次训练箱的随机检查"。学生用更少的时间,花费更少的钱完成了所需的训练,他们喜欢这样做。我们认识到了这件事情的重要性。

我们看到学生的表现和兴趣都有了提高,但 SAFER 却同时面临着两个挑战。我们使用技术先进飞机(TAA)教学——FAA 指定的新技术——但我们也在用一种新的方法教学。到底是什么造成了不同?是新技术使学生完成得更快吗?还是基于场景的教学方法?抑或两者都有吗?我们必须设置一个试验来找出答案。在接下来的学年里,我们让一群学生在玻璃座舱飞机上训练——但这次他们会使用旧的非场景教学大纲。学生们开始训练,我们开始观察、提问和评估。我们对他们的复试特别感兴趣。研究理论是这样的:一方面,如果学生们在大约 3 次复试的情况下完成了他们的训练,那么我们认为是新技术导致了这种差异;我们使用旧教学大纲,将在圆形仪表飞机上训练的学生与在玻璃座舱飞机上训练的学生进行比较,如果复试次数有提升,那么我们就可以说是玻璃座舱导致了这些改进。另一方面,如果这第二组学生完成训练也大约需要 12 次复试,那么这将证明就是基于场景的教学,而不是 TAA,导致了这些差异。在

2004 年和 2005 年,我们一直在等待和计数。更高的复试次数又回来了。与以前一样,平均数大约是 12 次。当然,一个人在飞行训练中的表现受很多因素影响,我们并没有声称所有这些因素都被考虑在内,但证据确实支持这样一个观点,即教学方式的不同会产生不同的训练结果。我的结论如下:使用基于场景的训练方式并不需要有一个技术先进的飞机来支撑,即使你拥有一支 J - 3 CUB,场景训练同样可以防止事故的发生。这并不是许多人所预期的结论。FITS 的设计目的是随着 TAA 飞机的发展,防止 TAA 飞机事故的突然爆发,FITS 被认为是一个新的方法来匹配新式飞机的时代。然而事实证明,FITS 在老式飞机上也同样有效。

FITS 最终是一个成功的"概念验证"项目。FITS 已经从最初的试验演变为标准操作程序(SOP)。今天,所有的实际测试都有一个内置的基于场景的训练元素,这也是飞行教员必须进修的课题。这些变化、研究和证据表明,飞行教学的质量是造成差异的原因。10 飞行小时的高效训练比 20 飞行小时的低效训练提供了更好的安全性保证。飞行员的飞行时间虽然很重要,但在飞行时间内所做的事情会增加其安全裕度。

这就是为什么 2010 年的《航空安全法案》是一个糟糕的法案。该法案忽略了一个事实,即高质量的飞行训练比纯看数量更好。该法案是对 2009 年 2 月在纽约布法罗发生的科尔根航空公司事故的直接应对,旨在提高航空公司的安全。2010 年 8 月 1 日,国会举行听证会,通过立法,奥巴马总统签署发布。该法案的许多条款将使飞行更安全,但法案的某些部分会产生严重的意想不到的后果。比如,该法案规定,飞行员必须拥有 1 500 飞行小时的飞行时间,并持有航线运输飞行员执照,然后才能有资格在符合 FAR - 121 的航空飞行器上担任副驾驶。听起来,一名航空公司飞行员应该拥有航空公司飞行员执照是合理的,但问题是如果飞行员需要获得 1 500 飞行小时的飞行时间才能进入这个职业领域,那么有两件事会发生。第一,飞行员将"在天空中钻空子",这个短语的意思是用最快和最便宜的方式累计飞行时间,这意味着采用最便宜的飞机(设备最简陋且学起来最慢)进行飞行训练。科尔根事故发生在一架先进的涡轮螺旋桨飞机上,它看起来一点也不像一架"历史悠久"的飞机。第二,如果飞行员不得不自己为这段飞行时间买单,那么作弊的诱惑就会很大。将会有一些飞行员用伪造的记录来面试这份高级职位。获得 1 500 飞行小时的飞行经验更好的方法是拥有一份临时飞行工作,它既可以积攒飞行时间,也无须为此自掏腰包,或者作弊。但这些工作很少。FAR - 119.1 描述了获得商业飞行员证书所需的所有付费飞行工作。这是由条幅广告、驱赶鸟类、航空摄影、观光飞行和学生指导等组成的一个简短列表。我们这一代的许多飞行员为了增加飞行时间,都需要在夜间把银行支票运到美联储。这项工作是艰苦的,通常也是危险的,但它增加飞行时间的速度很快。然后在 2004 年通过了《21 世纪支票清算法案》。该法案规定,银行在纸质支票尚未送达的情况下,仅用电子支票就可以处理。这减少了上百个飞行员增加飞行时间的工作——这是另一个意想不到的后果。因此,如果只有很少的增加飞行时间的工作可用,且一个人支付不起 1 500 飞行小时的费用,那么第二个意想不到的后果将发生:人们将选择非航空公司的飞行工作或选择完全不接受飞行员培训。

所有关于 1 500 飞行小时时间的讨论都忽略了这点。如前所述,研究表明,重要的不是你有多少飞行时间,而是你在这段时间里做了什么。一个受过针对性的高级训练,正在进行分组学习,以安全为导向的人,在 750 飞行小时内就能比一个仅仅在 1 500 飞行小时内"在天空中钻空子"的飞行员更安全。军事飞行员驾驶超声速飞机进入伊拉克和阿富汗战场,共飞行约 400 飞行小时。这些飞行员经过了有组织、有针对性的高级训练,没有人怀疑他们是世界上最好的飞行员。没有人需要等待 1 500 飞行小时才能在战斗中飞行。在科尔根事故中,两名飞行员的飞行时间都超过了 1 500 飞行小时。1 500 飞行小时并不是一个确保安全的神奇数字。2010 年,开展了一项飞行员来源的研究,旨在确定航空公司的飞行员都来自哪里,以及他们被雇佣为航空公司飞行员时准备得有多充分。六个地区的航空公司参与了这项研究。有证据表明,新聘用的副驾驶准备得更好,当他们从正规学院的航空工程专业毕业并做过飞行教员,飞行时间在 500~1 000 飞行小时之间时,在航空公司的训练中经历的复试就更少了。作为一名飞行教员,意味着要确保飞行安全,并保持飞行员技能的敏锐——没有"在天空中钻空子"。作为一名毕业于国际航空认证委员会(AABI)航空工程专业的学生,意味着在高速空气动力学、先进的天气预报、机组协同和飞行模拟方面的高级课程等,将远超商业执照的最低要求,即质量胜于数量。2010 年的《航空安全法案》忽略了这一事实,因此,航空公司的安全受到了损害。联邦航空管理局的管理人员在一定程度上承认高级培训和航空认证的大学学位。这样的体系对双方都是最好的。它将为航空业提供高素质的飞行员,这些飞行员无须"钻空子"或欺骗,就有资格被雇佣。国家航空灾难联盟/基金会(NADA/F)是一个强烈支持 1 500 飞行小时且不允许学分制的航空安全法案组织。NADA/F 是由在航空事故中失去亲人的人组成的。防止此类事故,使 NADA/F 没有新成员加入,是每个人的目标。由于 NADA/F 成员所遭受的重大损失，成员投资到最高级别。但他们对法律的无缘由支持，将导致意想不到的后果，最终可能阻碍他们的目的。大多数专家都看到了现行法律会造成的问题。支持高级培训和大学学位信用概念的组织包括飞机所有人和飞行员协会、航空公司飞行员协会、全美商业航空协会、航空运输协会、区域航空公司协会、区域航空货运公司协会、飞行员职业倡议和国际航空注册委员会等。制定法案的意图是积极的，但它可能弊大于利。

在 21 世纪头 10 年里，SFAER、FITS 和 CGAR 并不是研究"致命地带"的仅有尝试。研究"致命地带"需要工业、教育工作者和政府之间共同合作。FAA 肯定是主动的，特别是通用航空联合指导委员会的个人航空小组和苏珊·帕森提供的领导。FAA 在 2004 年更新了新版本的飞机飞行手册，2006 年更新了学生飞行员指南。《航空教员手册》在 2008 年更新，包含了新的章节，内容包括基于场景的培训、教授高阶思维技能（HOTS）和基于问题的学习。FAA 制定了"目标 2025"战略计划，提出将前进到"下一个安全水平"作为其第一个目标。

布鲁斯·兰德斯伯格和航空安全研究所每年都发表 NALL 报告，在网络培训和出版物方面做了非常有价值的工作。奥兰·麦克马洪出版了《像你飞一样制订课堂培训计划：一本基于场景训练的飞行教员参考》一书，并赢得了 2009 年的年度飞行教员奖。到 2012 年，AABI 已经批准了 28 个学院飞行计划。

在这里，我要感谢那些为了提高安全和减少事故发生而做出贡献的人。但是，尽管我们尽了一切努力，通用航空飞行员仍然卷入了致命事故中。我们在消除飞行员失误事故和消除"致命地带"方面的努力是永远不能松懈的。预防事故的第一道防线是飞行员自己。飞行员应该知道如何单独研究"致命地带"。当飞行员认识到每年的具体危险是致命事故的根源时，他们可以更好地保护自己。那么危险到底是什么呢？

2.1　危险

把事故中的人作为数字来谈论似乎是一件很冷酷的事。我试着用不同的方式去思考它，并试图了解人及其在事故发生前的动机。年复一年，飞行员也会犯同样的错误，或者做出相似的、导致可预测事故的糟糕决定。我想知道我们是否能在事情发生之前做一些事。

我们可以合理、准确地预测今年将会有多少通用航空飞行员发生致命事故，也可以预测事故发生时他们会做什么，这些预测都是基于通用航空记录完成的，所以如果我们事先知道会发生什么，我们就能及时告知飞行员吗？我们能把下一次事故讲清楚吗？

遗憾的是，我们无法预测未来的全部，但如果过去的事故年复一年地重演，那么我们就可以预测未来。如果飞行员作为一个整体，一次又一次地犯下同样的错误，那么看看过去发生的事故就像展望未来一样。这些错误是什么？是谁犯的？

2.2 事故调查

当一起通用航空事故发生的时候，我们的调查就开始了。遗憾的是，调查的程度千差万别。调查的水平与谁在事故中也有很大关系，这也是事实。当事故中存在名人时，会比常规情况下吸引更多的资源来进行调查。我们都很高兴小肯尼迪和他的家人在大西洋中被找到，但在类似的事故中可能仍有几百人，因为不是总统的儿子，而没有被找到。

在第 1 章中，我提出了对事故统计数据谨慎处理的理由。事故的减少并不能证明飞行是安全的，大量的事故也不能证明飞行是危险的。但统计数据显示，事故最可能发生的情况如下：

（1）持续 VFR 飞行进入 IFR 条件。

（2）机动飞行。

（3）起飞和爬升。

（4）进近和着陆。

（5）跑道侵入。

（6）空中相撞。

（7）燃油管理不善或污染。

（8）飞行员健康和生理学。

（9）夜间飞行。

（10）遭遇结冰。

如果上述条目中的情况被消除，那么事故就会变得很少。但是，消除这些情况是相当困难的。尽管在这一点上做了所有的努力，这些类别仍然是"飞行员杀手"。在每个类别中，都由于经验的欠缺持续导致事故的发生。

希望通过集中注意这些事故类别，可以减少或消除相关事故的发生。但是，并没有事故类别从上述清单中移除，反倒自 2000 年以后，增加了一个新类别：与自动化相关的事故。一个奇怪的意外结果是在通用航空飞机上增加自动化系统，以增加可用安全性，它本身也在制造事故，降低实际安全性。

实际上，随着引入移动地图 GPS 技术，可控飞行撞地（CFIT）的事故类别可能变得更糟。在 GPS 出现之前，降高穿云（scud running）危险的原因是当你在云层下飞得很低的时候，你根本不知道自己在哪里。飞行员在如此低的高度上是无法接收 VOR 导航视距的，因而飞机位置常常是不确定的。如果不知道精确的位置，你就不可能知道前面是高高的天线还是悬崖的正面。降高穿云时很容易找不到自己的位置。但是有了移动地图 GPS，你总是知道你在哪里。低空并不会阻挡 GPS 信号的传播，因为它们来自高空。如果知道了飞机的精确位置，则飞行员可能会尝试用 GPS 进行降高穿云，即使在没有 GPS 的情况下根本不会去考虑。与自动化相关的事故是通用航空领域出现的一种新事物，因此，它们可能被少报或归类到其他类别中。如果有飞行员在移动地图协助下发生了降高穿云事故，该事故可能会被归类为一起 CFIT 事故，而不一定会划归到与自动化相关的事故类别中。这意味着，当我们根据传统的事故类别分析事故时，我们必须扪心自问，自动化是否在其中起到了一定的作用，以及自动化是否可能是事故的部分原因。

一些事故明显与今天的通用航空设备有关，因为 10 年前通用航空飞机上没有这种设备，其中之一就是自动驾驶仪。2009 年，有一起致命事故夺去了一名具有仪表等级的私人飞行员和一名乘客的生命（NTSB 报告 CEN09FA267）。飞行员起飞爬升到 200 英尺高空，飞机起飞 30 秒后就进入了云层。雷达跟踪数据显示，飞机起飞进入云层后不久，开始右转弯。飞机持续右转直到完成了将近 $1\frac{1}{2}$ 的完全转弯。飞机在接下来的 17 秒内完成了滚转，随后又爬升了 1 500 英尺。飞行速度下降到 50 节，飞机的航向突然从南偏转到北再到西北方向，这可能表征了空气动力学上的失速。随后飞机开始另一次爬升前的降落。该飞机分别以最小飞行速度（60 节和 50 节），完成了 2 次额外的下降和爬升振荡。在飞行过程中，根据数据记录显示，机头向上和向下的最大俯仰角为 50 度，最大倾斜角为 75 度。事故飞行的时间大约是 4 分 30 秒。

飞机坠毁在距离出发机场约 3 英里处的一片树林中，并被撞击力及其引发的大火所毁坏。这架飞机是一架技术先进飞机（TAA）。调查发现，机身、发动机、飞行显示或自动驾驶仪不存在任何已知的问题。TAA 在这段飞行时间内记录了自己的数据。数据显示，飞行员在起飞后大约 5 秒，飞机离地面大约 61 英尺时，接通了自动驾驶仪。自动驾驶仪被错误设定在起飞前的指定航向和初始高度上。然而，起飞后，飞行员未能正确地接通自动驾驶仪的高度预选模式，反而接通了高度保持模式。结果,高度和垂直速度的错误设置被自动重置,以保持飞机的高度。在那时,飞机的高度高于自动驾驶仪错误设置的高度。飞行员在飞行1分钟后,试图接通垂直速度/高度预选,但飞行员在那时却重置了高于飞机当前高度的错误高度。数据表明,飞行员从未真正重新掌握对飞机的控制。该飞行员大约在事故发生前7个月,购买了这架飞机。他在接机时就完成了VFR过渡培训。但培训不包括仪表的熟练检查。对任何飞行员来说,起飞爬升到200英尺高的飞行阶段都是很有挑战性的。因为有备用的自动驾驶仪,飞行员对自己挑战起飞的能力有着更大的信心。飞行员在离地面61英尺的高度接通自动驾驶仪,然后进入云层。他显然是依靠自动驾驶仪进入仪表飞行的。如果他没有自动驾驶仪,那么他会首先选择在这种条件下起飞吗?这是说明可用与实际安全性之间区别的一个很好的例子。使用得当的自动驾驶仪可提高飞行员的安全。但是,如果自动驾驶仪的存在降低了飞行员的个人起飞气象条件要求——然后再加上自动驾驶仪的不当使用——实际安全性就可能降低到发生致命事故的程度。制造商为飞机配备了自动驾驶仪作为一件安全装置。但如果该安全装置改变了飞行员的决策,并且该装置没有按照预期的情况工作,那么一个新的事故类别就诞生了。

下面的章节将对每一种"飞行员杀手"进行详细讨论。不仅考虑当前事故类别,同时也要考虑自动化是否在其中起到了一定的作用——无论是导致事故发生,还是防止事故发生。"飞行员杀手"这一类别的提出,是希望通过用知识代替经验,来减少事故的发生。

3 持续 VFR 转入 IFR 状态

  遭遇恶劣天气属于最致命的通用航空飞行事故范畴。但好的一面是 2004 年与天气相关的事故达到峰值，到 2010 年，事故数据记录表明该数值一直处于最低水平。然而与天气相关的事故致命率依旧很高。"致命率"的定义是同一类事故中，事故次数与至少有一人死亡的事故次数的比较值。平均来看，从 2000 开始的近 10 年，由天气引发的事故占 62%。这意味着在 100 起事故中，有 62 起事故有人员遇难。与其他事故相比这个数字已经很高了。对天气的影响主要有湍流、雷暴和结冰，但是最致命的是飞行员从目视气象条件(VMC)转变成仪表气象条件(IMC)。2009 年，由该原因导致的致命率达到了 86%。近 10 年，虽然该类事故总数稳定下滑，但是当事故发生时，基本就是致命的。因连续目视飞行规则(VFR)转为仪表飞行规则(IFR)所发生的事故通常有三个阶段，每个阶段都产生了致命事故趋势。第一阶段，飞行员驾驶飞机进入恶劣天气或不断恶化的天气；第二阶段，飞行员试图在云层下飞行时对飞机失去控制或高度太低；第三阶段，飞机以较大速度撞击目标或地面。因此，恶劣的天气会以多种方式导致事故。当飞机失控时，飞机会失速或做螺旋运动；当飞行员尝试规避低云层时，会导致可控飞行撞地；当飞行员失去判断，过度操控飞机欲恢复控制时，会造成结构疲劳事故。恶劣天气引起的事故其实是那些将飞行员带入一种不可恢复态势事件的爆发。一旦这些事故链条开始，基本没有飞行员可以阻止。唯一的解决措施就是阻止第一步的发生。但是也有一些飞行员即使飞入了恶劣的天气仍然控制住了态势的发展。70%～75% 的恶劣天气引发的致命事故，都是飞行员尝试从目视飞行规则转入仪表气象条件(IMC)开始的。这时候飞行员自发地飞入了云层或进入了目视条件较差的区域。

  有很多事故案例可反映出上述三个阶段(持续 VFR 转入 IMC、飞机失控和舵面受损)。最典型的不幸案例是小肯尼迪。国家运输安全委员会(NTSB)报告(NTSB 报告 NYC99MAI78)给出了这次由 VFR 转入 IMC 飞行的记述。

　　1999 年 7 月 16 日,东方夏令时间 21:41,PA-32-R301,萨拉托加Ⅱ,N9253N,于马萨诸塞州马撒葡萄园岛东南方向大约 7.5 英里处与水面碰撞坠毁。私人飞行员和两名乘客受伤。根据计算机记录,有人用飞行员用户登录码从网络位置 1834 获得了气象信息。该气象信息针对从泰特伯勒、新泽西到海恩尼斯(马撒葡萄园岛为备降机场)的航路简报。海恩尼斯的预报是风力 10 节、风向 230 度,能见度 6 英里,晴。航路沿线机场是目视气象条件。飞机在埃塞克斯县的离场时间是 20:38。飞行员告知塔台管制他将飞向泰特伯勒机场北部,然后向东飞行。飞行员与空管没有更多的交流记录。根据雷达数据,飞机通过泰特伯勒机场北部,在准备穿过迪丝角的罗德岛南部之前,以 5 600 英尺的高度沿康涅狄格海岸线继续向东北飞行。雷达数据反映出飞机在距马撒葡萄园岛 34 英里时,开始从 5 600 英尺高度下降。飞行速度约为 160 节,下降率约为 700英尺/分钟。在 2 300 英尺左右,飞机开始向右转且爬升至 2 600 英尺,并在此高度以东南朝向保持了 1 分钟。飞机然后开始以 700 英尺/分钟的下降率下降并由左转向东。30 秒进入机动,飞机再次右转并以 4 700 英尺/分钟的下降率下降,最终记录的飞行高度为 1100 英尺。1999 年 7 月20 日,大约 22:40,飞机定位在水面 116 英尺、1 100 英尺雷达目标位置向北 1/4 英里处。最初检查坠毁物表明没有飞行中疲劳损坏和失火的迹象。三个起落架作动器中的两个处于收起位置。没有证据表明有发动机和桨叶停止了工作。事故后与有该海峡飞行经历的飞行员进讨论,其告知飞行中水面上能见度会大幅下降。

　　在事故发生后一年内,NTSB 发布了最终报告,列举了引起事故的可能原因如下:飞行员在飞机下降期间将飞机操控到夜晚的水面上飞行,这是一种空间定向障碍的结果。事故的主要因素是雾霾及夜晚。

　　气象事故造成的生还率较低,因此关于事故发生的准确信息就很少,但是从证据来看,这起事故表现出明显的气象因素:飞行员飞行进入 IMC,飞机失控,飞机受到撞击引发乘员遇难。气象报告表明天气和能见度都不错,但是在水面上,该区域的天气没有说明,而情况却有很大的差别。我有一个在事故发生时间飞过长岛海峡的朋友,他是执飞伦敦到纽约航线的机长。他告诉我那晚水面上是完全没有地平线和地面参考的。调查试图排除其他原因：发动机和桨叶在工作，没有失火，之前也没有结构损坏。因此我们认为飞行员不是故意俯冲至水面的。如果飞行中失火，那么飞行员故意冲向水面是为了更快逃生。但这起事故中并没有起火。即使飞机操作得当，也会下降失控。

小肯尼迪很有名，他是总统的儿子，但是作为飞行员，他却很普通。他是一名私人飞行员，没有仪表等级，飞行经验超过 300 飞行小时。图 3.1 表明 2000—2011 年私人飞行员和学生飞行员进入 IMC 并导致致命事故的情况。如图 3.1 所示，事故的发生是与缺乏经验相关的。对一名学生飞行员来说，仅 4 次从 VFR 转入 IFR 就会导致一起致命事故。

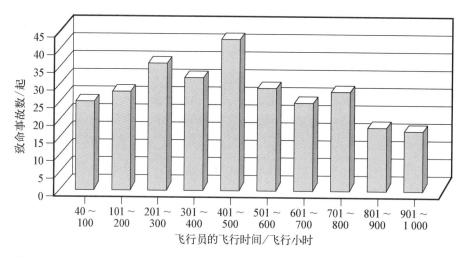

图 3.1　2000—2011 年私人飞行员和学生飞行员在 IMC 中致命事故与飞行时间的关系

这就意味着，大多数情况下飞行教员不允许学员在危险的 IFR 气象条件飞行。有一起事故，这名飞行员并没有取得任何飞行资格。当少于 1 000 飞行小时的私人飞行员由 VFR 转入 IFR 时，事故数据分为两类：具有仪表等级和没有仪表等级。从 2000 年到 2011 年底，共有 118 名少于 1 000 飞行小时的 IFR 等级私人飞行员卷入致命事故。尽管我认为其中大多数并不是由 VFR 转入 IFR 导致的事故，而是因为 IFR 程序执行得不好，如飞行时低于最小下降高度或偏离航线。这些事故都是在获得 IFR 批准并按 IFR 飞行时发生的。飞行员尝试飞入云层并得到许可。在 143 起致命事故中，少于 1 000 飞行小时的私人飞行员都没有 IFR 等级，如图 3.2 所示。这就是"飞毛腿"事故，即 VFR 飞行员不经意压低机头结束云中飞行。

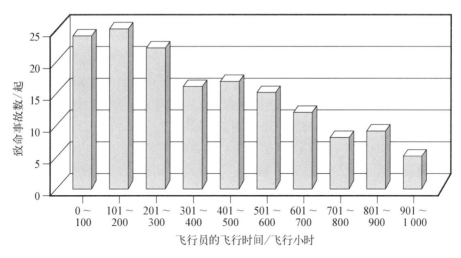

图 3.2　2000—2011 年私人飞行员和学生飞行员持续 VFR 转入 IFR 的致命事故

幸存者的故事

　　我的目标是为仪表等级建立转场经历。由于好天气在三周后,导致这次飞行落到我头上。但是,今天的天气看起来是可以完成这次飞行的。我的计划是从田纳西州的默夫里斯伯勒到孟菲斯,将杰克逊设为燃油加油点。返程时可以不加油,因为是顺风。

　　我对自己的能力还是很自信的,因为最近更新飞行记录时发现我已经飞了 150 飞行小时,也做好了飞往孟菲斯的准备。我浏览了飞行计划,包括飞行服务通话以及天气预报,申请 VFR 计划并上了飞机。

　　赛斯纳 152 立即做好飞行准备,我再次变得飘飘然,像个老道的飞行员一样。这次去孟菲斯,包括加油点在内,一切正常,天气也很好。我操作着繁忙的空中交通管制(ATC)通信并以地面参考为自己导航到地面固定基地(FBO)。如果我没记错,在着陆时有刺耳的声音。我加满燃油并吃了快餐,获取最新气象信息以及关于新飞行计划的文件。

　　事情还能更好吗?我在地面引导下自信地滑出。天气看起来棒极了。我伴着身后的落日起飞,向家飞去。此时,我飞离 B 类空域,重点关注驾驶。导航没有问题,我寻找所有的检查点并准时过点。风的预报准确。

等到接近杰克逊的时候夜幕已经降临。我开始感觉依赖村庄的灯光分辨检查点变得很困难，而且情况愈发严重。为缓解思想压力，我呼叫飞行服务获得天气信息，回复天气没有任何变化，沿着后续飞行航线的天气都是VFR。这个信息在一定程度上减轻了我的思想负担，因此我继续前进，即使并不是百分百地感到很舒适。

当我接近田纳西河时，情况没有任何好转。事实上，我感到很糟糕。在辨识出来之前，我什么也看不出来，包括向我正下方观察时。此时，我需要引导，于是，我让第三方呼叫飞行服务，听到了相同的报告。整个航线上能见度超过10英里，但是没有任何意义。我什么也看不到，他们为什么要给我报告天气这么好，真是够了！我是唯一一个能让自己摆脱这种状态的人，我需要保持控制并打破事故链。

我试图降低高度，保持与地面的视觉接触，但是我感觉再低就不好了，潜意识告诉自己应该放弃目视参考。我转到甚高频全向信标（VOR）导航，希望降落在森特维尔。

在接近机场时我调好电台，通过迷雾能看到塔台。最终，即使在大雾下，能见度不超过4英里，我也能看到机场。我进入场域上空曾经飞过的最糟糕的轨迹，我一边保持着陆状态和构型，一边尽力保持跑道在视线内。飞机重重地落在跑道上，弹起一次或两次，可能是一次。谢天谢地我落了地面而不是空中。我滑行到就近的FBO，找到一部电话，取消了VFR飞行计划。

对于刚发生的一切我感到很沮丧也很尴尬，感叹我差点就遇到麻烦了。我给我的教员打了一个电话，意外的是，他说我处理得很好。他对于我的气象条件报告很吃惊，因为他坐在阳台上看到所有的飞机都飞往了纳什维尔。进一步讨论后，我们得出结论这一定与田纳西河有关。我们认为河上天气不错，一致同意再次与飞行服务通话，这对于飞往默夫里斯伯勒是安全的。看地图，我同样认识到森特维尔能见度比东边天气略差，主要是因为森特维尔和鸳鸯河很近。

等到森特维尔能见度超过5英里时，我再次起飞，飞往家的方向。起飞后不久视线变好。经过这个晚上，我躺上床之前，我抽出我的气象书，寻找水面对能见度的影响。

这个"幸存者的故事"的作者是亚伦·汉德曼。亚伦是我之前的一名学生，现在已经是波音 707 - 300 的副驾驶。他在小肯尼迪事故发生之前写了这个故事，小肯尼迪事故用在此处得到了亚伦的同意。

我目睹过很多与亚伦故事以及小肯尼迪事故相似的案例。这些飞行员都缺乏经验。他们在 50～350 飞行小时中都处于那种危险的境地。他们接受的天气信息都是"良好"。因此没有理由相信预报的那些大风、低云以及低能见度是个问题。尽管有预报，他们还是在水面上遇到了低能见度的情况。他们中有立即着陆的，有失去控制撞向水面的，有幸存下来继续职业生涯的，还有在这可怕的悲剧中葬送生命的。

3.1 定向障碍

对于 IMC 的真正问题是什么呢？为什么其相当危险呢？真正的问题在于人的身体。我们人类完全适应了我们的环境——地球。但是当我们进入天空的时候，地球固有的感觉欺骗了我们，很容易就会体验到定向障碍。这种现象称为"飞行员眩晕"，但是对于这种状态，"眩晕"不是一个准确的术语。眩晕是一种运动错觉，是当没有发生旋转时，一种旋转的感觉。空间定向障碍不同于眩晕。当飞行员经历定向障碍时，运动和旋转已经产生，但是飞行员的身体对其进行了误判。

人类保持平衡和定向得益于三种信息源的综合。第一种，我们用眼睛确定平衡。当我们坐着、站着和飞行时都时刻在进行平衡。我通过参考地平线并简单地将机翼与地平线对齐以保持机翼水平，就能发现机翼哪边高哪边低。我们的眼睛一旦发现哪边高哪边低，就持续地给大脑传送信息。

第二种方法是利用身体保持平衡，称为"本体感受"，即通过人体肌肉的紧张度判断我们的位置。一些时候我们也称之为"裤子的位置"。我们非常习惯于重力从一个特定方向作用在身上。当你倒立时肯定能感觉到有些不同。大脑接收到来自身体内部的信号，解释外力是如何作用在身体上的。大脑解读这些信号用于保持平衡和判断位置。

我们确定平衡和位置的第三种方法是通过前庭器官，这是一个内耳中的奇特名字。名字暗示着内耳位于耳朵与大脑之间的位置。听力是从外耳通过鼓膜到中耳实现的。砧骨、锤骨和镫骨位于中耳。这些微小的骨头探测声音在鼓膜上产生的振动，并将这些振动传递给内耳内的液体。在海拔变化时，中耳也是耳朵的一部分。内耳实际上是两个器官，一个用来听，另一个用来保持平衡。内耳

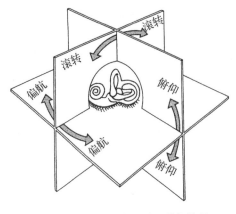

图 3.3　内耳三轴半圆形通道与俯仰、
滚转和偏航轴线的关系

是中空的，但里面充满了液体。中耳的骨骼将外部世界的振动传递入液体。振动在液体中产生波，由大脑的颞叶探测到，而大脑将这些波解读为声音。内耳的另一部分也是中空的，但充满液体，是半圆形的通道。有三个这样的通道，它们被放置在三个轴上，这样就可以探测到三个轴的运动。图 3.3 说明了三个通道和有趣的事实，即通道与飞机的俯仰、滚转和偏航轴线完全一致。谁说人类不是要准备飞行的呢！

信息的来源——视力、身体位置和内耳——结合在一起，使大脑对正在发生的事情有了更多的了解。

但是 VFR 进入 IMC 的致命之处在于当能见度受霾、云、雨、雾、烟或其他任何东西影响而降低时，视界不再可见，眼睛也无法确定地平线的水平位置。因此，三分之一的源信息被消除。人的本体感受或者身体的位置很容易被欺骗。当你躺在地上休息的时候，你的身体就能感觉到地心引力在向下推着，从那开始，你就能判断出什么是向上的，什么是向下的。但在飞行中，还有其他的力作用在身体上，如离心力和加速度，本体感受无法区分重力向下和离心力横向推动之间的区别，从而变得混乱。飞行中的身体感觉很快就会变得不可靠。当然，在目视条件下飞行时也会出现同样的混淆，但是当身体错误地探测到一个转弯时，眼睛看到飞机实际处于的水平，可以纠正体感造成的错误判断。但当视力参考消失时，体感消失，那么身体参考就不可靠了。

三者之中最糟糕的是最后一个——内耳。内耳的半圆形通道探测到运动，然后把这个信息传递给大脑。大脑通过通道内的感觉绒毛来接收这些信息。图 3.4 只体现了一个通道和一组感觉绒毛。图 3.4(a)描述了头部和通道突然的逆时针运动。同时，当通道第一次逆时针运动时，在通道中静止的流体暂时保持静止。当通道围绕流体运动时，流体保持静止。这就产生了流体相对于通道内部顺时针运动的效果。这将使感觉绒毛朝着液体的方向弯曲。当绒毛弯曲时，一个运动信号被传送到大脑。这就是飞机转弯时大脑的感觉。大脑从感觉绒毛中获得转弯的方向和转弯的速度。

图 3.4(b)显示了几秒后发生的事情。当通道开始转动时，通道内壁和液体

之间的摩擦使流体前进。在图 3.4(b)中,通道内的液体随着通道的旋转而流动。这意味着在通道和液体之间发生的相对运动越来越少。最终,即使整个通道仍在转动,通道内的液体也在以同样的速度转动。感觉绒毛没有摇摆,保持直立。这就向大脑发出了一个信号,即没有任何运动发生。但这是对大脑的欺骗。飞机此时仍在转弯,但我们的大脑感觉到的却是转弯停止。

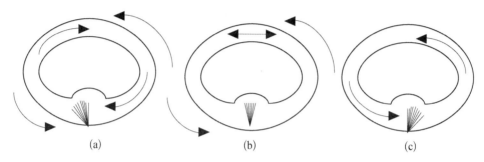

图 3.4　内耳一个通道的液体运动情况

定向障碍意味着你的大脑相信了一些不真实的事情。在这种情况下,大脑认为我们并不是在转动,但事实上我们是在转动的。图 3.4(c)是最后的"杀手",在图 3.4(c)中通道突然停了下来,但液体仍在继续。这就像你踩刹车的时候,车就很难开。汽车停了下来,但是车里所有的东西(垃圾、午餐、没系安全带的人)都向前飞去了,这些东西不会停止。当飞机转弯停止时,液体继续流动,并在水流中携带感觉绒毛。当事实上没有运动的时候,将向大脑发出一个强有力的信号。在这种情况下,内耳的平衡感是不可信的。小肯尼迪事故的雷达数据显示:在最后沉入大海之前,"飞机开始右转爬升……然后开始下降并左转朝向东,30 秒进入这个机动动作,飞机开始向右转弯并开始以每分钟 4 700 英尺的速度下降"。飞机爬升的时候右转,下降左转,然后再次右转。每个内耳中至少有两条通道向大脑发送了不正确的信息。没有地平线可以与旋转的感觉对齐和覆盖。肌肉和肌腱感觉到了运动,但无法分辨出来。内耳告诉大脑:左边是右边,上面是下面。人们是不可能根据虚假的信息驾驶飞机的。因此,最终错误的控制输入被提供给真实的设备,飞机失去了控制。他们在下降,但是不知道为什么下降。

云层和低能见度本身并不危险,但是人类并不适应在云中出现感观丧失。仪表飞行的挑战是用描绘地平线的仪器来代替可见的地平线。飞行员再次使用他们的视力来恢复平衡和位置,他们用仪表代替了真实的感觉。在使用仪表飞行时，飞行员的身体里爆发了一场战斗。本体感受和内耳感觉将不断地试图说服飞行员的大脑：飞机运动与飞行仪表不一致。

飞行员必须忽略身体在说什么，并相信仪表——但这是很难做到的。毕竟，你的身体感觉一直伴随着你的整个生命，从来没有让你失望过。随着时间的推移，你的身体感觉已经被证明是值得信赖的，但是现在你被要求抛弃这些忠实的朋友，把你所有的信仰都放在一个仪表盘和指针上？当飞行员从 VFR 进入IMC 时，这场史诗般的斗争就开始了。如果飞行员相信以往的感观，则他们很可能无法在糟糕天气中幸存下来。但是通过训练，可以克服身体的感觉，信任飞行仪表，进入安全的仪表飞行。

只要飞行，你就会进行身体感觉和仪表之间的斗争。你不能"训练"身体的感觉。不管你飞了多久，或者你飞的是什么飞机，都会有你的身体感觉与实际发生的事情相反的情况。这种情况将永远存在。你不可能通过努力练习消除这个问题，唯一的方法就是克服它。持续 VFR 飞行进入仪表状态是致命的，因为你认为你可以依靠自己的身体，但是它却站在了你的对立面。获得正确的平衡感要么不给大脑提供任何信息（外部地平线上的视力消失了），要么给大脑提供错误的信息（被欺骗的本体感受系统和前庭系统）。

你如何能安全地体验定向障碍，使自己成为一个可信的人？最简单的方法是使用一个普通的椅子，它可以自由地旋转。你可能在办公室或家里也有这样的椅子，盘腿坐在椅子上，闭着眼睛，开始旋转。你首先会感觉到旋转的方向和速度，如图 3.4(a)所示。如果椅子可以连续平稳地旋转而不抖动，则内耳液体最终会赶上转弯，你会觉得转弯的速度减慢了。当液体和内耳通道一起运动时〔见图 3.4(b)〕，你会认为旋转逐渐停止（实际上你还在运动）。现在椅子突然停住〔见图 3.4(c)〕，内耳的耳液就会冲上来，产生强烈的转动感觉。闭着眼睛你不会感到头晕，但是当你睁开眼睛的时候，大脑就会出现冲突。闭着眼睛的大脑会感觉到一个实际上没有发生的转折。当眼睛睁开时，大脑从眼睛中得到一个信号，即没有运动的同时有来自内耳的信号，告诉你有运动。当大脑试图解决冲突时，你会感到头晕目眩。

这种冲突也是导致晕车和晕机的主要原因。当你在汽车里看书时，你的眼睛和书页之间没有相对运动。因此，眼睛会向大脑发出"不运动"的信号。但此时，身体和内耳感觉到汽车的颠簸和摇晃，并向大脑发出"有运动"信号。这些与大脑相矛盾的信号使一些人不舒服。在飞机上，如果你在 VFR 条件下飞行时感到恶心，那么看看外面，这样你的眼睛、身体和内耳都会把相同信号发送给大脑，你可能会感觉好些。不幸的是,在 IFR 条件下,乘客会因为没有参照物来抑制恶心的感觉。仪表条件和难受的乘客可能导致一次糟糕的飞行。

另一种安全地体验空间迷失方向的方法是乘坐"眩晕机"。它是一个模拟器,由联邦航空管理局的民用航空医学研究所管理。它里面是一个飞机座舱,配有仪表面板和屏幕,可以看到飞机前部的视景。一旦进入驾驶舱,门就关上了,这样乘员就看不到外面的任何东西。当舱门一关上,整个装置就开始旋转起来。它有时会在旋转的时候倾斜。你一定会尝到定向障碍的滋味。很少有人在眩晕中觉得很难受,但安全带是必需的。

多久出现一次空间定向障碍?这个问题的答案取决于几个因素。它可能像 20 秒一样快。以下是致命事故涉及 VFR 飞行进入 IFR 条件,NTSB 事故报告的一些数据。这里使用的数据代表了这一类事故。所选择的事故报告是随机进行的。请记住,查阅事故报告的目的不是评判任何人的责任,而是帮助我们未来做出更好的决策。

NTSB 编号:ERA09FA185,佐治亚州,卡罗顿

2009 年 3 月 8 日,一名无仪表等级飞行员和两名乘客在目视气象条件下出发,在前往目的地途中遇到仪表气象条件。事故现场附近的一名目击者称,她听到"呜"的一声,接着是"砰"的一声。她注意到水从湖里喷涌到空中,接着是一片寂静。飞机撞上了一个私人湖泊,位于大约 16 英尺深的地方,飞机严重损毁,与高速撞击一致。随后对机身和发动机的检查并没有发现任何撞击前的异常。飞行员在飞行前没有得到天气预报。事故发生地附近的一名目击者称,事故发生时的天气状况为"低云覆盖",雾飘过湖面,形成"雾气朦胧"的场景。另一名目击者称,"雾很大"。这名飞行员共有 168 飞行小时的飞行经验,包括担任机长约 70 飞行小时,3.2 飞行小时的"模拟仪表"记录,以及 0 飞行小时"真实仪表"气象条件记录。

可能原因:飞行员决定在低能见度的区域继续 VFR 飞行,这导致飞机失去方向,随后失去控制。

NTSB 编号:NYC07FA173,纽约州,哈蒙兹波特

这位无仪表等级飞行员的飞行经验共 99 飞行小时,其中 50 飞行小时是在事故发生前 13 年的记录。记录了 3.2 飞行小时的夜间飞行经历,

他的私人飞行员执照禁止夜间飞行。事故发生在 2007 年 7 月 24 日，是一次 528 海里的转场飞行，大约从 20:00 开始。飞行员分别在 23:40 和 03:00 离开了他的第一个和第二个预定的加油点。22:45 发布的航空气象信息(AIRMET)警告在预定飞行路线的后续航段出现仪表气象条件 (IMC)和高山隐没。从最初离场到事故发生时，计划的最终目的地一直处于 IMC。目击者报告说，事故发生时，事故现场笼罩着雾、雨和黑暗。从残骸中找到的一个手持全球定位系统单元中提取的信息显示，飞行员进入了一个左 360 度转弯，然后是一个下降的右 360 度转弯，一直持续到飞机接地撞击。最后的飞行航迹与进入 IMC 随后由于空间定向障碍而失控是一致的。

　　可能原因：飞行员的飞行决策不充分，在巡航飞行中未能维持飞机的控制。造成事故的原因是飞行前计划不充分、黑夜和恶劣的天气状况。

　　NTSB 编号：SEA95FA031，犹他州，格兰德维尔

　　据报道，当飞机向东飞行时，局部不利的天气状况包括低云和降雪。这位无仪表等级的私人飞行员(飞行经验为 309 飞行小时，其中 64 飞行小时是模拟仪表飞行)在实际出发前 5 个多小时收到了 VFR 飞行的天气简报。他和三名乘客在夜间山区以 VFR 条件离开，打算飞往 90 英里以外的机场吃晚饭。飞行员收到了 ATC 的雷达警告，告知在他的飞行航路上云层会越来越低。ATC 通知他，前方有 1 级和 2 级降水区域。飞机在 ATC 服务终止后继续下降。不久后，飞机在雷达上消失。飞机撞上大约 6 200 英尺的山脊坠毁。山脊位于从出发机场到目的地机场的一条直线上。飞机没有求救信号的记录，也没有发现撞击前机械故障的证据。

　　可能原因：VFR 飞行员试图继续飞行进入仪表气象条件，以及他未能保持好高度及相对于山区地形的间隔。

　　NTSB 编号：ATL83AA305，北卡罗来纳州，埃尔金

　　在计划航路的天气简报中，飞行员被告知，西弗吉尼亚州预计有阵雨，而且可能难以在航线的云层下面保持 VFR。简报员建议往东走另一条路线。然而，飞行员提交了最初的西部航线 VFR 飞行计划。目击者听到了发动机的声音，飞机显然接近云层。直到飞机从云层底部盘旋而出，

飞机才再次被发现,此时一边机翼不见了。该飞行员是无仪表等级的私人飞行员,飞行经验为 242 飞行小时,其中 25 飞行小时是模拟仪表时间。

可能原因:VFR 飞行员在仪表气象条件下飞行,当飞行员试图从定向障碍恢复时,飞机发生了结构损伤。

这四个例子发生在不同地区,涉及不同的机型。有的地形平坦,有的是山地。但在这四个例子中,飞行员都犯了一个常见的错误,他们都驾驶飞机进入仪表状态,但是他们都是无仪表等级的飞行员,总飞行时间为 50～350 飞行小时,每个人都载着乘客。进入云层后,要么失去了对飞机的控制,要么飞到地面,同时试图远离覆盖的云层。

3.2　解决问题

我经常驾驶大学管理的飞机。我们坐飞机去参加体育招募之旅,参加会议、球类运动和演讲活动。当人们第一次坐飞机的时候,我总是和他们聊聊天。我说,会面、球赛、会议都没有我们安全到达重要。

我希望他们从一开始就明白这一点,因为我不想在以后受到任何压力。我在第一次旅行时告诉了我的大学校长(我的老板)。他说:"保罗,在这架飞机上,你可以当老板!"

这是我认为所有飞行员都应该相信并采取行动的态度。还记得飞行员和三名乘客,他们在恶劣的天气下试图坐飞机去吃饭。很遗憾,没有任何晚餐、假期、家族聚会、家族医疗紧急救援足以让你付出生命的代价。如果没有熟练的仪表和仪表相关的飞行经验,不要飞入云中或试图在云下飞行。

给出的三个例子都是在白天。这意味着飞行员可以看到前方,看到云层的到来。但是,即使他们看到了云,他们也没有改变计划。这时应该尽一切努力避免将 VFR 飞到仪表气象条件下,但如果真地发生了,应该 180 度转向晴朗的方向。这将花费大量的时间与飞行教员一起练习一个 180 度的模拟转弯动作,但这是一个必需的基本做法。当出现已进入云中或能见度降低到 VFR 最小值的迹象时,扫视航向,紧接着开始缓慢转弯,无论是左还是右,不要超过 15 度坡度。你可能加大倾斜,试图更快地离开云层,但更大的坡度会带来额外的过载和掉高度的问题。在缓慢转弯的过程中,决定改出的航向。这应该是与在转弯开始前你看的方向相反的方向。缓慢地在相反方向上改出，要有耐心。当你进入云层的时候，晴朗天气就在你身后，所以在 180 度转弯之后，晴朗天气就会在你前面。在任何时候，都要保持一个安全的空速。在云中，用人工地平线（姿态指示器）来表示飞机的机头和机翼与地平线的相对位置。只需操纵仪表中那架小飞机，使机头保持在地平线上，使倾斜角变小。当你离开云层或能见度开始改善时，继续远离危险。找到最近的机场，在那里吃晚餐。

3.3　异常姿态改出

在事故的例子中，当飞行员可进行选择时，他们并没有回避危险。在每种情况下，他们都想继续飞得更远。进入 IMC 后，两架飞机在飞行中失去控制。其中一个在试图改出时折断了一边机翼。为了保持飞机的控制，必须保持空速。有时保持或重新获得空速的唯一方法是降低机头和改变高度。当然，有些情况下你没有可改变的高度。然后呢？这是一个艰难的选择，但最好是可控撞地，而不是失控撞地。两者都很危险，但是飞比不飞有更好的机会。

不同飞机从非正常姿态中改出可能会有所不同，但是标准程序应该是这样的：

在机头高的情况下，飞机处于一个失速-螺旋威胁，所以先降低机头。

如果机翼倾斜，则在机头降低后控制机翼水平。一旦失速威胁降低，增加发动机功率以减少高度损失。

在机头低的情况下，先将飞机保持水平，然后抬起机头。先抬起机头只会收敛盘旋。

首先降低功率以防止超速。然后增大推力爬升，飞机就可控了。

在恢复了良好的姿态后，飞出 IMC。在飞机经历了一种不正常的姿态后，可能还不清楚飞行方向。只要记住你的航向，然后朝相反的方向走。

3.4　螺旋改出

最具有挑战性的飞行机动可能就是在云层中进行螺旋改出。在螺旋中，飞机的移动速度超过了你的理解能力。这就是为什么飞行员对螺旋没有反应或没有正确反应的原因。他们的大脑跟不上正在发生的事情。在上文，我举了一个例子，你必须相信你的仪表。但在螺旋中，所有的猜测都是不对的。旋转本身会使大多数仪器变得失效或不准确，使你不能继续飞行。在旋转过程中，高度表将"松弛"。垂直速度指示器（VSI）将显示最大的下降速率。大多数 VSI 将指示每分钟最大高度为 2 000 英尺，无论向上还是向下。尾旋的下降速度每分钟可以超过 6 000 英尺，所以 VSI 无法跟上实际速度。旋转中的空速指示将显示最慢的速度。大多数空速指示器不会一直下降到零，而是有一个低速限制。指针会指向这个位置。姿态陀螺和航向指示器作为陀螺仪，很可能已经翻倒。在这种情况下，这两种仪器在没有特定方向的情况下不会提供有用的信息。当侧滑仪安装在仪表板的左侧时，侧滑仪的球通常是相当可靠的。无论旋转是向左还是向右，球都会向左摆动，因为任何一个方向的离心力都会把球抛出去。为了证明这一点，我有一个单独的侧滑仪，可以安装在仪表板的右侧。在任何一个方向的旋转中，右侧安装的球都会向右摆动，同时左侧安装的球也会向左摆动。当我在教授螺旋时，证明你不能在任何情况下都使用那句老话"行走在球上"，我就会举这个例子。

剩下的唯一方法是转弯协调指示器，或者如果你有一个转弯和倾斜仪表。高度表告诉你要下降了。当读取最低速度时，空速指示器就会告诉你已经失速了。转弯协调指示器告诉你，你正处于一个旋转方向。所以，是转弯协调指示器告诉你应该使用哪个方向舵来停止旋转——方向舵与转弯的方向相反。飞机的自旋恢复是不同的，但以下是基本的操作：

（1）减小功率到慢车。

（2）蹬住相反的方向舵来停止旋转。

（3）快速推杆阻止失速。

（4）空速恢复后，抬起机头。

尾旋后，陀螺仪很可能仍然不能使用。这将使保持水平飞行更加困难，因此作为一个备份，使用皮托静压管。控制飞机使皮托静压管停止运动，并扭转它们的运动趋势。换句话说，将机头平稳地抬起，直到 VSI 指示停止下降并开始爬升。这将使空速指示器的速度不再增加，并扭转高度表显示的高度损失。

你可能听说过，当你处于尾旋状态时，可以通过放弃操纵来恢复。方法就是，如果你不知道方向是什么或者发生了什么，最好是放手，而不是额外地制造错误的控制输入。还记得那个飞行员迷失了方向，然后导致机翼故障吗？那个飞行员显然没有使用适当的控制输入来进行恢复，最好的方式就是松手。但是不是所有的飞机都能通过松手进行恢复。我经常进行尾旋训练，飞机确实会自行恢复，但前提是我在第三圈之前放开。如果我在第三个圈之后松手，它不会自行恢复，而是继续旋转！这意味着要使用"松手"的恢复方法，我必须快速思考。在那架飞机上，三圈只需要三秒钟，所以我只有不到三秒钟的时间记得松手。

进入 IMC 的尾旋恢复是不可能的，因为它确实需要飞行员快速、敏捷的操控。但是如果飞行员能表现出快速、敏捷的状态，他们一开始就不会飞入云端。在较大的飞行压力下，要求飞行员在瞬间从不那么聪明变成难以置信的聪明。因此，这就是为什么天气事故的死亡率最高的原因。

我有一个朋友是国家运输安全委员会的调查员。他说："如果你有空闲时间，那你就坐飞机去。"他的意思是永远不要让自己在必须到达某个地方时，试着用飞机来减少旅行时间。你必须腾出空余时间，因为如果天气变坏，你就必须等待。为了完全安全，飞行员必须携带他们的执照、体检合格证和租车公司的固定账户。

3.5　飞行仪表

必须再次强调，预防与天气有关的事故的最好办法是规避坏天气。但是，即使是学生飞行员也需要信任飞行教员。今天，私人飞行员执照只需参考飞行仪表飞行 3 小时。一些事故案例讨论了较早的飞行员，他们的全部仪表经验是他们获得私人执照所需仪表经验的时间。这些时间对于实际的仪表飞行是不够的，飞行员也不应该试图说服自己。这些训练是为了从云层 180 度紧急转向安全飞行，而不是强行穿透云层。

但是，无论你的仪表经验如何，飞行员都必须相信仪表，并随时准备对它们进行故障排除。我们已经说过，在云中形成的三个平衡来源（本体感受和前庭）变得完全不可靠。唯一剩下来拯救你生命的信息来源是视力。但是当能见度降低或云层降低时，很难用眼睛来使机翼与真实的地平线平齐，因此眼睛必须转向飞行仪表，飞行仪表将向飞行员指示飞机的姿态和正在发生的事情。飞行员必须解读仪表，然后使用这些信息来安全地驾驶飞机。错误的理解可能导致灾难。

作为一名仪表飞行的学生，你将花很多时间在扫视仪表上。圆盘仪表包括标准的六部分：空速指示器、姿态陀螺和高度表横跨顶部，转弯协调指示器、航向指示器和垂直速度指示器贯穿底部。主要的飞行显示器，如佳明 G－1000，保留了这个布局，尽管它是电子显示。扫视仪表，不管是指针的还是电子的，都是通过眼睛获得相关的信息，并相应地选择驾驶飞机的方式。我认为扫视仪表是一个非常个性化的事情，你将锻炼自己的扫视经验。扫视动作不能标准化。在每种情况下，预先确定的扫视模式都是不够的。反过来讲，在转弯时，应给予转弯协调指示器比平飞时更多的关注。在爬升过程中，应给予垂直速度指示器比平飞时更多的关注。扫视方式随情况而变化。我不能建议你的眼睛在面板上如何扫视仪表——这是当你看到它的时候你需要决定的事情之一——但这需要多多练习。

3.6　仪表失效

当我们的眼睛在仪表上观察，并根据观察结果进行飞行修正时，我们认为一件事是理所当然的：仪器告诉我们的事实是正确的。但是飞行仪表甚至飞行仪表的"家族"可能会失效。主飞行显示（PFD）使检查仪器故障变得更容易，这极大地提高了飞行安全性。你应该非常熟悉你自己的电子仪表，这样你将完全理解失效告警。有些人只是把一个大大的红色"X"放在 PFD 中，但是没有正确的信息。仪表盘式飞机没有这个功能，所以飞行员必须是"侦探"。我们对定向障碍的预防方法是利用飞行仪表信息，因此，如果这些信息是错误的，那么定向障碍再次成为死亡威胁。如果一个或多个仪表停止告诉我们飞机正在经历的事情的真相，那么飞行员必须迅速做出如下反应：

（1）辨别哪些仪表显示是错误的。

（2）忽略失效的仪表显示。

（3）使用组合功能的仪表，以避免定向障碍。

电子 PFD 利用激光陀螺技术为飞行员提供姿态信息。激光陀螺仪在通用航空中的应用是一个巨大的飞跃，因为激光陀螺仪没有运动部件，而机械陀螺仪需要一个陀螺仪进行旋转。事实是在可预见的未来，尽管存在电子显示驾驶舱，指针式飞机仍将与我们相伴，所以即使它是老式的，还需要飞行员了解真空系统工作原理，这是安全飞行的要求。最关键的仪器故障，也是最致命的，就是真空系统故障。传统真空系统包括姿态陀螺仪和航向指示器。图 3.5 所示是真空系统运行原理。真空泵通常由发动机驱动，因此通过一个轴安装在发动机的齿轮上。当发动机转动时，泵就会转动，空气就会从系统中抽出来。有些系统会让空

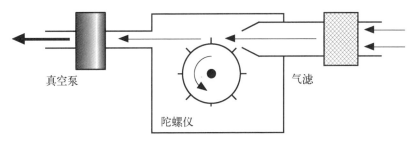

真空泵　　　　　　　　　　　　　　　气滤

陀螺仪

图 3.5　真空系统运行原理

气通过系统；检查你的手册或问你的机体与动力装置（A&P）技术员。在图 3.5 中，空气通过系统就像吸管吸入一样。

空气通过气滤进入系统，然后通过两个陀螺仪。图 3.5 仅仅说明了一个陀螺仪的操作。空气流过陀螺轮，就像老式的水轮一样，使陀螺转动。陀螺轮旋转得越快，姿态陀螺仪和航向指示器越可靠。陀螺的速度是通过一个吸入压力表（图中没有显示）来监控的，它告诉飞行员真空泵产生了多少压差。吸力通常由一个绿色的弧线显示足够的气流来旋转陀螺仪。当真空泵失效时，可能会出现严重的问题。发动机和泵之间通过一个轴连接，这是失败的设计！如果泵卡滞，轴将很容易扭转，防止泵的进一步损害，但陀螺没有吸入空气了。如果发生这种情况，那么气流将停止，但陀螺本身不会立即停止。陀螺转速会逐渐下降，陀螺的稳定也会逐渐消失。姿态陀螺仪和航向指示器会慢慢失效，这可能会欺骗和误导飞行员。

为了通过仪表等级的实际测试，飞行员必须在没有陀螺仪的情况下至少完成一次仪表进近。这是为了模拟真空系统的失效，并为它做准备。在训练中，教员将通过在姿态陀螺仪和航向指示器上放置一个盖子来模拟失效的真空系统，这是很好的练习，但这不是"真正的"练习。你看，当教员把你知道的仪表盖好后，你就会立刻看别的仪表，因为失效是已知的。同时，它模拟的是瞬时失效，而不是缓慢失效。在没有真空陀螺仪的情况下飞行是一回事，在它们逐渐失效的过程中检测它们的失效则是另一回事。

在正常情况下，飞行仪表相互补充。在左转时，航向指示器应该显示航向向左的变化；转弯协调指示器和姿态陀螺仪应该指向左侧机翼。如果你怀疑它们之间有分歧，那么必须立即成为一名"侦探"。飞机不能同时爬升和下降，也不能同时左右转弯，但是有一天你的仪表可能会告诉你冲突的情况。当冲突发生时，你必须迅速识别错误的显示，并忽略它，切换到其他显示信息，以避免偏离方向。通常，转弯协调指示器是电动的，不需要任何真空系统来操作。这就是"不要把所有的鸡蛋放在一个篮子里"的理念。同时发生电气和真空失效是非常罕见的，因此，如果出现相互矛盾的信息，那就是其中一个发生了失效。如果姿态显示一个转弯，但航向指示器不显示运动，那么就出现了真空故障。检查吸力表以确认这一点，并将你的注意力转移到转弯协调指示器和磁罗盘上。大多数转弯协调指示器都有一面红旗，当陀螺旋转下降时，红旗就会清晰可见。检查此标志以确认转弯协调指示器是否失效。

真空系统的失效是可怕的，会迷惑那些执着的飞行员。凝视是一个问题，即飞行员只盯着一个或两个仪器。如果飞行员没有交叉对比所有的仪表，而是只盯着一个，而那个仪表失效了，那么飞行员将只会接收到虚假的信息，很可能发现问题时为时已晚。关注姿态陀螺仪是很常见的，因为它提供了最真实的地平线和倾斜角度的图像，但姿态陀螺仪是第一个因为真空系统失效而失效的。真空系统失效后不久，姿态陀螺仪的地平线将慢慢开始显示飞机在转弯。在这种仪表显示下飞行，驾驶员为了改平飞机，将操纵飞机向反方向滚转。这样使飞机实际上向反方向转弯，使飞行员丧失真实感，对飞机的控制也随之丧失。

当你在没有真空仪表的情况下飞行时，你应该做大的、缓慢的转弯，因为你只有磁罗盘的方向信息。磁罗盘会超前和滞后，即使在平稳的空气条件下，它的使用也是非常令人无法接受的。飞行规则要求在系统（如真空系统）发生失效时，向 ATC 咨询，但是他们不会提供太多的帮助。一个致命的事故发生在真空系统失效后，飞行员发现了问题并向 ATC 报告。飞行员报告"我有一个真空系统的失效"，但空中交通管制员（简称空管）不知道什么是真空系统或问题的本质是什么。该空管请求另一位空管的帮助。他们原可以在陆地上交谈，而不需要飞行员听到他们的谈话，但是所有的通信都被记录了下来。第一个空管对第二个空管说："嘿，我有一个飞行员报告说他的真空系统刚刚失效了。"第二个空管说："好吧，他没有仪表，需要尽快下来！"空管开始要求改变航向，以便快速地将飞行员引导到最近的仪表进近。但只要飞行员保持航向，飞机就不会有从空中坠落的危险。尽快降落并不像保持控制那么重要。飞行员最不需要的就是一系列突然的航向和高度变化。空管认为最好的补救办法是加快进程，而实际上飞行员需要缓慢、大的转弯来保持控制。不幸地，飞行员听从空管的建议，做了一系列急转弯，变得迷失方向，然后坠毁。在 25 年的时间里，我遇到了 3 次 IFR 真空系统的失效，这是一个真正的挑战。如果你有过真空系统的失效，记住通过对比仪表进行检测，可以解决问题。飞行员应报告空管，并保持对飞机的控制。飞行员应采取一个长距离、容易且较小的角度截获仪表进近的航向道，而拒绝其他做法。

NTSB 编号：FTW96FA046，得克萨斯州，锡普勒斯

飞行员在出发前的 6 小时内分别收到了 3 份预报 IFR 天气报告。在飞往得克萨斯州康罗的途中，飞行员在仪表气象条件下飞行时，向休斯敦进近管制站报告说："陀螺仪失效。"休斯敦进近管制站向飞行员提供了非

陀螺仪指引，试图将飞机对准休斯敦洲际机场的 8 号跑道。飞行员失去了对飞机的控制，撞到了地面。在事故发生地东北 10 海里处的戴维·韦恩·胡克斯机场，当时的天气情况如下：美国中部时间 18:50，云底高度为 500 英尺 AGL（离地高度），能见度为 1 英里，有雾，温度为 57 度，露点为 56 度，风向为 070 度，风速为 6 节，高度表设定为 30.17 英寸①。NTSB 对真空泵输入轴的检查显示，由于真空泵突然停止，泵轴发生失效。

　　可能原因：飞行员在仪表飞行时未能保持飞机的控制。天气和飞机真空泵的失效是导致姿态指示器和定向陀螺仪失效的原因。

　　陀螺仪表组成一个重要的"家族"，而全静压仪表组成另一个"家族"。图 3.6 所示是一个典型的全静压系统。在指针式仪表飞机上，空速管直接连接到圆盘的背板上。在电子座舱飞机上，空速管连接到大气数据计算机。计算机测量和计算大气压力，并将信息转换成 PFD 上的电子显示。对于圆盘仪表和玻璃仪表，这是唯一不同的地方。这两种方式仍然需要一个皮托管和静压口。皮托管和静压口安装在飞机外面，对其进行检查是常规飞行前检查的一部分。这个"家族"包括高度表、垂直速度指示器和空速指示器。空速指示器是唯一使用皮托管和静压口两个气压源的设备，其他两个只使用静压空气。静压是空气的重量在地心引力作用下对我们产生的压力。空气是可压缩的，所以地心引力能将大部分空气压缩到地面上。这就是当你登高的时候空气变得更轻（密度更低）的原因。在标准的海平面上，空气的重量是每平方英寸 14.7 磅②。这意味着有几吨的空气压在我们身上。我们很难真正感受到这种空气，因为空气压力不仅在我们的身体上，而且在我们的身体里。压力是平衡的，所以我们没有感受到压力。不管你是否感受到，它都可以被测量，它是全静压系统中的一个力。另一种力是冲压空气产生的。你把手伸到行驶中的汽车窗外，就能感受到空气力量。汽车行驶得越快，你感受到的压力就越大。

　　全静压系统的仪表也会给飞行员提供错误的信息。皮托管可能会堵塞。当这种情况发生时，错误的信息可以显示在指针仪表或 PFD 上。电子显示飞行信

----

　　①　1 英寸≈25.4 毫米。
　　②　1 磅≈0.45 千克。

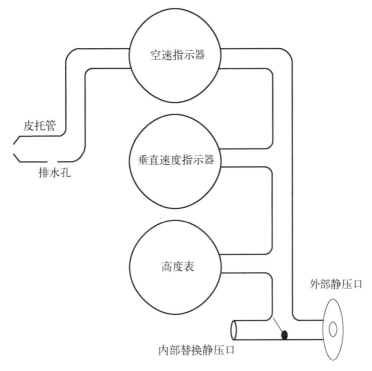

图 3.6　全静压系统

息的技术提高了。查阅电子座舱手册,当大气数据计算机接收到错误的信息时,PFD 将显示额外的告警。即使是大气数据计算机也可能被欺骗,这意味着飞行员仍然需要培养识别和排除故障的能力。为了理解如何在试图保持方向的情况下对系统进行故障诊断,你必须理解系统的工作原理。图 3.7 只是空速指示器运行的一部分。图 3.7 不是技术图纸,而是原理图纸,这样我们就可以看到正在发生的事情。在图 3.7(a)中,我们看到正常运行情况。压缩空气通过皮托管进入,实质上使内部的空速指示器膨胀。冲压空气室通过一个可移动的隔膜与静态空气室分离。静态空气试图抑制隔膜,但冲压空气要强大得多,并把隔膜往回推,如图 3.7 所示。隔膜的膨胀变形量通过一系列的齿轮和传动部件传递到空速指示器表盘的指针上。膨胀变形量越大,空速越快。

　　确保所有这些“空气开口”在飞行前保持清洁和畅通是非常重要的,因为昆虫会在这些洞中做巢。如果皮托管中发现了灰尘和碎片,不要试图通过插入任何东西来清除堵塞,这样做只会把泥土推得更远。皮托管内部的空气通过塑料软管流动。软管有一个连接皮托管和飞机的附件。这个附件必须打开,使高压

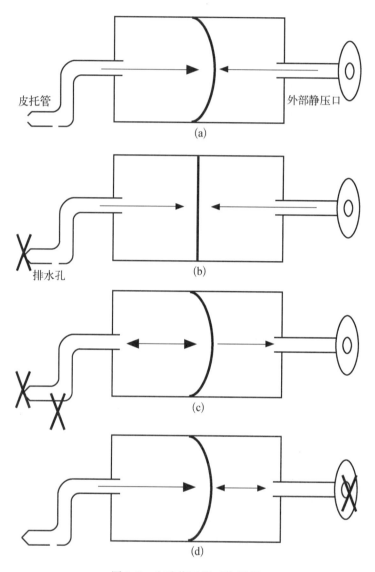

图 3.7　空速指示器工作原理

空气从里面吹到外面,清除碎片。这就是你应该一直使用皮托管护套,且总是在飞行前移开护套的原因。

　　但在飞行中,有一个或多个这样的开口可能会被堵住。进入孔的冰晶或内部未被发现的碎片,在飞行中随着气流阻塞管道。图 3.7(b)显示了皮托管冲压空气入口被堵塞的情况。在这种情况下,空速指示器的读数将为零或其最低速度。皮托管入口的下游是另一个排水孔。通常排水孔使进入管道的水排出。不幸的是,当空气进来时,有时水也会进来(下雨)。空气进入管道,然后通过一个转向进入机翼。水比空气重,不能转弯,就会顺着排水孔流出。这使得水远离系统,远离仪器。需要注意的是,大量的雨水仍然可以通过转弯进入系统。当你在雨中飞行,甚至在大雨中飞行时,你可能会看到所有的皮托管仪表突然地跳跃。这种跳跃是由水在系统中工作,并瞬间阻断气压读数引起的。它不会持续很久,大概一秒钟,然后就会恢复正常。许多全静压系统都有手动排水管,必须定期打开,以确保水从系统中排出。现在排水孔在空气堵塞故障中占有一定比例。当空气因为堵塞而消失时,排水孔就像另一个固定的端口。你可以从图 3.7(b)中看到,等压空气来自两边。空气从外部的静压端口到达隔膜的一侧,空气从排水孔到达相反的一侧。两者都有相同的外压,所以隔膜不会向任何一个方向膨胀。没有膨胀意味着没有空速读数。

如果堵塞是由于积冰造成的,则应该打开皮托管加热功能。这会使冰融化,冲压空气将很快使空速指示器膨胀。当然,如果皮托管积冰,也可能出现其他问题,比如整个飞机积冰。此时应马上到温暖的空气中,让皮托管热起来。图 3.7(b)表明当你在飞行时皮托管盖没有打开的情况。我不认为试图通过皮托管加热"烧掉"管盖是一个很好的主意。好的一点是图 3.7(b)中的情况很容易被发现:空速会突然下降到零。

图 3.7(c)显示了一个更隐蔽的情况,其中两个排水孔被堵塞。当这种情况发生时,空速指示器就像高度表。这意味着,如果你爬升,空速指示器就会显示速度的增加;如果你下降,它就会显示速度的降低。这可能会使飞行员失去警惕,因为他不会突然改变空速指示。

当冲压空气管和排水孔被堵塞时,就像吹起一个气球,然后用一个结把它封闭起来。先前膨胀的空气会被困在里面。这样就可以使隔膜保持恒定的压力。飞机开始爬升,外部的压力就会减小,隔膜的静态一侧的空气就会从静态端口流出。这意味着现在有更少的静态压力,以推动冲压空气。在静压较小时,隔膜受冲压空气压力影响继续膨胀,这将使空速指示器的指针移动到一个更快的值。飞行员怎么能探测到这一点呢?我驾驶的飞机不能同时爬升和加速。如果我看到 VSI 上升的同时空速提高,我就知道有些事情不对了。此外,如果飞机下降,更多的静压将进入静态侧。这提供了额外的力量,以推回冲压空气一侧。这意味着隔膜的膨胀量更小,显示器上显示的速度也更低。只要你怀疑速度和爬升之间的仪表显示冲突,就可以使用皮托管加热。

这种"空速指示类似高度表"的情况是 1974 年一架波音 727 客机发生事故

的原因。飞机从纽约肯尼迪机场起飞，前往纽约布法罗，在那里他们要去接布法罗比尔足球队。飞机从未去过布法罗。飞机上没有乘客，只有3名经验丰富的飞行员和机组人员。在IMC中，飞机的爬升速度为每分钟6 500英尺，显示的空速为405节。即使是空载的喷气式客机，这也是很大的。驾驶舱录音机录下了谈话：

机长："你能相信这个吗？"

副驾驶："我相信，但我无能为力。"

机长："把它拉回来，让它爬上去。"

在副驾驶拉杆后不久，抖杆器发出了失速告警。飞机在24 800英尺的高度停止了爬升，显示的速度为420节。飞机在失速的边缘，但机组人员相信他们所说的，因此认为他们太快了，而不是太慢了。

副驾驶："有马赫抖振，我想我们得把它拉上来。"

机长："把它拉上来。"

马赫抖振是由冲击波形成的振动，它发生在飞机超过临界马赫数时。机组人员从来没有想过速度很慢，空速指示器出错了。他们也没有观察其他仪表。他们不认为在爬升中加速是不可靠的。然后起落架告警响起，表明油门减小了。在到达24 800英尺13秒后，飞机开始以每分钟15 000英尺的速度下降，并迅速右转。现在空速正以每秒4节的速度下降。

机组："求救！求救！"

纽约空管："继续……"

机组："收到，我们已经失控。下降通过20 000英尺。"

纽约空管："该高度下已清空。"

机组："我们下降到12——已经失速。"

那是最后一次无线电通话。但在飞机内部的对话还在继续。

机长："襟翼2！"

副驾驶："现在拉起——就这样。"

飞机法向过载超过了5g，在3 500英尺，左水平安定面与飞机分离，在平均海平面高度（MSL）为1 090英尺时飞机撞向地面。他们在83秒内坠落了23 000英尺。

NTSB后来得出结论，在1.6万英尺以上的飞行中，飞机机体出现了一定程度的结冰。机组已经收到了天气报告，其中包括结冰条件，但皮托加热器开关处于关闭位置。NTSB给出的可能原因是皮托管入口和排水口结冰堵塞，造成了错误的高度显示。

信任一个不值得信赖的仪表并不仅仅是初学者经常做的事情。它甚至可以欺骗一个老飞行员。说到飞行仪表，我们信任，但必须验证它的真实性。

图 3.7(d)说明了另一个问题。这次是动压口和排水孔打开，静压口关闭。这种情况也会造成不正确的空速指示。唯一正确的读数是当冲压空气和静压空气来自相同的高度（相同的密度）时。如果静压口被堵塞，隔膜的静态空气就不会变化。静压成了恒定压力，等于它被堵塞时的压力。任何爬升或下降都会使飞机的静压与实际外部压力不同。高度的任何变化都会使空速指示不准确。现在，只要你意识到问题的存在，不准确的空速读数就不一定是一件危险的事情。关于静压口堵塞的更大问题在于这个"家族"的其他仪表。

全静压系统的静压供这个"家族"的所有三种仪表使用。图 3.8 展示了其中的两个：垂直速度指示器（VSI）和高度表。同样，这些是概念图，而不是技术图，只为简单说明原理。VSI 和高度表都有柔性膜片。它们实际上是无液气压表，对压力的变化很敏感。VSI 膜盒有一个"校准漏孔"，这是一个孔，所以压力不会持续很长时间。如果压力确实改变了，随着时间的推移，更高的压力将通过孔并最终达到平衡。图 3.8(a)描述了飞机的下降过程。当我们深入大气层时，更多的空气分子进入系统。这些分子推动了 VSI，并向压力更大的方向膨胀，驱动VSI 指示下降。如果停止下降，空气压力很快就会通过这个孔平衡。在没有不等压力的情况下，膜盒无膨胀，VSI 也无爬升或下降指示。同时，当额外的气压进入高度表膜盒时，高度表显示下降。膜盒就像一个可以膨胀或收缩的波纹管。它在下降过程中收缩，因为更多的空气压力施加在膜盒外体上。

图 3.8(b)描述了飞机在爬升时的情况。飞机爬升得越高，空气越稀薄，空气就会从静止的端口逸出，使 VSI 膜盒膨胀，爬升由仪表指针指示，空速指示器的腔体扩大，因为此时静态空气减少。所有这些都是正常的运行过程，但是当外部静压口被堵塞时会发生什么呢？

我们已经讨论过，一旦发生高度变化，空速指示器的读数都会是错误的。图 3.8(c)显示了与其他两个图的关系。当静压口被堵塞时，VSI 和高度表将不会有压力变化。在没有差异的情况下，这两种仪表都会"冻结"。无论实际在爬升或下降，VSI 都不会显示任何信息。高度表将读出堵塞发生时的高度，此后不会改变。看起来你的飞行高度比以往任何时候都要好。我想我是一个很好的飞行员，但是我也不能把高度控制得那么稳，以至于指针都不动。我知道，如果它们完全停止变化，那不是因为特殊的功能，而是因为静压口被堵塞了。

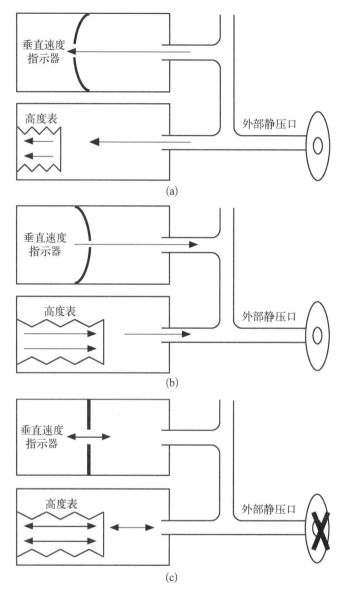

图 3.8　垂直速度指示器和高度表工作原理

　　有些飞机有静压口加热功能，就像皮托管加热一样。有些飞机有多个静压口，这样压力就可以平衡，至少有一个可能保持开启状态。还有一些飞机有一个备用的静压源。图 3.6 表明了这样的备用方案。这些系统有一个阀门，在正常的操作下引导外部空气进入系统。但是，如果发生堵塞，阀门就可以逆转，让静止的空气进入系统。如果飞机没有增压，则备用空气开口通常在座舱内。如果飞机是有增压的,那么就不会在座舱内,因为此时高度表探测的是座舱压力。在这种情况下,备用静压口布置在机轮上或者其他不容易结冰的地方。

在非增压飞机中使用内部备用空气显然意味着进入系统的空气来自内部。从内部吸入空气也会对全静压系统产生影响。当空气在飞机机身周围流动时,它就像在机翼上一样分离并加速。这意味着座舱周围的空气流动会产生一个较低的气压。没有增压的飞机没有气密性,所以外面稍微低一点的压力就能把座舱空气抽出来,使里面的压力比外面稍微低一点。然后,当我们使用这个稍低的压力空气时,就会发送稍微低一些的空气压力到全静压系统。当系统感觉到稍微低的气压时,高度表读数会略高,空速读数会略快,VSI 会显示出瞬间的上升。但是这些错误都不会是严重的。事实上,对于缓慢飞行的飞机来说,内外气压的差异可能比较小。在每一次 IFR 飞行之前,应对备用静压源进行测试。当你切换备用静压源阀门的时候,你就会发现气压是随着全静压系统的跳变而发生变化的。

为了保持状态,必须考虑以上所有因素,因为我们必须信任仪表。但是我们只应该相信那些值得信任的,并由飞行员来比较仪器读数,排除可能出现的问题。许多资深 IFR 等级和精通云层飞行的飞行员都相信了不可靠的仪表,然后开始迷失方向,甚至是仪表等级的飞行员,最后都丧生了。

3.7 气象指导

在每一个 VFR 飞行员飞入 IMC 的例子中,都出现了飞行员似乎受困的现象。天气比预报的更糟糕,但他们相信自己所听到的,希望好天气即将到来。小肯尼迪事故那天晚上的天气预报如下:能见度为 6 英里,天空晴朗,风向为 10 海里。这听起来像是一个非常适合 VFR 的傍晚。但实际的能见度要糟糕得多,尤其是在水面上。在飞行过程中,飞行员希望是好天气,没有任何问题,但却遇到了一些意想不到的事情。

我们都希望天气很好,飞行也会变得有趣、平静。但是有时我们听到我们想从天气预报中听到的东西也是一件糟糕的事情。在飞行过程中,如果天气比预期的更糟,我们会说服自己相信一切都很好,只有这里是一个糟糕的地方。我们使自己处于积极的状态,即使自己看到了不好的天气,也坚持这种信念。我们不想相信一开始就做了一个错误判断。我们只能看到我们想看到的东西。

似乎只有雷暴才会唤醒他们。VFR 飞行员愚蠢地不怕 IFR 状态,幸好还害怕雷暴。很少有飞行员飞过雷暴的事故案例。飞行员们知道雷暴的极端危险,并且没有任何可以继续飞行的疑虑。雷暴一般意味着停止继续飞行。但我们了解到，危险不是雷暴，而是飞行员遇到的看似危险不大的云层或低能见度的问题。

当然飞行员应该且必须学会获取和使用天气预报，必须成为自己的天气观察员和天气预报员，需要"照顾"自己。如果飞行员能更好地观察情况，那么所有与天气有关的事故都是可以避免的。这里有一些提示可以帮助你观察下一次飞行的天气。

1）霾

霾能降低能见度、隐藏地平线。因并不经常被报告，而且很少在天气预报中出现，所以特别危险。这使得飞行员有可能被霾所困扰。霾是由非常细小、干燥的颗粒组成的。这些颗粒通常是肉眼看不见的。这意味着地面上的气象观测人员由于视力有限，所以看不到它。如果他们看不见，就不会报告。因此，虽然存在霾，但不会出现在任何天气报告或天气预报中。

此时，飞行员必须比天气预报更聪明，因为他知道霾存在的条件。请记住，霾是颗粒的"集中"。稳定大气有利于霾层形成。如果大气不稳定，微小粒子就会被混合、搅动和分散到各个方向。霾粒子必须聚集在一起才会降低能见度，那么当粒子分散时，问题就解决了。当大气稳定，风很轻的时候，就要时刻注意。那么，如何确定空气是稳定的呢？一种方法是向全国飞行服务站（FSS）气象简报询问上升指数。对于标准大气，当你在大气中升高时，空气就会变凉。在海平面附近，空气被重力压缩，海平面上每立方英尺有更多的空气分子，仅仅是因为重力把空气挤压到水面，这使得单位体积充满了分子，就会引起摩擦，摩擦就会产生热量。由于压缩生热，海平面变得温暖。在高海拔地区，相同空间内的空气分子较少。这意味着分子有更大的空间并产生更少的摩擦。摩擦力小就意味着热量少，所以当你爬山的时候，会觉得越来越冷。上升指数通过空气温度变化与高度的关系来衡量大气的稳定性。干燥空气的标准冷却速率是每 1 000 英尺 3 摄氏度。按照这个速率，如果你在海平面上采集标准的空气并将其提升到 18 000 英尺，温度应该降低 54 摄氏度（3×18）。当上升指数是一个正数时，意味着如果海平面上升到 18 000 英尺，那么它将比标准温度低，超过 54 摄氏度。这种空气比较凉爽，因此比较重，会下沉。下沉的空气是稳定的空气。一个负的上升指数意味着上升的空气会比标准的温度高。这种空气是温暖的，因此很轻，会像热气球一样上升。上升的空气是不稳定的，是雷雨的成分之一。

此外，现在许多互联网上的天气网站提供了上升指数，如果上升指数是一个正数,那么雷暴的威胁将很低,但霾的可能性较大。当空气下沉时,它将所有这些单独颗粒结合在一起也是没有问题的,但是再集中会导致飞行员偏离方向。一个正的上升指数,加上轻风,在夜间飞行可以使一个预测的 VFR 变为一个现实的 IFR。

2) 雾

预报之外的雾可以迅速降低能见度,并使 IFR 和 VFR 飞行员都陷入困境。雾与云一样,唯一的区别是雾是以地面为基础产生的,而云的底部在地表以上。所有的云和雾都是这样形成的:空气被水分饱和。下面简要介绍雾的形成。

水逐渐从水面蒸发,这增加了空气中的水蒸气,增加了它的湿度,并使它接近饱和。这可能会在水面上产生雾,而仅仅在很短的距离之外,干燥的陆地上就没有雾。当雨水落到地面时,雾也会形成。

还有另一种方式也可以形成雾。如果温度下降,而不是水汽含量上升,雾也会形成。当空气冷的时候,空气分子的能量就会减少,它们就会减少运动,互相堆积在一起。这使冷空气变得稠密。当空间已经充满冷空气分子时,水分子的额外空间就会减少。当没有更多的空间时,就会达到饱和,并发生冷凝。水蒸气的含量可以保持不变,但是当空气变冷到饱和时,就会形成雾。发生饱和的温度称为“露点”,即(悬浮在空气中的液体)形成的温度。

飞行员可以通过观察实际温度和空气饱和的冷却温度之间的差异来预测雾,这就是温度/露点的分布。雾可于 4 摄氏度以下的任何时候出现并扩散。计划于清晨飞行的飞行员应该知道,随着太阳在天空中升高,气温通常会上升。早上 7 点时,雾气一般不太可能在 4 摄氏度下形成并弥漫,因为温度越来越高,饱和湿度越高,雾气就会消散,雾被“烧掉”。但是在晚上 7 点时,在 4 摄氏度下出现雾气的话就比较麻烦。随着太阳的消失,不再直接加热,温度也会下降。此时只有 4 摄氏度且温度会进一步下降,饱和湿度也会越来越低,熟悉天气的飞行员知道这种情况下只要一个小时雾就会形成。在计划飞行时,请获取区域露点,并预测温度的变化。

在海岸线上,会形成移动的雾。当风把温暖潮湿的空气带到较冷的区域时,潮湿(高露点)的空气和下降的温度的组合会立即产生低云和雾。如果水面是温暖的,则风把空气带到凉爽的陆地上,雾就会扩散到陆地上。作为一名飞行员,应寻找陆地上的风力预报,并比较对应的空气相对湿度。当你知道要找什么时,雾很容易预测。

3）低云

许多从 VFR 转入 IMC 事故的受害者都是当地形升高、云层降低的时候继续飞行导致的。飞机起飞前，这些飞行员能预测到云层可能在什么地方吗？如果他们已经知道云在哪里，他们还会继续飞行吗？我们现在不可能知道这些问题的答案，但你可以用这个技巧。

当你爬升的时候，空气变凉了。我们也知道达到露点时云就会形成。这意味着云可以很容易地在温度和露点相交的高度处被预测到。干燥的空气的标准冷却速率是每上升 1 000 英尺，气温下降 5.4 华氏度（约 3 摄氏度），而露点则每上升 1 000 英尺下降 1 华氏度（约 0.5 摄氏度），所以两者以每上升 1 000 英尺高度，4.4 华氏度（约 2.5 摄氏度）的标准速率接近。为了估算云底，取温度/露点的分布，除以接近速率，然后将结果乘以 1 000 即可得。假设表面的温度是 5 华氏度，表面的露点是 50 华氏度，则得到 1 136 英尺的 AGL（5×4.4＝1.136×1 000＝1 136）。云层在 1 200 英尺和地面之间，这是很低的——可能不足以保障安全飞行，除非已有航路规划图。

下一次飞行时，确保从你的目的地得到气温和露点，你可以用这个简单的计算估计云底。请记住，你提出的云底估计将是离地高度（AGL）的估计。然后你必须将它与你的 ISL 巡航高度进行比较。如果你做了这样的计算，知道预计会有低云，然后在路上真正遇到这种情况时就会很好地处理。此时你会从压力中解脱出来，因为前面不一定有好的天气。

有时候常识也可以挽救生命。如果你面对不断恶化的天气，感觉不太好时，其实你的感觉在让你重新思考一下你的行动。大多数飞行员都不是鲁莽的。他们遇到麻烦并不是因为过分自信地无视安全规则，而是因为他们被困住了。飞行员解释说，他们听到天气简报给了一个较好的结果，相信简报一定是对的，坏天气是暂时的情况，情况可控。

NTSB 编号：ATL84FA054，田纳西州，列克星敦

这架飞机在一次跨洲飞行中，在 IMC 天气中垂直下降与地面相撞。飞行员提交了 IFR 飞行计划，但他是一个经验有限的学生飞行员，没有仪表等级，他还携带了一名乘客（除飞行教员外，学生飞行员不得携带任何乘客）。飞行中空管注意到这名飞行员在操作和报告程序方面不够专业。当飞机最终遇到雷暴和湍流时，失去了无线电通信。最后一次无

线电通话大约在 13:46,田纳西州的 FSS 专家杰克逊在 13:46:07 对孟菲斯中心负责人说,飞行员报告说他处于严重的湍流中,不知道他的位置。飞机在田纳西州列克星敦以东 4 英里处坠毁,学生飞行员和乘客都丧生了。

这是我见过的最极端的漠视天气的案例。一名学生飞行员携带一名乘客提交了一份不符合规定的 IFR 计划,然后飞入雷暴区。值得庆幸的是,我相信 95％的飞行员都明白当飞行员的责任,并希望做正确的事情。VFR 飞入 IMC 中最危险的事情具有最简单的解决方案,就是使用常识,对仪表进行故障排除,并将你自己的 IFR 气象预测添加到气象简报中。

幸存者的故事

下面三个小故事来自航空安全报告系统,就是所谓的"NASA 表单"。这三个飞行员得以生还,讲述他们的 IMC 遭遇。

NASA 编号:418559

我到达了威斯康星州拉辛的巴腾菲尔德。那里和目的地的天气都很糟糕——伊利诺伊州庞蒂亚克。直到天气好转,我才决定离开拉辛。我不断地呼叫格林湾航空公司,询问天气是否好转。拉辛南部的天气正在逐渐改善,但拉辛的天气仍然不太好。后来我急着要回去工作,便决定不顾大雾飞行,以为爬升起来再下降就能靠近家了。当时庞蒂亚克有 1 900 英尺的云层高度。当爬进雾里时,我感到很不舒服。我立刻呼叫拉辛,让他们知道发生了什么。然后,我通过驾驶飞机来解决我的问题,尽管我的身体告诉我,我正在缓慢地右转下降。当我保持平衡时,我联系了密尔沃基·德帕尔,他们引导我穿过云层。我决定不理会天气,这是不负责任的。这样的经历让我意识到,如果一个人选择在这样的天气中飞行会有多危险。我的飞行时间只有几秒钟,但我对它的记忆将持续一生。

NASA 编号:41835

遇到的问题主要包括在我飞行的高度以下云层变厚以及对"你的意图是什么"这句话的不熟悉。除了在到达的时间肯塔基州南部边界有一些分散的云层外,飞行前没有显示不利天气。在肯塔基州法兰克福西北20英里处,几乎没有观测到云层,他们相信云层是不完整的,很快就会消散。一开始,我呼叫列克星敦,被告知IFR和薄雾天气,B计划是飞往马歇尔。应答机识别到我在下降。我希望马上找到马歇尔。然而,云却要厚得多。我记得我下降到1800英尺的时候有三层云,我认为我正常的下降速度只会延长我在云层里的时间。我使用了化油器加热,减功率使转速(RPM)保持在红线以下,并使机翼保持以每分钟1800英尺的速率下降。我不停地对自己说:"仪表不会说谎。"我还记得我和我的老师一起进行的"帽子"练习和技巧。我对自己处境的严重性的认识是慢慢建立起来的,但现在我对安全问题产生了永久的印象。我飞过了马歇尔,不得不被引导到辛西亚纳。在得到辛西亚纳的确认后,我感谢ATC的帮助,但没有在辛西亚纳降落,而是改变了主意,选择通过列克星敦沃塔克以西的一条航线去马歇尔。我找到了帕里斯(通过水塔的标识),然后我错误地认定西边就是通往马歇尔的航路。意识路线错误,我向列克星敦空管发出了无线电信号,之后飞向乔治城。我现在比以往任何时候都更加意识到云层的危险和保持离地高度的重要性。我再也不想在经验不足的情况下穿越云层了。我还计划尽一切努力从空中咨询中更新我的天气信息,以及在我们的FBO接受额外的安全培训。我也比以往任何时候都更有决心开始IFR训练。

　　这个故事听起来与许多致命的事故一样。唯一不同的是,这位飞行员幸存下来描述了这次飞行。

　　NASA编号：420767

　　我驾驶我的飞机从夏季机场到冬季机场。天气预报说下个周末要下雪,我想如果我等的话,就无法把赛斯纳150号送到它的基地了。因此,在3000英尺高的云层上,我很失策地飞进了东边的方向,而前方的云层高度很低。飞行5分钟后,我看了看罗盘,对自己说,180度是我的出路!好吧,让我分享一下我当时的焦虑和恐惧。我冲进了云层,突然看不见地面了!尽管距离我的目的地只有5英里,我沿着这个方向应该能回到机场。这是我一生中最大的错误!经过4~5分钟的IMC,终于能稳定一点了。我推油门,爬升到2400英尺高的地方祈祷。我朝我脱离云层的方向飞去。此时，我完全依赖姿态陀螺仪。对于那些还没去过那里的人，现在让我告诉你们，你们学到的驾驶 IMC 的知识都是真实的！姿态指示是如何晃动的场景一直在我的脑海里浮现。云层的间隙让我有了片刻的视觉参考，然后我看见了更多的云、灯光以及大约 4 英里到家的距离。我知道我的家应该在那里。就在我几乎可以看到家的时候，云层又把我包围了，我以每小时 110 英里的速度下降到了 2 000 英尺，紧急转弯，跑道就在眼前！下降速率减小到每小时 80 英里，襟翼完全打开，慢车，方向舵最大，然后接地！滑跑的时候对上帝说我还活着。我写的不是冒险或惊险小说，而是为了帮助别人不要犯错！我差点就被列入我们阅读的 NTSB 事故清单。我真的以为我就要在废墟里结束我的生命。它一点也不有趣，也不光彩。我对你们讲我身上发生的故事，希望你们要明白不要在 IMC 中飞行！

4 机 动 飞 行

机动飞行,尤其在单发飞机上机动飞行,已经成为导致致命事故的最大原因之一。机动飞行的种类较为宽泛,常常和其他事故类型混淆。在前几章介绍的一些事故中,飞行员在云层下飞得越来越低,最终撞到物体或者地面。由飞行员与受控的飞机一起坠落可以推断,事故发生时飞机正在做机动飞行。但是不能把这些事故划分为机动事故,而应该划分为与天气相关的事故。在这一章,主要考虑机动事故,这些事故发生在目视飞行天气条件下,但是飞行员却在执行机动飞行时失去了对飞机的控制。

在这个宽泛的定义中,会产生三个关于机动事故的子类:第一类机动事故是指飞行员为执行正常任务而进行近地飞行时发生的事故,包括输油管道巡逻、航空应用(农作物播种)、拉横幅、航空摄影、野生生物巡察以及执法等;第二类机动事故涉及飞行训练机动,这类事故发生在双人飞行的授课期间;第三类机动事故占比最大,涉及不合规的低空飞行,包括低空特技飞行、俯冲、低空通场,以及其他危险和特殊的表演。

4.1 低空应用

鸟类定位、电缆巡逻、污染监测、野生动物调查以及其他前面提到的应用都有一个共同点:飞行员执行任务时,需要把一部分注意力集中在地面上。为了观察,有时候需要熟练近地飞行。安全高度规则规定:禁止在可能威胁到地面生命和财产安全的高度上飞行。但是上面提到的一些工作需要距离非常近的作业,这些工作有可能需要提前获得一份突破最低高度规则的授权。当飞行员开展这些工作时,他们必须能够"分散注意力",同时兼顾飞行和作业。在这样的案例中,飞机只是工作的附属工具。飞机的作用是将观察者放置在一个有利位置以便完成工作。如果观察者同时也是飞行员,那么飞行员必须同时做好两件事。当然,分散飞行员的注意力是非常危险的,做这样工作的飞行员往往不是新手。

很多飞行员并不是很熟悉 14 CFR 119 的一系列规定。这部分规定是专门针对运输航空和商业飞行的。14 CFR 119 中适用于低空机动作业的部分在 14 CFR 119.1 里。这部分内容列出了所有未考虑许可证的飞行操作或者 14 CFR 119 中的运输航空操作。换言之,14 CFR 119.1 是一个拥有商用飞行员执照可以行使的商业行为清单,有了这份清单就无须担心因为其他规则而陷入麻烦。想要成为商业飞行员的人应该翻阅一下 14 CFR 119.1 清单。特别地,14 CFR 119.1(e)(4)航空作业操作包括如下内容:

(1) 农作物播种、喷雾、驱鸟。

(2) 拉横幅。

(3) 航空摄影和勘察。

(4) 灭火。

(5) 使用直升机建造和维修。

(6) 电缆和油管巡逻。

这些是一般的作业分类。也有可能有一些没有明确列在允许清单范围内的情况。我曾经做过一次"海龟观察员"。海龟观察并没有在 14 CFR 119 中提到,但它仍是一项允许的特殊工作。我从未看到一只海龟,但是我要在大清早沿着北卡罗来纳州的海滩上低空飞行,数海龟的数量。海龟在夜间到海滩上产卵,根据这些轨迹的数量可以知道海龟的种群数,对我来说却是有趣的飞行时光。

记住,清单的内容规定商业飞行员可以做什么,这个规定似乎暗示了只有经验足够的商业飞行员才能做低空作业。

4.2 教学飞行

对于像我一样的飞行教员来说,"机动"这个词在事故报告中有着不同的含义。对我来说,机动意味着飞行训练机动,比如"S"弯、带动力失速、急上升转弯等,我很想了解涉及这些机动飞行的事故率。幸运的是,在这方面是好消息。航空安全基金会发布的关于 2010 年通用航空事故和趋势报告表明,教学飞行是通用航空中最为安全的活动之一。例如在 2009 年,教学飞行占据 16% 的通用航空飞行时间,但事故率却仅占 13%,只有 9% 的事故是致命的,而在所有种类事故中有 20% 是致命的。多年来这些数据基本固定,这就表明飞行训练中机动的安全风险较低。事故报告中涉及的"机动"概念有很大的不同。

很多非致命的双人飞行教学事故都是由于沟通错误引起的。有一起事故牵涉到一个学员和教员模拟发动机失效程序。飞行学员完成初始检查单,随后将飞机下滑到一处能够着陆的区域。教员已经打算进近，随后做一个复飞。复飞时机到来时，他们俩对于谁应该执行复飞产生了困惑。直至跑道远端出现了树木时，飞机已经来不及复飞了。两人着陆了，但是飞机损坏了。虽然无人受伤，但是你能想象到，农场主看到以后一定会有一场争吵。现在要对飞行教员进行初始飞行教学实用测试，检查他们能否有效地转换飞行操纵。FAA 推荐的方法有三步：

（1）放开操纵的飞行员要对接操纵的飞行员说："飞机你操纵。"

（2）接操纵的飞行员说："我已接操纵。"

（3）放开操作的那个飞行员确认转换并说："你已操纵。"

当两个飞行员一起飞行的时候，用这个方法能够避免不清楚由谁来做什么的问题。

不标准的术语也可能导致事故。一架通勤航班的机组人员将涡桨飞机冲出跑道尽头，并撞上了进近灯。副驾驶按照机长建议进行仪表进近飞行。飞机穿出云层后远高于最低限度，但是随着进近的继续机长意识到高度太高。机长决定启动复飞，于是他说："起飞推力！"机长想要起飞那样的满推力，但是副驾驶却误解了这个指令，他认为机长在告诉他关闭推力。于是副驾驶收光油门，着陆速度很快，且滑行距离很长以至于冲出跑道。没有人受伤，但是你能想到这后果吗？

一些沟通事故的发生是由于设备故障导致飞行员无法通信。一些耳机和内话系统可能令人很失望。当你们无法通过内话相互听到对方，或者无法听到其他人发话时，通常仅仅会让人恼火，但有时也会产生问题甚至引发事故。当你租用了一架飞机而且必须要连接内部通话时，一定要仔细。所有的系统都不一样，你很可能接错插头和插孔。起飞前一定要相互通话并对无线电进行检查。

4.3 低高度-个人飞行

这类飞行事故是三类机动飞行事故中最多的。事实上，飞行中大约 70% 的致命机动事故都属于个人飞行。我认为纯粹的"事故"概念是指发生了某些事件并且其超出了人力所能改变的范围。基于这个概念，所谓的"事故"在这个类别中并非是真的事故，飞行员故意不遵守安全规则、飞机限制以及有益的常识。我将在这一节继续使用"事故"这个词，但是你应该已经知道这个"事故"的内涵了。

图 4.1 显示了从 2000 年到 2011 年底发生的所有致命机动事故，包括学生飞行员、运动飞行员、休闲和私人飞行员。这个分类中有 8 起致命事故涉及没有

任何飞行执照的人员,包括一起两个动力伞在空中相撞的事故。有总计 439 起致命事故发生在有执照的飞行员里,但并不是所有这类事故都列在了图 4.1 里,因为在 21 个案例中,截至当日飞行员的飞行时间无法确定,而图 4.1 仅仅显示小于 1 000 飞行小时的飞行员,包含 21 名学生飞行员、14 名运动飞行员、2 名休闲飞行员和 402 名私人飞行员。比较图 4.1 和之前的其他图,可看到一个发展趋势。致命地带不仅仅发生于经验不足的飞行员中,而且当把事故数按照子类划分时(比如机动飞行),就会发现发生在飞行时间短的飞行员中事故数也较高。

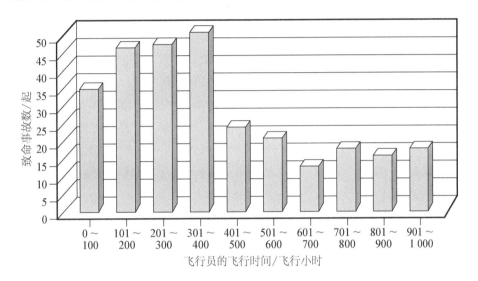

图 4.1　在 2000—2011 年学生飞行员、运动飞行员、休闲飞行员、
私人飞行员机动时发生的致命事故

这些事故主要分为两个部分:第一个就是低空特技飞行。

1) NTSB 编号:FTW96FA089,俄克拉何马州,维尼塔

一个曾经与飞行员一起飞行的人说飞机起飞后保持在起落航线上,他认为飞行员准备接地复飞。当飞机在顺风边正切跑道入口时,飞机向右倾斜离开起落航线。飞机爬到海拔 2 000~25 000 英尺。突然,飞机上仰达到 70 度,飞行员执行了“失速倒转”(半滚机动)。飞行员从机动中改出,飞机的左翼下沉并且快速向左进入两圈尾旋。飞行员似乎同样想从这个机动中改出,但是随后飞机消失在树后并撞到地面。目击者说在之

前曾看到这个飞行员在起飞后做过这种机动以及其他特技。

可能原因：飞行员没能从尾旋中改出。与这个事故有关的因素如下：飞行员夸张地表演且缺乏足够高度，导致无法从特技机动以及随后的尾旋中改出。

这名私人飞行员在目视气象条件下飞行，驾驶一架赛斯纳 150M 飞机。飞行员在坠机中丧生。唯一的好消息是飞行员在做特技机动时并没有乘客。

2）NTSB 编号：DCA07MA003，纽约，曼哈顿

2006 年 10 月 11 日，一架私人飞机尝试在东河上空机动飞行时，坠毁在一处位于纽约曼哈顿的公寓楼中。机上两名飞行员全部遇难，其中一名是这架飞机的主人，拥有私人飞行员执照，另一名乘客是拥有教员执照的商照飞行员。地面上一人伤势严重，两人轻伤，飞机在坠地和随后的燃烧中损毁。这架飞机是按照联邦管理准则（CFR）第 91 部运行的，没有提交飞行计划，事故发生时处于目视飞行规则的边缘状态。

可能原因：飞行员也就是机主是纽约扬基棒球队的投手。飞机从新泽西的泰特伯勒机场向南飞过哈得孙河，在自由女神像上空盘旋，然后向北沿着东河前进。这些虽然是在白天进行的，但是飞机在 1 800 英尺的云层高度下，当时报告的能见度只有 7 英里。

这也是一名驾驶着赛斯纳 172H 的私人飞行员，同样是致命事故。

3）NTSB 编号：LAX89FA120B，亚利桑那州，卡萨格兰德

一名私人飞行员驾驶他自己的试验型双翼特技飞机，准备与另一名驾驶常规赛斯纳型号的商用飞行员进行编队。两架飞机都装备了无线电。当赛斯纳飞机在巡航飞行时，特技飞机从后面超越赛斯纳飞机，反向机动后与赛斯纳飞机相撞。

可能原因：飞行员在飞行编队中做特技飞行时，没保持合适的距离。

你还记得在电影《壮志凌云》中的镜头吗？一个战斗机飞行员倒飞并为其下方的另一架飞机拍照。这个事故发生在那部电影上映之后。在赛斯纳飞机上还有另外三人——一个愚蠢的危险动作导致四人遇难。

这三个案例在这类型事故中具有代表性。特技飞行也可以安全和有趣，但是与其他事情一样，由那些不懂限制或者完全不知道自己在干什么的人执行就是危险的。如果你想做特技飞行，寻求一个能胜任的飞行教员的帮助并且多使用常识。

第二组低空机动飞行事故，我一般称之为"飞越我的房子"事故。

---

1) NTSB 编号：SEA97FA178，俄勒冈州，克拉克马斯

一个事故发生在一名刚获得私人执照的飞行员身上，该飞行员刚从高中毕业，机上还有他的两名高中朋友。事故发生前，有人看到飞机在其中一名乘客的房子附近上空做机动，高度和速度都很低。一个有飞行教员执照的目击者说，飞机在 40 英尺的高度上急剧滚转坡度超过 80 度，随后机头急剧下降最后坠机。坠落点位于前排乘客家东边 3/8 英里处。该乘客的哥哥说事故发生时他正和该前排乘客通电话。他陈述弟弟在飞机上叫他到房顶上去，因为他们准备从那里飞过去。当他告诉弟弟并没有看到飞机时，弟弟让他等一会儿，飞机正在转弯。在对飞机残骸全方位检查时，负责调查人员并没有发现任何机械故障。

可能原因：飞行员在快速滚转时未能保持空速，同时未能保持足够的高度，导致飞机在一个不足以恢复的高度上失速。导致事故的因素包括飞行员故意低空飞行，并做夸张的机动，同时缺乏足够的经验。

在 NTSB 的可能原因里没有提到一点，那就是有相当数量的飞行员没有准备好怎么处理来自同伴的压力。这是一架赛斯纳 172M 飞机，这名新的私人飞行员有共计 87 个飞行小时的飞行经验，其中一个乘客在坠机中幸免于难，但是伤势严重，飞行员和另一个打电话的乘客遇难。

---

2) NTSB 编号：ATL88FA078，佐治亚州，锡达敦

地面目击者报告说飞机在飞行员父母的房子上空反复绕圈，大概与树梢同样的高度。在一个急剧的倾斜转弯后，飞机机头下沉，直到撞到地

面。操纵飞机的飞行员已经拿到了学生飞行员执照，但是并没有被获准单飞，该次飞行也没有获得机主/教员的授权。残骸检测显示失速告警失效。操作手册包含起飞前应对失速告警系统进行检查。14 CFR 43 要求飞机开展年度检查时对该系统进行鉴定。

　　报告描述，这个学生飞行员压根就是偷了一架飞机。这个总计有 58 飞行小时经验的飞行员在坠机事故中丧生。

　　还有一些其他事故与此类似。坠机地点离女朋友房子、男朋友房子、学校或者父母家很近。我刚拿到我的私人飞行员执照时是 17 岁，是可获得这个执照的最低年龄，我当时希望全高中的人都知道我拿到执照了。我理解这种渴望。所有的"酷孩子"都可以在观众面前展现他们的天赋：足球、啦啦队甚至戏剧。我相信驾驶一架飞机飞行要比这些更酷，但是当我表演时并没有人在机场。如果没有这些忙乱的事故，我会很惊讶的。年轻的飞行员，我建议你们可以邀请你们的朋友乘坐飞机到某个地方吃个饭，或者去看一场球赛，以此来给他们加深印象。这类事故中的飞行员可能接受过很好的课程而且理解得更好。其中的一部分飞行员会承担机长职责。这个职责将会要求你对很多事情说"不"，这些事远比你想的多。

　　简单来说，这些危险的表演都不够专业。我们每个飞行员都应以最安全的方式完成每次飞行。我们不会总是表现完美，但是我们应该不断追求完美的飞行。当我听到有人做了一个危险的机动时，我总在想那个驾驶员像个现代版的伊卡洛斯。他拥有飞行天赋却不去学习如何运用。神话告诉我们有勇无谋的伊卡洛斯没有听取他睿智的父亲的建议，飞得离太阳太近而掉了下来。如果飞行员能够像专业人员那样飞行，低空机动事故也就能够永远不再发生。

4.4　转弯期间的气动力

　　最安全的飞行方式就是避免在低空进行急剧滚转和特技表演。但是让低空机动飞行变得致命的本质是什么呢？为什么飞行员做这些机动的时候就好像要坠落一样？

　　飞机靠机翼提供升力来抵消所有向下的力。我们比较容易理解重量或重力，但是在飞行过程中还有其他力。这些额外的力能够与重力组合，同时降低升力的作用。图 4.2 显示了两架飞行中的飞机,左边的飞机水平直线飞行,升力正好等于重力。这些升力和重力的矢量清晰简单,但是当飞机转动时,事情就变得复杂了。右边的飞机处于中等角度倾斜的转弯中,第一个问题是转弯时升力矢量也跟着倾斜。两个图中可以对比升力的作用。可以看到,当升力矢量倾斜后,有效升力会损失,因为升力矢量不再直接与重力相对。所以在倾斜时会损失升力。

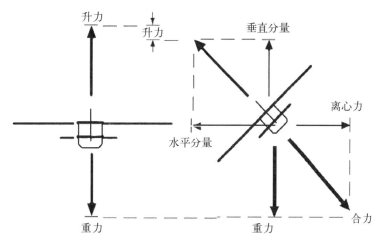

图 4.2 转弯期间的气动力

同时,转弯会产生离心力,类似于汽车急转弯时你感受的侧向力。离心力和重力形成一个合力,这个力通常用 G 表示。而当你转弯飞行时,实际的地球引力并不会变大。但是当你把重力和离心力合在一起时,机翼上会产生附加的载荷。从机翼的角度来看,它需要承受更大的载荷。

机翼在一个特定时刻需要承受更大的载荷,但是此时升力降低,机翼无法承受更大的载荷。此时加速失速就发生了。通常失速速度画在空速指示器上。白色弧线的末端是襟翼放下时的失速速度,绿色弧线的末端是襟翼收起时的失速速度。但是当飞机转弯时,就不能再信任空速表上的颜色标志了。

图 4.3 是一条关于载荷系数的曲线。可以看到倾斜角较小时,合力没有超过 1G 很多,但是当飞行员做 60 度倾斜角的水平转弯时,合力增加到 2G。这就意味着一架 2 000 磅的飞机在转弯时重力相当于 4 000 磅的飞机。更重要的是,机翼必须能够承受 4 000 磅的载荷。这里有个很大的问题——从一个 2 000 磅飞机的机翼上获取 4 000 磅的升力。机翼很可能达不到这个要求,导致飞机损失升力然后失速。

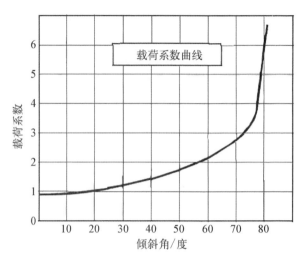

图 4.3　随着倾斜角的增加，飞机机翼必须能够承受更多有效载荷

NTSB 编号：CHI95LA165，密苏里州，欧塞奇

　　目击者观察到飞机从跑道中点离地。一名目击者看到飞机在 50 英尺高度开始右转，他说飞机持续向右倾斜并掉入树丛，与地面碰撞后爆炸燃烧。飞行员说他在 500～800 英尺时开始右转准备加入跑道三边离场。他说飞机的右侧滑比他预期的大，侧滑导致了 45 度的倾斜角触发飞机失速告警。飞行员说飞机无法用左舵改平，他没有用左副翼改出。在全面调查中没有发现结构和发动机的机械故障。

　　当事飞行员有 327 小时飞行经验，在这次事故中幸存但是伤势严重。机上有一名乘客不幸遇难。地面目击者和飞行员关于高度的估计差距很大：50 英尺与 500～800 英尺。有一点没有问题：45 度倾斜角和触发失速告警——加速失速。

　　加速失速现象也可以解释为什么起飞后如果一个发动机失效，最好的方式就是直线向前降落。前面的地形可能看上去不太好——树木、房屋等。但是相比尝试冒着加速失速的风险去转弯，保持机翼水平降落在前方要好得多。如果加速失速发生在低空，则几乎不可能恢复。还记得乘客打电话的那个事故吗？地面有一名目击者是飞行教员，他说飞机尝试做 80 度倾斜角的转弯！参考图 4.3，80 度倾斜角要产生 6G 的力，这导致的失速完全不可能恢复，十分致命。

如果你想学习特技飞行,也有正确的方法,那么寻求一名拥有特技飞行授权的教员的帮助。特技教学是选修科目,但是很多人相信基本的特技飞行应该要求更高的执照。特技飞行时的表现会使飞行员察觉到自己意外失控后无法恢复控制吗? 我认识一个特技飞行教员是 ATP 中极少数的特技教员之一,他引用一些过去因为失控导致的航空事故。如果飞行员对特技飞行更加熟悉就能够成功恢复控制吗? 我们无法确定。

数据表明如果稍微遵守一点飞行规则,大多数机动事故都是可以避免的。我们可以看看空气动力学,了解为什么特技飞行是危险的,但成熟的飞行员不需要多了解物理学就知道低空机动是致命的和不专业的。

5　起飞和爬升

话说,"着陆是必须的,起飞是可选的"。就是说,如果我们愿意的话,我们总是可以放弃起飞,但一旦升空,我们就别无选择,只能在某个地方降落。起飞和爬升的事故模式与其他事故类型看起来很像,致命的起飞事故与其他致命地带一样有一个峰值,这个地带包括从50飞行小时到约350飞行小时飞行经验的飞行员(见图5.1)。有155名飞行员在起飞事故中丧生,截至事故当天,他们的飞行时间不足1 000飞行小时。其中12起事故涉及1名学生飞行员、1名运动飞行员和3名没有持有任何飞行执照的人。还有大量非致命性的起飞事故——其中很多事故无人受伤。2000—2011年度的数据列出了1 302起有关学生、运动、休闲和私人飞行员的非致命起飞事故。这显示出起飞需要技能协调、练习、敏捷的思维,最重要的是良好的判断力以及对起飞说"不"的本领。

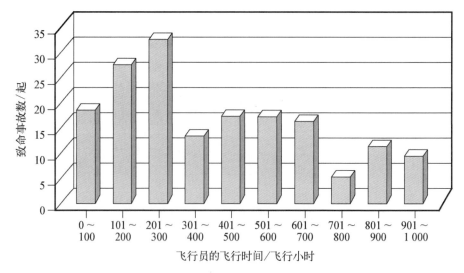

图 5.1　致命起飞事故——单发,学生、运动、休闲、私人飞行员(2000—2011 年)

在一个 2 小时的飞行中,完成起飞需要花费多少时间? 当然,这取决于飞行任务。这是通用航空比其他航空领域承受更多起飞风险的地方。如果这 2 小时飞行是转场飞行,则在出发机场起飞一次并在目的地着陆,起飞可能只占飞行时间的 2%。但如果是一名飞行教员和学员进行起落训练,则起飞可能占飞行时间的 50%。由于风险暴露程度差异很大,因此很难说起飞比其他飞行阶段更危险。仅看 2000 年后发生在学生、运动、休闲和私人飞行员身上的致命事故,大约有 12% 都发生在起飞期间或起飞刚刚结束后。起飞和爬升是第二大事故阶段,仅次于进近和着陆。

起飞事故本身可分为三类:飞机构型错误、不好的飞行计划和发动机故障。

5.1　起飞准备不充分

飞行员没有准备好飞机而试图起飞,这导致的事故数量是惊人的。以下是飞机构型错误的案例,其中有些是由于匆忙,还有一些是由于知识欠缺。

> NTSB 编号: FTW93FA068,得克萨斯州,波特
>
> 在起飞后的初始爬升过程中飞机失速,以约 60 度俯角坠毁在距跑道端头 440 码①的位置。据目击者报告,飞机试图以超过"正常"程序要求的襟翼起飞。飞机飞行手册指出,起飞时任何时刻都不建议使用襟翼 30 度和 40 度。飞机上的襟翼指示器在 45 度,而襟翼作动器测量结果为伸出到 38 度。没有发现襟翼操纵或指示系统异常。经检查发动机也没有任何异常。这是该飞行员第一次在没有教员在机上的情况下执飞这个机型。
>
> 可能原因:不经意的失速。飞行员没有遵守发布的检查单并设置正确的襟翼位置。

尚不清楚飞行员是在执行起飞前检查单放襟翼时全放了襟翼未收,还是飞行员故意用襟翼放下起飞。不管是哪一种,襟翼位置过大,飞机爬升时都无法抵抗襟翼伸出产生的阻力。该飞行员是一名私人飞行员,在赛斯纳 150J 飞机上拥有 138 飞行小时的飞行经验,机上只有一名乘客。飞行员和乘客都遇难了。

---

① 1 码=0.91 米。

NTSB 编号：MIA95FA200，田纳西州，普拉斯基

飞行员在起飞前没有进行发动机热车。起飞滑跑时未使用全跑道，目击者还报告"加速缓慢"。飞机在离跑道端头约 500 英尺的地方抬头，以"非常大的迎角"爬升到离地面 75～100 英尺的地方。然后飞机向右转，撞上了树、仓库顶棚和地面，然后倒扣下来。对发动机进行检查发现，化油器加热被部分启动，控制电缆与化油器热空气箱总成的控制臂断开。密封的螺母没有安全地接好。发动机是在事故发生前一个月安装的。据计算，起飞后滚转发生的高度约为 1 100 英尺。

可能原因：飞行员未能执行起飞前检查，飞机加速度不够但未中止起飞。事故的原因是维修人员在年检时工作不充分，没能维护好化油器加热控制电缆，导致化油器加热控制电缆从控制臂断开，意外启动了化油器加热。

　　这台 Piper Cherokee 140 飞机与许多老款一样，安装了一个化油器而不是燃油喷射装置。化油器利用发动机排气的热量（见第 12 章），来融化化油器的冰，如果冰积累过多就会引起发动机气流堵塞，使发动机停止工作。问题是热空气密度较低导致发动机功率不足。当空气进入发动机气缸时，被上升的活塞压缩，然后与燃料一起燃烧。进入气缸的空气分子越多，产生的能量越大。但在化油器加热的情况下，这位飞行员尝试用部分功率起飞。检查单提供了对化油器加热操作的检查。在发动机热车过程中，化油器加热被启动，使加热的空气进入发动机。由于热空气的密度较低，产生的能量较少，飞行员会看到 RPM 降低。这次事故中的飞行员没有执行起飞前检查，所以他没有发现问题的机会。他还做了一个非全跑道的起飞，这没有好处。只使用跑道的一部分并不违法，但身后的跑道被浪费了。

　　这个案例也很好地审视了飞行员面对维修错误时的责任。我们的飞行员很脆弱。大多数飞行员都不是工程师，因此我们驾驶的飞机是其他人所维修的。工作完成时飞行员通常不在场，所以不能对工作进行监督。但是，一旦起飞，飞行员就要完全对飞机安全负责，包括维修。这并没有让维修技术人员摆脱责任；在这种情况下，事故原因部分归咎于地勤的一个错误，而飞行员是有机会发现问题的，但他并没有。从证据来看，飞行员似乎很匆忙：发动机没有热车，飞机也

没有滑行到整个跑道长度的尽头。这个错误链是很清晰的。一个维修失误和一个匆忙的飞行员一起造成了事故和两条生命的损失。

NTSB 编号：ANC11FA037,阿拉斯加州,丘贾克

2011 年 5 月 27 日,飞行员和 4 名乘客在一次转场飞行中丧生;目击者报告说飞机以非常大的姿态起飞。一位目击者说:"飞机在升空前从左侧偏出跑道,升空后,飞机就向机场东侧一排树木飞去。"飞机爬升过树林后转向南方,然后迅速向右转并坠落在地上。坠机后大火烧毁了飞机的大部分。飞机失事后的调查显示,没有任何影响正常操作的机械故障。

飞行日志记录了事故飞机上大约 4 小时的时间。根据他的日志记录,飞行员从 2010 年 6 月 12 日在飞机上接受训练后就没有飞行过,因此他不满足 FAA 对载客飞行近期经历的要求,即所需的起飞和着陆次数。

事故发生时估计飞机的总重比允许的最大起飞重量多出约 243 磅。

根据目击者的叙述,飞机在起飞滑跑时偏离了跑道,由此导致了碰撞前大的仰角和快速的抬轮,可能飞行员在起飞滑跑过程中失去了控制进而采用过大的仰角以便离陆。离陆后,他没有获得足够的空速导致飞机失速,飞机失控撞向了地面。

可能原因:飞行员在起飞期间失去了对飞机的控制,最终导致失速。造成事故的原因是飞行员缺乏经验,未满足 FAA 所需的起飞和降落次数,以及飞机超载。

这架飞机是 1956 年生产的赛斯纳 180。后来的赛斯纳 180 型飞机(1963 年)设计为搭载 6 人,但这架失事飞机只能搭载 4 人。正如报告所述,飞机上有 5 人,超重了。这可能有来自朋友间的压力,即把每位朋友都带上,而不是留下一个人,但作为一个对安全负责的飞行员,一定程度上要具备说"不"的能力,即使这样会让你的朋友失望。

5.2 密度高度

密度高度只测量空气的"质量"。当飞机在稠密的空气中飞行时,会发生三种情况:

(1)机翼产生更大的升力,因为有更多的空气分子产生升力。

（2）桨叶产生更大的推力，因为有更多的空气分子可以穿过并向后推。

（3）发动机产生更大的动力，因为更多的空气分子在动力冲程上被压缩和扩张。

低海拔、低温度和低湿度会给飞机带来稠密、较好的空气。反之，高海拔、高温度和高湿度会使机翼变得迟缓、螺旋桨迟钝、动力减弱。如果你计划在炎热的天气从海平面机场起飞，则密度高度可能是 2 000 英尺。换句话说，即使你实际上处于海平面，飞机的性能也会像 2 000 英尺高一样。此时飞行员应预知飞机性能比正常性能差。目前，许多无人值守的机场已经安装了自动气象观测系统（AWOS），可以报告密度高度。使用这个数字计算密度高度，以及每一次起飞时受密度高度影响的性能。

NTSB 编号：ATL89FA182，南卡罗来纳州，里奇兰

2 名飞行员坐在操纵席。右前座飞行员租了这架飞机（赛斯纳 172G）；他共计飞行经验为 59 飞行小时，其中 3 飞行小时是赛斯纳 172。左前座飞行员（通常是责任飞行员的位置）有 120 飞行小时的飞行经验，其中 52 飞行小时是在赛斯纳 172 上。租飞机时，右前座飞行员被告知飞机由于辅助燃油容量，对有效载荷有限制和跑道长度有要求。这架飞机已在航路上的机场加油。在 3 100 英尺长的跑道上起飞时，飞机离地，又回到跑道上，又再次起飞。飞机以一个陡峭的仰角上升到 200～250 英尺，然后进入一个陡峭的下降并坠毁。据报道，风速为 10 节，风向与跑道一致，温度为 90 华氏度。据估计，这架飞机比最大限制重量重了 120 多磅。未发现飞机此前有部件失效或故障。密度高度约为 2 100 英尺。

可能原因：责任飞行员不恰当的计划/决策，导致起飞时意外失速。与事故有关的因素如下：超重和责任飞行员起飞不当，飞行员/乘客对收到的装载限制及高密度高度进行了错误的机组协调。

南卡罗来纳州并不被认为是一个具有密度高度问题的地方，因此我选择这次事故作为案例。南卡罗来纳州是一个地势较低的州，但炎热的天气可能会使靠近海平面的机场变得危险。这次事故发生在一连串事件之后。飞行员给飞机加注了过多的燃油，跑道很短，起飞拉起过早，此时密度高度为 2 100 英尺。这些因素中的任何一个单独发生都不会造成事故，但同时出现时这起坠机事故是

不可避免的,除非有一个很有想法的飞行员介入。

NTSB编号：LAX94FA272,加利福尼亚州,南湖塔霍湖

飞行员在8 544英尺长的跑道上起飞。一位空管看到飞机(Piper Cherokee 180)在2 500~3 000英尺抬轮升空。目击者报告说,飞机在爬升至100~200英尺离地高度时,抬头和低头了好几次,飞得缓慢。飞机还在跑道上空,脱离了地面效应后开始向左大幅倾斜(45~90度),在跑道以东900英尺处坠毁。残骸和地面撞击的痕迹与飞机以80度的左滚转角和地面相撞后的情况一致。飞机没有发现机械故障。在飞行员获得私人飞行员执照后的20个月里,他驾驶飞机飞行了6飞行小时。他在Piper飞机上的全部经历是3.1飞行小时,其中1.4飞行小时是飞行教员的检查飞行。教员报告说,他没有在高密度高度机场检查飞行员。而通过计算,密度高度约为8 570英尺。

可能原因：在高密度高度的天气条件下,飞行员在初始爬升过程中未能保持足够的空速,并因此造成了失速/尾旋。造成事故的因素是飞行员对个人能力的过分自信,以及对该飞机驾驶经验不足。

过度自信加上缺乏经验是一个致命的组合。这飞机并没有超重,但是塔霍湖的高海拔和7月炎热的午后气温共同作用。机翼、螺旋桨和发动机都在喘息,无法实现飞行员的要求。即便如此,当飞行员速度太慢并进入失速时,前方仍有跑道。飞行员对当天的性能问题一无所知,即使有机会让飞机返回,飞行员还是在飞机做不到的情况下强行飞行。事实上,飞机离地完全是靠地面效应,报告中没有提到。当机翼产生升力时,空气在机翼上方加速。当气流到达机翼的后缘时,它压住了机翼下方的低速气流,并产生"下洗"。机翼后方和下方的空气被向下挤压。正常飞行时这并不重要,但接近地面的"下洗"会冲击地面并返回机翼。这提供了飞机可以乘坐的空气"气垫"。这对于下单翼飞机是最明显的,因为机翼的底部更靠近地面,这挤压了机翼和地面之间的空气。

这种地面效应会欺骗飞行员。飞机可以离开地面,但这并不意味着它可以继续爬升。在高密度高度条件下,飞机不可能爬升到地面效应影响之上的高度,但是飞行员可能认为一切都没有问题,因为飞机一开始是正常起飞的,这是一个真正的"陷阱"。

NTSB 编号：NYC91FA140，佛蒙特州，谢尔本

飞机从 2 500 英尺的草地上起飞，机上有三名成人。根据目击者和一名乘客的说法，飞机起飞后，在跑道中点附近又下降到地面。目击者称飞机在接近跑道尽头时再次起飞并开始缓慢爬升。这名乘客坐在右前座位，他说："我们起飞了，但飞机爬升得很慢，且从来没有真正爬高。我们在轻微右转中撞到树上……"风很小，但乘客说："……风向与我们的飞行方向相同……"在佛蒙特州伯灵顿北部约 15 英里处，风是 280 度，6 节。性能图表显示（铺装跑道）需要 2 600 英尺的长度才能越过 50 英尺的障碍物。

可能原因：飞行员过早离地，导致随后失速并与树木相撞。与事故有关的因素如下：飞行员在飞行前的计划/准备不足，以及不利的风况。

　　有些跑道，特别是草地跑道，会有坡度。这个坡度较大，所以要比风引起更多的关注。在这些情况下，最好的方法是不管风向如何，都要上坡着陆和下坡起飞，但是要小心！不能完全忽视风。综合所有因素，顺风和下坡起飞可能需要比可用跑道更长的跑道。最后一个事故案例中，飞机飞行手册中的数字清楚地告诉飞行员需要更多的空间（2 600 英尺）来规避树木，而不是可用跑道为 2 500 英尺。答案是很清楚的，但被忽略了。

NTSB 编号：ATL89FA081，田纳西州，哈特维尔

飞机在一个私人奶牛牧场跑道上起飞。跑道的前半部分在一座小山的顶部。它缓慢地穿过跑道的中间点。后座乘客幸存了下来，他报告说，飞机在起飞过程中撞到了一条小沟渠，离地后左转，并以较大的姿态进行爬升。他说，发动机"一点也没有失灵"。飞行员的妻子看着飞机起飞，说当飞机从地面起飞时，开始左滚，然后与离起飞点大约 300 码的树木相撞。碰撞后，飞机继续向左转，机头先垂直撞击地面。对飞机和发动机的检查并没有发现任何可能影响飞行的故障。

可能原因：飞行员让飞机以过低的空速提前起飞，进入意外失速前未能保持好方向控制。造成事故的原因是飞行员缺乏经验和资质。

最后提到的"缺乏资质"是其中一个可能的因素,因为这名飞行员只是一名学生飞行员!是的,一名仅飞行 33 飞行小时的学生飞行员搭载了两名乘客。学生飞行员是绝对禁止载客飞行的。他也有很好的安全记录,但是这次事故却在"私人奶牛牧场区域"发生了,很可能远离飞行教员警惕的眼睛。

后两起事故有另一个共同点。他们都涉及"过早离地",为什么过早离地会有这样的安全问题?如果飞行员以太小而不能产生足够升力的速度抬头起飞,飞机就会失速或熄火。由于地面效应的影响,飞机可能以缓慢的速度在空中飞行,但它不能安全地爬升。为什么飞行员急着抬头呢?大多数这样的事故都发生在短跑道上。佛蒙特州的顺风事故是在一条短跑道上发生的。随着起飞滑跑的继续,飞行员看到远处的树木越来越靠近。他们快速拉起飞机,因为他们面对那些树感到不安。但是,过早的升空最终会延长起飞时间,并将起飞阶段延长到离树木更近的地方。飞机无法爬升,所以它"降落"回到跑道上,但它的速度并不比之前快。现在树木看起来真的很近,飞行员会再次拉杆。这是一个危险的循环,结局并不好。解决方法:在你看到树木向你加速之前做好起飞计划——甚至在你上跑道之前。使用合适的离地速度,确定该离地速度可以在可用跑道长度内使用。有了这些信息,再开始起飞。让飞机在一条短跑道上加速是需要冷静和耐心的,远处的树木逐渐变大,但在获得适当的起飞速度之前你哪也去不了。当飞行员感到紧张并提早起飞时,他们实际上使情况变得更糟。解决这个问题的最好方法是做数学题,提前了解跑道长度、风速、密度高度以及飞机的具体性能。有了这些信息,你就不会紧张了。

5.3　发动机故障

发动机在起飞时发生故障对飞行员来说可能是最大的麻烦。飞行员的反应将是生与死的区别。如果你已从跑道飞到空中,发动机给你带来任何麻烦时,最好的措施就是减少动力,在剩下的跑道上直接降落。这就是为什么当前方有跑道或净空区时,我们将起落架保持放下。最棘手的问题是跑道已用完但没有足够高度用来转向跑道。下滑转弯要比直线下滑损失更多的高度。这使得在低空进行 180 度转弯是非常危险的。这个转弯实际上会超过 180 度。要转回起飞的那条跑道轨迹将是泪滴形状的,先是 210 度转弯,然后再向相反方向转至少 30 度,才能对正跑道。发动机发生故障后,试图转向并返回跑道的尝试称为"不可能的转弯"。回顾第 4 章中的"空气动力学转弯",你会明白,转弯增加了飞机的额外载荷,提高了失速速度。当发动机在起飞时发生故障时,飞行员必须记住,从低空返回跑道是不可能的。

NTSB 编号：MIA97FA014，田纳西州，史密斯维尔

飞机在 24 号跑道起飞，过了跑道尽头后不久，发动机突然失去动力。飞行员在通用频率上报告出了问题，正在返回。飞机在离地面 200 英尺高的地方被发现进入大的左倾斜。在到达东北方向后，飞机的机头和左机翼下沉，飞机机头向下掉到一个树林里，在那里坠毁。随后发生了爆炸，烧毁了机身和左机翼。

可能原因：飞机起飞后不久，由于不明原因失去发动机动力，飞行员未能保持足够的空速，却试图转向机场，导致飞机失速，失控后掉进树林里。飞行员试图返回出发机场是一个可能的因素。

NTSB 编号：MIA00LA127，田纳西州，默夫里斯伯勒

一架教学飞机在起飞后坠毁在默夫里斯伯勒附近。当时为目视气象条件，VFR 飞行计划已提交，但尚未启动。飞机在飞行后的火灾中被摧毁，但是 CFI 级的飞行教员和飞行学员没有受伤。飞机在事故发生前大约 3 分钟起飞。据机场经理说飞机已经离开默夫里斯伯勒市机场 36 号跑道，发动机功率下降，并与机场周边的电线相撞。尾翼分离，缠在电线上。机身坠落在树下并被烧毁。

这两起事故非常相似。都是单发飞机从无人值守的机场起飞。都经历了一个尚未解释的发动机失效。两起事故有不同之处。第一起事故的飞行员试图返回跑道，但为了在足够的时间内转弯，需要进行较大的滚转。然而，较大的坡度造成飞机加速失速，飞行员失去了对飞机的控制。在第二起事故中飞行教员没有尝试 180 度转弯。

图 5.2 和图 5.3 所示是第二起事故。仔细看一下图 5.2，你能看到飞机的尾翼被电线和上面的树木缠住。在图 5.3 中可以更好地看到机身、发动机和机翼。你可以看到螺旋桨的一个叶片，但座舱被完全烧毁了。电线和树木阻止了飞机前进的步伐。尾翼断了，飞机掉在地面上。教员一侧的门打不开，所以当飞机发生燃烧时，两人都从左边出来了。

事故发生后，我和飞行教员进行了交谈。他说，当发动机失效时，他首先想到了掉头，但很快就放弃了这个想法。因为这样做的结果不可能很好，他知道他

图 5.2　飞机起飞后丧失动力，但继续向前飞行。飞机撞到树上和
　　　　电线上，尾翼挂在电线上

图 5.3　座舱、发动机和机翼坠落地面并烧毁，飞行教员和学员逃生，未受伤

无法躲开那排树木和电线。他还知道在他身后有 4 000 英尺的跑道。他将飞机控制权从学员转到他自己。

这些条件都具有诱惑性，但他保持头脑冷静，控制着飞机。他不允许飞机失速，并控制着飞机飞进了树林。受控地飞进树林也比失控要好。尝试"不可能转弯"的飞行员没有生还，未掉头的教员和学员却没有受伤。

5.4　预防

好的一点是大多数起飞事故都是可以避免的。我们并非无力阻止和扭转起飞事故发生的趋势。有些起飞是不安全的，飞行员操作手册或信息手册包含这些信息。在你未看过飞机起飞性能图表之前不要驾驶这架飞机。如果你沿着乡间道路行驶，遇到了一个路牌，上面写着"危险的桥"。但是，你没有转身，而是把牌子扔在后座上，在路牌周围开车。你忽略了已知的警告，快速过桥，发现自己已在空中，然后掉到了下面的水里。当飞行员无视手册不要这样做的警告却依然起飞时，他们不是也做了同样的事情吗？事故调查人员在飞机残骸中发现含有警告飞行员的飞机手册是非常令人难过的，这些警告本可以在第一时间阻止飞行事故。飞行员必须了解密度高度、风、跑道道面和跑道坡度对飞机起飞性能的影响。许多这样的事故都发生在租赁的飞机上。这可能意味着飞行员对这些飞机没有那么熟悉，但这不是借口。飞机飞行手册和飞行员操作手册的必要性是使每个飞行员都能获得有关飞行性能的信息。

许多事故是由于飞机起飞前配置不当造成的，在这种情况下，飞行员匆忙是一个因素。因此，最好的解决办法就是放慢速度。不过我知道，说起来容易做起来难。我们都发现自己落后于预定计划，被迫升空进入航路。我自己也有过错误。但我总是提醒自己，没有什么比准备飞行更重要的了。我可能会匆匆吃完午饭，但不会在起飞前检查时着急。

有时飞机起飞前的情况会让你处于匆忙之中。有一天，你在认真地进行起飞前检查，此时你听到身后的发动机转动起来，这是另一名飞行员告诉你他已经准备好了，而你却在耽误时间。在大型机场，有时你从检查单上抬头，会看到一架航班的前起落架充满了整个窗户。空中交通管制员有时也会给你压力，"N4321A 你大概还需要多长时间到那儿？"所有这一切都可以很轻易地迫使飞行员仅完成了部分起飞前检查就起飞。为了避免这种情况，尽量使用滑行道扩展的加速区域。尽可能地在另外一边滑行，即使你还看不到后面的人。涡轮飞机加速前通常不会停下来，所以你会经常听到他们告诉塔台："我们会在最后做好准备。"也就是说,他们已经准备好起飞了,他们已经晚了,他们不希望地面控制再让一个"小人物"挡在路上。先来先发球的规则在跑道末端并不适用。我总是乐于让高速的飞机先走,因为我真的不希望他们在我后面起飞。如果你在准备好之前,迫于其他飞行员和ATC,甚至是你自己的乘客而要走,那么一定要记住谁才是控制飞机的飞行员。有时你别无选择,只能堵住滑行道。如果另一架飞机出现并准备起飞,而你仍有几分钟的起飞前准备需要完成,最好是滑出跑道(当然,在有人值守的机场要获得许可),然后在第一个滑行道滑出。这使得你身后的飞行员先起飞,并为你赢得了确保安全的时间。

　　我现在一直用手机从无人值守的机场获取仪表飞行的许可。在飞行中使用手机是联邦通信委员会(FCC)禁止的,但在滑行至跑道期间却没有问题。在使用手机之前,你必须通过FBO电话或电话亭获得"空余时间"。在空余时间内允许IFR飞行员在IFR条件下起飞,并爬到足够高的高度与ATC建立双向通信。问题是,空管不应该(或不能)将空域分配给一架飞机很长时间。通常空余时间只是一个10分钟的窗口。这迫使飞行员断开通话,进入飞机,滑出,滑跑,并在10分钟内升空。短暂的空余时间总是使人们争先恐后地进入空中;在空余时间限制下出现了一连串匆忙的事故。今天这不是必需的。只需以安全的节奏让乘客登机、滑行和滑跑。当你完全准备好起飞的时候,再申请放行。在你所在的地区,你可以得到离你出发机场最近的放行服务的电话号码。如果你没有电话号码,就呼叫全国飞行服务站(FSS)。当FSS回答时,他们那里不会许可,但是他们可以打电话给ATC。当他们问:"你需要多少时间?"我喜欢说:"我现在就准备好了,我要从18号跑道起飞。"使用手机可以消除匆忙,并保持飞行员节奏。

　　另一组起飞事故是在达到安全爬升速度之前过早离地时发生的。我们看到这种情况发生在短跑道上,当飞行员感到紧张时,就会着急升空,他们看着远处的树木而不是观察空速。过早升空有三个问题。首先,飞机离地,处于地面效应中,不会爬得很高。当飞机从地面起飞时,飞行员预计它将像往常一样继续爬升,并且很难在飞机坠毁前相信特殊情况。"这里发生了什么事?"飞行员边想边继续向后拉杆。许多事故中都有目击者说,飞机在下仰前仰角很大。这种情况之所以发生,是因为飞行员仍有一种错误的印象,那就是他们可以对当前状态做些什么。他们把自己逼进死角,仍然不能接受自己被困住的事实。其次,当机头抬高时,空速就会降低。只有在空速增加时才能纠正这种情况,这就需要压低机头。如果飞行员让飞机完全加速到安全的起飞速度,即使面对前方的障碍物,总的起飞滑跑距离也会小于过早拉杆导致的不能爬升,不能加速,重新落到跑道上这种情形。在这种情况下，如果还有足够的跑道来增加起飞速度，飞机可能仍然能够正常起飞，但看起来跑道要用光了。提前离地是想减少地面滑跑距离，但实际上增加了地面滑跑距离！如果飞行员通过参考飞机的起飞图表提前知道起飞的距离，那么在起飞时就不会惊讶，也不会尝试提前离地。过早离地的最后一个危险来自可能存在的侧风。当你只在地面效应的高度时，没有足够的垂直空间来进行过多的侧风修正。当飞机速度较小时，任何风都会对飞机产生很大的影响。哪种飞机需要更大的修正角克服侧风，利尔喷气飞机还是赛斯纳150？当飞机处于地面效应时，即使是轻风也能将低速运动的飞机吹离中线。如果飞机开始被推离跑道，那么跑道旁的树木会比跑道尽头的树木更接近飞机。在侧风飞行过程中过早离地意味着飞行员不能爬升，不能加速，也不能阻止风把飞机吹向下风侧的障碍物。这时，飞行员就像一名乘客，除了乘坐飞机外什么也做不了。没有一名飞行员希望被简化为与乘客拥有相同的控制权，所以提前计划，阅读图表，慢慢来，随时准备说"不"。

5.5 短跑道起飞

短跑道起飞是一种学生飞行员要学的机动动作，但不是你想的那种原因。如果一架飞机在一条安全爬升存疑的短跑道上，你认为我们应该让学生飞行员飞吗？也许不应该。相反，我们应该找一条更长的。那为什么我们不鼓励学生飞行员使用短跑道起飞动作，却还是要教他们呢？因为这是重要动作的一部分。我们向他们教授边界条件下精确控制速度。在短跑道起飞时，飞机故意以仅比失速大一点的速度飞行，仅比地面高几英尺——临界条件！如果学生飞行员仍能够安全地处置这种边界条件，FAA就认为"达到标准"。如果能控制空速，就不会有失速，也不会在起飞时发生失速/尾旋事故。

起飞时不应该试图利用整个跑道。训练时，我们通常通过向跑道尽头滑行来模拟，然后对正跑道中线。如果飞行员面对真实的（不是模拟的）短跑道，还有障碍物风险，他们会做得更多。飞行员会关掉发动机并向后拉飞机，使主轮几乎要离开跑道，这可以减少载荷。额外的重量要去掉——甚至额外座椅（如果使用A&P，要调整重量和平衡）。起飞油量要少，只要够飞往下一个长跑道机场就行。

短跑道起飞的技术是对正跑道，踩住刹车，加满油门。保持刹车不会缩短地面滑跑距离。保持刹车的原因是给我们时间来检查发动机操纵。飞行员必须确保他们使用了全油门，发动机仪表在起飞前在绿区。如果发动机没有工作在全推力,飞行员是无法在跑道中途或离地后发现的。在刹车释放时就使用全推力可以缩短滑跑距离,不要在飞机滑跑过程中逐渐增加推力。

在短跑道起飞前,对发动机做一个全面检查。找出减少动力输出的因素,如插头松动,或者化油器加热阀问题。利用飞机检查单检查正常磁掉转,以及磁掉转之间的差值。通过你的耳朵,你能发现发动机噪声。当保持住刹车时,你能从方向舵脚蹬感觉到小的振动。一旦你确定发动机给出了它能给出的动力时,你应该释放刹车,开始起飞滑跑。释放刹车时,力矩很大,所以准备好使用右舵,以防松刹车时飞机向跑道中线左侧偏转。

当前方有树木时,初始加速会显得很慢。但若你已经完成了作业——掌握了与跑道长度对应的特点——你就会胸有成竹。心理坚强能够更好地作业。当你看到远处的障碍物越来越近时,很难坐在那儿什么也不干。为了越过这些树木,你有种很强的提前拉杆的冲动。但是等等,如果提前偏转升降舵,会产生更大的阻力,导致起飞滑跑更长。在达到合适的抬前轮速度前将升降舵保持在中立位置。抬轮后,将机头俯仰角抬到最大爬升角速度。这个俯仰角是需要训练才能知道的。作为飞行员需要知道的一部分,你需要用一些时间练习低速下的机动。这个时候,你就能知道多少俯仰角能产生多少空速。在短跑道起飞时,这些知识就要应用到工作中。

一旦升空,飞行员要始终保持最大爬升角速度。这个速度使飞机在最短距离内爬升到最大高度。当障碍物风险过去后,飞行员应当稍微降低机头,从关键速度加速,以最大爬升率速度爬升。最大爬升率速度让飞机在单位时间内爬升到最大的高度。记住这两个速度,但飞机要是没有提前配置正确,那么最大爬升角速度和最大爬升率速度就不会让飞机产生最佳性能。

5.6 软跑道起飞

我学会了在硬跑道上飞行,所以当我第一次降落在草地上的时候,我很惊讶怎么会这么颠簸。即使是保养得最好的草地,也会让一架小飞机摇摇晃晃。这就不难明白为什么要发明软跑道技术了。想象一下,在最糟糕的情况下,跑道上有洞,高高的草丛中隐藏着石头。为了在这样的条件下起飞,飞行员会希望尽可能少地在地面上滑跑,并尽快在空中飞行。地面运行的时间越长,飞机受损的可能性就越大。在柔软或粗糙的场地上起飞,一开始就要使用全推力起飞,向后拉驾驶盘(杆)。不要像短跑道技术那样踩住刹车。踩住刹车,甚至在任何地方减速都可能意味着卡住飞机。滑行直到起飞,在很短的距离内,升降舵具有足够的舵效使前轮离地。随着前轮离地，机轮阻力将减小，前轮撞击障碍物的可能性也减小了。接下来是一个重要的情况。当前轮上升到空中时，飞机继续加速。这意味着通过升降舵的气流越来越快，舵效增加。现在飞行员必须稍向前推杆，这样机头就不会抬得过高。如果飞行员没有这样做，会导致两种不好的情况发生：

（1）机尾擦地。

（2）过大的抬头姿态引起飞机提前离地。

还记得前面回顾的那次事故吗？乘客说飞机撞到一条小沟后离地。在达到起飞速度之前，粗糙的场地就有将你"抛"到空中的趋势。一旦进入空中，飞行员就想让它飞起来。软跑道过早离地是很危险的。在硬跑道上，当装载靠后时，同样的事情也会发生。在你准备好之前，机头可能会过高，你已经离地了。

在软跑道起飞时应利用地面效应。软跑道起飞如同是走钢丝。当空速太低时，你不能爬升，但你可以利用地面效应飞行。如果飞行员能在加速至安全爬升速度的过程中利用地面效应，那么机轮就可以提前从地面上抬起。当机轮与地面的接触消失时，阻力减小，在草丛中撞到什么东西的风险就没有了。一旦处于地面效应中，飞行员就必须有耐心。如果他们试图爬升，飞机将会抖动，并且很可能会再次与地面接触。飞行员要通过适当的空速来对升力建立信心。离地后飞行员必须稍微降低机头，使飞机通过地面效应加速。然后在达到可以从地面效应爬升的速度后，将机头抬高到最大爬升角速度俯仰角。大多数软跑道或粗糙跑道可能也很短，因此可能需要在软跑道起飞后进行最大爬升角速度爬升。

飞机制造商推荐在软跑道或粗糙跑道上使用襟翼。查看飞机的信息手册，因为襟翼的使用和设置不是通用的。使用襟翼是一种权衡。襟翼会产生额外的升力，但也会产生额外的阻力。如果主要的担心是在起飞滑跑过程中被困住或撞到物体，那么襟翼所带来的额外升力可能正是你最快进入空中所需的。但是如果主要关注点是越障，那么襟翼产生的额外阻力会降低爬升的性能。这就与所预期目标有很大关系。飞机的重量也可能对起飞的襟翼设置产生影响。请参考飞机的型号并正确选择襟翼构型。

5.7　侧风起飞

侧风给飞行员增加了另一个挑战。过早离地和失去方向控制是造成几次侧风事故的原因。侧风起飞与正常起飞很像，但是必须使用副翼防止提前离地。如果风从右边来，那么飞行员应该右压盘（杆），使得右副翼上升，右侧升力减小。同时左副翼下偏，增加左侧的升力。这使得右机翼下沉，防止风从机翼下面升起。如果风从机翼下面升起,则右边的机翼会被抬高,右主轮将离开地面,飞机左轮会离开中心线。如果在这种情况下整个飞机进入空中,飞行方向将朝向跑道一侧,而不是沿跑道向前,速度过小,导致无法控制飞机。

避免这个问题的方法是用副翼产生的压力将迎风机翼保持在地面上。在刚开始滑跑时,副翼上的气流是最小的,因此副翼应该是满偏的。随着地面滑跑的继续和气流的增加,副翼的效能将会增加。然后飞行员应该逐渐减少副翼偏度,在起飞离地速度时达到中立。有一些极端的侧风条件,离地时副翼可能还没有达到中立,但通常应该避免这样的现象。如果副翼在飞机离地时有偏转,那么它会立即转向,这会引起起飞后翼尖擦地。

实际离地速度应该比正常速度略大。将飞机在地面上保持得久一些,然后从地面弹起来。速度大一点可以在两个方面有所裨益。飞机在侧风中缓慢升空,会像一片树叶一样被向下吹向跑道边缘。随着速度增加,飞机将"跳入"空中,产生足够的高度开始偏航。如果你刚离地就向风转,机翼刚一倾斜,上风向机轮会再次触地。很快随着高度越来越大,就可以建立偏流角。此时尽管有侧风,飞机也可以沿着跑道中心线爬升。

5.8　规避尾迹湍流

升力的副产品是尾流。如图 5.4 所示,机翼翼型在机翼下方形成一个高压区,在机翼上方形成一个低压区。这种压差使飞机飞行,我们称之为升力。在自然界中,高压具有流向低压区域的趋势。这就是为什么当你吹起一个气球然后放它走的时候,里面的高压空气就会喷出,气球就会飞来飞去,直到内部和外部压力相等。机翼下方的高压空气要平衡并填充低压,因此高压空气向上推。但是在翼尖外侧,高压找到了一个更容易到达低压区域的路径。空气在翼尖周围卷起。这发生在飞机向前运动的时候,所以当周围的空气卷起时,它也被留在后面。其结果是在翼尖后面形成螺旋状或漩涡状的气流。如果你能看到它,它就

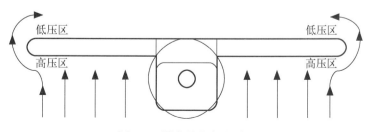

图 5.4　翼尖涡的产生原理

像一个水平的龙卷风。产生的升力越大，效果就越明显。每一架飞机，即使是小型无线电控制的飞机，都会产生翼尖涡。但当飞机很大时，它会对小型飞机造成危险。

慢速飞行的大型飞机的尾流/翼尖涡最危险。在慢速飞行时，大型飞机必须通过襟翼、前缘弯曲和一系列其他装置来产生额外的升力，以弥补较低的速度。其他飞机陷入这种漩涡可能会导致失控。当漩涡产生时，它将趋于下沉并扩散。如果有侧风，漩涡将保持在适当的位置，并沿着风的方向运动。

当你在另一架飞机后面飞行时，要保持好状态，如果可能的话，要稍稍高于另一架飞机的高度。至少3分钟后再从大型飞机刚刚使用过的那条跑道上起飞或着陆。

幸存者的故事

NASA 编号：418103

在完成了热车和起飞前检查后，我等待着另一架飞机离开。我把飞机滑入跑道，紧跟着前面的飞机离开了。风是从我的左边吹来的，大约有10节。离开后，我感觉到飞机在下沉。我立刻压低了机头，转身离开了我跟随的飞机的飞行路线。随着空速增加，我把飞机的机头向上拉了起来，开始建立一个正的爬升率。在爬升过程中，我注意到距离机场旋转信标大约50英尺。当时好像在办公室里一样，周围的人嗡嗡作响地评论我，但事实并非如此。很明显，我起飞得太快了，离前面的飞机太近，侧风和尾流导致突然失去升力。由于这次经历，我坚定地相信尾流会造成较大影响，即使是在一架小型飞机后面。我并不急着去任何地方，应该在起飞前再等一会儿。这归结于我的一个非常糟糕的决定。

使用所有这些起飞技术和飞机的信息手册，才能更安全地起飞。每次起飞都是不同的，即使你总是从同一个机场起飞。每次起飞将有不同的风、不同的密度高度和不同的飞机装载。计划每一次起飞，就好像是第一次飞这架飞机一样。这样做可以避免类似起飞事故的发生。

6 进近和着陆

起飞和着陆合在一起并不占整个飞行时间的很大比例,但相对于其他部分却是最容易发生事故的。在起飞和着陆之间,着陆是最危险的。图 6.1 清晰地显示了缺乏经验导致死亡的着陆事故的致命地带。这些数字包括从 2000 年到 2011 年飞行时间不足 1 000 飞行小时的所有学生、运动、休闲和私人飞行员目视(VFR)进近着陆、全停着陆、全停后起飞、连续起飞以及复飞(拒绝着陆)的事故。私人飞行员比任何其他类别的飞行员都多,因此,私人飞行员发生事故的数量也最多。在这个案例中,有 135 名私人飞行员(总飞行时间不到 1 000 飞行小时)在涉及进近、着陆或复飞的事故中丧生。在拥有 1 000 飞行小时到超过 10 000 飞行小时飞行经验的飞行员中,有 67 名私人飞行员丧生,有 10 名学生飞行员、3 名运动飞行员和 2 名休闲飞行员丧生。为什么着陆比起飞更危险?可能有几个原因。起飞时速度缓慢,由发动机的推力加速;着陆时已经有速度,而

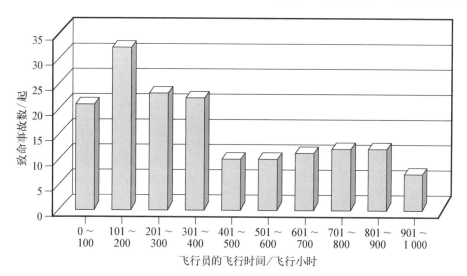

图 6.1　2000—2011 年学生、运动、休闲和私人飞行员的致命进近、着陆和复飞事故

且由于重力的作用还会加速。起飞通常是从地面离开；着陆通常是向地面运动。一个主要的区别是起飞发生在飞行开始的时候，飞行员休息得比较好。着陆发生在飞行结束的时候，飞行员这时感到疲劳、厌倦和自满。着陆的动作可能并不比起飞的动作更危险，但它发生在飞行员休息最少，可能也是最不警觉的时候。

NTSB 编号：ATL94LA174，田纳西州，林登

这位私人飞行员正在进行一次连续起飞。接地后，襟翼收回，并为复飞增加了推力。发动机犹豫了一下，然后提供了正常的推力。随着飞机速度的提高，飞机开始向左倾斜。右方向舵没有作用。当飞机向左冲出跑道时，飞行员切断了动力，飞机继续向下冲到路堤，撞上了树，机头翻了过去。事故后对飞机的检查显示发动机和飞行控制的连接没有异常。有证据表明右主轮胎外侧超载。

可能原因：飞行员对方向舵使用不当导致失去了方向控制。

图 6.2～图 6.5 均来自该事故。飞行员没有受伤，但飞机严重受损。图 6.2 显示了机尾颠倒，并向空中伸出。照片中的跑道就在地平线之外。当飞机"转向"左并越过跑道左侧时，它越过了斜坡，掉到了沟里。图 6.3 显示了飞机停下

图 6.2　在离开跑道左侧后，飞机从斜坡滚落进了沟里

来的时候,跑道在照片的右边。飞机从右侧驶来,冲下路堤,最后,前轮掉进了路堤,动量把机尾拉起。当你做的事情不对的时候,你会遇到这么多的麻烦,真是令人惊讶。

图 6.3　飞机从右到左滚下了斜坡

仔细看一下图 6.4。这张照片是在跑道上拍的。你可以看到右主轮留下向左的胎印。报告称:"有证据表明右主轮胎外侧超载。"胎印显示了飞机离开跑道左侧的角度。飞机最终滚下来的堤岸在草丛之外,离远处的树林不远。注意穿过滑行道出口线的轮胎印。

图 6.5是坠机现场的航拍照片,飞行员沿照片中的跑道从左向右进行接地连续时的着陆。你可以看到飞机(图片中心)离开跑道左侧,还可以看到滑行道的出口线。想象一下飞行员从跑道上穿过滑行道,穿过田野,跌下斜坡的路线。

图 6.4　照片中从左向右穿过的粗体白色条纹是跑道的边缘。右主轮胎胎印显示飞机在经过滑行道交叉口时失去控制

NTSB 的报告还说:"着陆后,襟翼被收回⋯⋯"但是你可以在图 6.2 和图 6.3 中看到襟翼仍然有部分放下。飞行员说在飞机滚下斜坡之前动力就被切

图 6.5　飞机从左到右进行着陆，飞机离开跑道的滑行道交叉口

断了，当前轮下沉，机尾前上翻时，发动机停了下来。混合比控制是在后部、慢车切断位置，螺旋桨的损坏与静止冲击是一致的。

　　这里到底发生了什么？为什么发动机"犹豫"了一下，然后恢复了正常的推力？发动机推力的"犹豫"是否会分散飞行员的注意力并导致其失去控制？在连续起飞、失速改出和复飞时，当油门向前推得太快时，汽化发动机的推力"犹豫"是正常的。图 6.6 说明了所发生的情况。图 6.6（a）描述了当最后进近着陆时，典型的飞机上吸式化油器。节流阀几乎覆盖了通往发动机的通道。通道大部分被堵塞时，进入发动机的空气就会减少。文氏管是图中较窄的部分，在这里产生了低压。空气必须流动得更快才能穿过狭窄的通道。当空气加速时，压力就会下降，这就会把燃料吸进文氏管。燃料被抽吸，就像从吸管中饮水一样，通过排放喷嘴进入空气中。喷嘴有一个能把液体燃料变成雾状的细筛子。空气和燃料在这里混合，然后一起在发动机汽缸里燃烧。燃料和空气的数量是"计量"的，这样适当比例的空气和燃料就会聚集在一起。比例不同，但通常在 12：1 左右。即每 1 份燃料所需的空气是 12 份。如果发动机在 1 小时内燃烧 10 加仑①的燃料，那么大约 120 加仑的空气也与燃料燃烧。这个比例很重要。如果这个比例里没有足够的燃料，比如说 18：1，那么混合物被称为"贫油"。到了某一点，混

————————————

①　1 加仑（美）＝3.79 升。

合气就会变得非常稀薄，以至于发动机完全停止工作。

图 6.6(b)是同一个化油器，但现在油门已经被推到"全开"的位置。你能看到节流阀已经转动，不再阻挡通往发动机的通道，空气通入。随着气流的增加，文氏管的压力变得更低，这反过来会吸引更多的燃料进入。理论上，即使空气增加，这个比例也应该保持不变。当空气量上升时，文氏管应该吸引额外的燃料进入，混合比不变。但实际上，如果油门开得太快，空气就会在燃料吸入之前先进来。这使发动机内的混合物处于暂时贫油的状态。混合物变得如此贫油，发动机就会"犹豫"或喘振，甚至熄火。

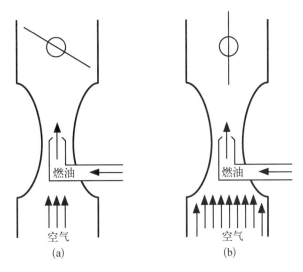

图 6.6 （a）慢车时油门部分关闭的化油器 （b）向全开油门过渡

这次事故中的飞行员在连续起飞中变得焦虑不安。他降落得又远又快。在他的脑海里，他知道跑道的尽头很快就要到了。为了在冲出跑道前回到空中，他匆忙把油门猛地往前推。在那一瞬间，节流阀全开，空气以更快的速度涌入，但燃油仍以较低的速度流入。发动机"犹豫"了一下。飞行员愣住了。在下一时刻，额外的气流在文氏管中造成了额外的低压，将额外的燃油吸引到混合物。这恢复了正常的混合比。又过了一会儿正确比例的油气混合物到达发动机。此时，发动机"激活"了，发动机转速（RPM）在一眨眼的时间内加速至全速运转。发动机的扭矩从发动机"犹豫"时的接近零，变为达到全功率时几乎最大扭矩。意外的扭矩增加使飞机转向了左边。飞行员反应不够迅速，很快他就离开跑道，驶向沟里。

解决办法：始终平稳地移动油门。让空气和燃油一起增加。这将确保均匀和持续的动力。当你最需要动力的时候（如复飞），过快地移动油门甚至会完全停止发动机。知道事情是如何运作的并在压力下保持冷静是有好处的。这次事故本是可以轻易避免的。幸运的是，这位飞行员没有受伤，但其他人却没有那么幸运。

NTSB 编号：LAX86FA282，亚利桑那州，凤凰城

该飞行员进行了一次正常的连续起飞操作，且接地正常。在按计划做第二次连续起飞操作时事故发生，以向右偏离航行结束。接地后，目击者观察到飞机沿着跑道中线滑跑约 800 英尺，然后飞机开始逐渐偏离跑道，角度似乎稳定在 30 度左右。飞机离开跑道边缘后，在与混凝土排水桥墩碰撞之前，以恒定速度通过跑道和邻近滑行道之间的 900 英尺的泥土区域。目击者看到飞机的机翼在通过泥土区域的过程中前后晃动。对飞机轨迹的检查证实，飞机在地面滑跑过程中确实绕着滚轴摆动，重心从一侧向另一侧移动。在第一次无人监督的单人飞行时，飞行员只积累了 8 飞行小时的双人飞行经验。这次飞行事故是第二次无人监督的单独飞行。没有发现事前有故障。

可能原因：飞行员对方向舵的使用不当导致丧失了方向控制。

这两起事故听起来很相似，但不幸的是，第二起事故导致了学生飞行员的丧生。更复杂的因素是这个学生"无监督"的单人飞行。这就意味着批准学生单独飞行的飞行教员无处可寻。报告还指出，这名学生在第一次单独飞行之前只接受了 8 飞行小时的教学。法规（FAR－61.87）没有要求学生在单人飞行前的最少授课时间，但要求学生在 15 个类别 40 多个项目的列表中"精通"所有领域。这个学生是否真的能在 8 飞行小时内精通 40 多项任务是值得怀疑的。报告暗示飞行教员在指导和监督学生方面至少是松懈的或疏忽大意的。飞行教员应该非常清楚，学生飞行员也应该明白，当他们被批准单飞时，只有在得到他们自己教员的许可和同意的情况下，才可以使用这种认可。目前尚不清楚这个案例中的教员是否向学生表明了这一点，或者学生是否仅是违背了教员的意愿进行飞行。

我曾经有一个学生，他和他的私人飞行员兄弟拥有自己的飞机。有一天，

当我到达机场时，我注意到他们的飞机已经离开了正常的停机位。我认为是他兄弟要飞行，但我开始怀疑，难道是那个学生飞行员，而不是另一个私人飞行员，在我不知情的情况下在外面飞行？兄弟俩在一起工作，所以我决定打电话到他们的办公室，要求和学生飞行员通话。电话铃响了一次，私人飞行员接了电话。我可怕的恐惧已经被证实了。那个学生飞行员——我的学生——实际上是在用我的背书飞行！我非常紧张，以至于我真的去了空荡荡的停机位，踱来踱去，直到他回来。当他到达时，满面笑容，我问他认为自己在做什么。他说他必须去某某地方拿一些文件。这时，我在头脑中列出了所有他已经违规的事项：

（1）他在没有得到转场背书的情况下就转场飞行。

（2）他在我不知情和不同意的情况下飞行。

（3）学生飞行员不能为了商务活动而飞行，"一些文件"对我来说是一次商业行为。

然而，我很快意识到大部分的责任都是我自己造成的。我从来没有真的说出："除非我同意，即使它是你自己的飞机，你也不能飞行。"据我所知，他再也没有单独飞行，除非是他训练的一部分且我要在场和监督。但当我开始工作的时候，我总是仔细查看那个停机位，直到他拿到了他的私人执照。如果我的学生在未经授权的单飞中发生了事故，那么，我与上一个事故案例中学生的教员的情况是一样的。在我的情况中，它可能是一个大的沟通失误，但在这个案例中却是一个致命的沟通失误。

安全着陆需要许多技能，通常这些技能必须同时实施。飞行员必须有良好的视力、良好的能见度，并且对地形、湍流和风方面要有良好的判断力。下一组事故例子证明，为了安全的结果，必须考虑所有这些因素。

6.1 丢失眼镜的着陆

NTSB 编号：LAX89DUG03，加利福尼亚州，海斯佩里亚

目击者报告说，看到飞行员向跑道滑行，座舱罩开裂了大约 2 英寸。飞行员进入跑道，在没有做起飞前和驾驶舱检查的情况下离开。起飞后不久，座舱罩和飞行员的眼镜一起离开了飞机，这两个都在跑道上找到了。飞行员返回着陆，飞机陷入失速，并在距离跑道约 1/4 英里、100 英

尺的高度旋转坠落到地面。

可能原因：飞行员在起飞前未能正确锁住舱盖，并使飞机在飞行的关键阶段失速，高度不足以安全地恢复。事故的一个原因是当舱盖离开飞机时，眼镜丢了。

这个私人飞行员拥有一个有效的三级医疗证书，但它有视力限制，要求飞行员佩戴矫正镜片。

6.2　阳光直射着陆

NTSB 编号：LAX91FA012，加利福尼亚州，戈莱塔

飞行员被 ATC 引导进入左起落航线的第四边，并在 25 号跑道上着陆，以保持与其他着陆飞机的距离。空中交通管制员又指示飞行员做了四转弯。回顾 FAA 图中描述的飞机飞行路径，说明了一种类似于一个长的最后进近的进近模式。距离机场约 1.5 英里的 25 号跑道延伸中心线上的地面目击者称，飞机低空飞越了他们家。没有关于发动机异常噪声的报告。空中交通管制员在事故发生前观察到飞机迅速下降。事故发生前，没有证据显示飞机出现机械故障或失灵。太阳方位角和在地平线以上的角度分别为 241.1 度和 2.8 度。

可能原因：飞行员在进场边未能保持正确的下滑轨迹。造成这种现象的原因是阳光照射。

跑道编号是 25，这意味着它在 250 度航向的 10 度以内对齐。据报告，太阳在 241.1 度。这意味着在最后进近时，太阳直接或近似直接照射入飞行员的眼睛。此外，太阳还很低，只比地平线高出 2.8 度。这对我们大家来说是一个重要的教训：你不能降落在你看不见的东西上。有很多理由可以解释你为什么应该放弃着陆并复飞。在这种情况下，阳光是直射的。讽刺的是，当太阳比地平线高出 2.8 度时，按照地球自转的速度，那么太阳将在大约 10 分钟内落下——大约相当于进行一次复飞和第二次尝试着陆的时间。

6.3 侧风着陆

NTSB 编号：CHI96FA117，俄亥俄州，卡罗顿

目击者观察到飞机试图在 7 号跑道上着陆。据报告，风向为 180 度，风速为 15 节，阵风为 20 节。目击者描述，飞机开始复飞，并立即以几乎垂直的倾斜角度向北转。目击者随后报告说，飞机从一个飞机库的屋顶上坠落，然后从建筑物的后部离开。随后对机身和发动机的检查没有发现任何预撞击异常。发现着陆襟翼在 30 度打开位置。

可能原因：飞行员对侧风情况的补偿不足，未能保持方向控制，在复飞过程中未能收起着陆襟翼。侧风是一个原因。

在 7 号跑道上着陆时，风向为 180 度，既有侧风分量，也有顺风分量。这架飞机是一架 Piper Cherokee 180。飞行员共计飞行经验为 80 飞行小时，在那架飞机上飞行了 58 飞行小时。这位私人飞行员和一名乘客丧生了。25 号跑道也有侧风，但它应该是一个更传统的迎风/侧风分量。大多数飞行员在 VFR 的日子里都不会考虑备降机场。即使天气很好，风也会对你的目的地机场的跑道造成可怕的影响。应尽可能熟悉本场或目的地机场周围机场的跑道。有一天，能见度很高，云层很高，但还是可以改到另一个机场，只是为了在着陆时获得一个更好的风向。

6.4 顺风着陆

NTSB 编号：FTW92FA098，俄克拉何马州，俄克拉何马城

飞行员顺风着陆在 3 350 英尺的跑道上。在超过中间点接地后，他决定中止着陆。爬升时建立了大的仰角，当飞行员向左侧风转弯时，飞机失速。

可能原因：在中止着陆过程中意外失速。原因包括顺风，飞行员在现有条件下选择了错误的跑道，以及长时间着陆。

今天，大多数无人值守的机场都有一个 AWOS 天气报告系统，它不断地广播风向和风速。每次当它可用时都使用此服务。如果不可用，可以使用"老式"的方法：风向袋、丁字风向标。

6.5　湍流着陆

NTSB 编号：CHI97FA116，密歇根州，霍兰

据一名乘客说，在飞机下降到跑道附近，拉平/接地时，出现了相当大的湍流，"飞机在没有着陆的情况下沿着跑道飞行了相当长的距离，这时（飞行员）决定复飞"。他说，当他们经过跑道末端时，他感觉到飞机的尾部很低，"……它们似乎以飞机摆动的方式在树木的顶部滑行"。飞行员说飞机无法爬升，他们几乎要爬过树木了。左翼下沉，飞机撞到了树上，撞到了机库的屋顶上。在飞行之前，飞行员曾告诉一名乘客，他从未驾驶过让一名乘客坐在后座上的飞机，这次飞行就是这样。事故后对飞机和发动机的检查没有发现先前存在的异常。

可能原因：飞行员未能保持足够的空速，导致失速/震荡，随后撞击树木和房屋。一个相关的原因是湍流。

有时你会听到飞行员说，"在进近中有湍流时增加一点空速"，这是个很好的建议。该想法是在进近中以一定的额外速度保持升力，这样当湍流来袭时，飞机就不会接近失速速度。但这会被过度执行。如果飞机速度过快，飞机将不会按计划着陆，而是会在跑道上飘落。这次事故发生在低翼飞机上，这将增加地面效应飘浮，但它可以发生在任何飞机上。当飞机飘浮在跑道上时，随着空速开始降低，将更容易受到突风和湍流的影响。随着飞机的速度降低，安全复飞的可能性也随之减小。对于湍流进近的一个很好的经验法则是相对正常着陆速度增加大约 5 节，不要再大了。

准备好迎接在短五边中接近地面的湍流。如果有风，空气将在接近地表时更加波动，这里气流与地面上的物体相互作用。尤其要警惕吹过跑道边缘的一排树木的侧风。空气会从这些树木中溢出，使飞机在拉平高度时颠簸。

6.6 硬着陆

NTSB 编号：LAX92FA196,加利福尼亚州,科罗纳

一名学生飞行员坐在他新买的飞机(Beech A23‐24)的左座,一名私人飞行员坐在右座。调查无法确定事故发生时谁在驾驶飞机。在一次硬着陆后,左主起落架脱落,前起落架支柱受损,水平安定面受损,飞行员开始复飞。目击者说,爬升速度和空速似乎很低,左边的水平安定面似乎弯下来了。据目击者称,在侧风和顺风边中,飞机突然出现了俯仰变化,没有达到过 300 英尺至 500 英尺的离地高度。在一个顺风边飞机撞上了一个比跑道表面高约 100 英尺的工业建筑。

可能原因：

(1) 飞行中的飞行员不适当地着陆拉平,导致飞机硬着陆,并对飞机尾部飞行控制面造成严重损坏。

(2) 飞行中的飞行员在飞机有明显的严重损坏时决定复飞。

(3) 飞行中的飞行员因硬着陆所造成的损坏而不能在俯仰方向控制飞机。事故的一个原因是飞行员在事故飞机上缺乏经验。

报告提到了"飞行中的飞行员",但不清楚是哪个飞行员。如果是那个学生飞行员在驾驶飞机,那么他非法地携带了一名乘客。如果是私人飞行员驾驶飞机,那么他驾驶的飞机是他完全不熟悉的,而且是在右座上。记住起飞是可选的。事后看来,最好是将受损的飞机半硬着陆,而不是试图再次飞行。任何不寻常的着陆都需要在再次飞行前进行检查,即使检查是由飞行员完成的。复飞是在零点几秒钟,而且是在混乱之中做出的决定。一个足以造成如此严重损害的硬着陆,对飞行员一定会造成巨大的震动。当两名飞行员试图同时做出同样的决定时,可能会造成更多的混乱。可能一个飞行员硬着陆,另一个飞行员试图复飞。但只有一个飞行员是责任飞行员。在这个例子中,没有经验的飞行员在一架不熟悉的飞机上飞行,导致了一个错误的着陆和一个致命的、瞬间的决定。

6.7   陌生机场着陆

> NTSB 编号：CHI91FA216,伊利诺伊州,塞内卡
>
> 飞行员在短五边向一个私人机场着陆时,撞到了一条没有标记的电线。飞机掉进跑道附近的一条小溪里。目击者称进近是又低又平的。电线高出地面 28 英尺,离跑道入口 485 英尺。检查飞行员的飞行日志后发现,没有之前到达过这个机场的记录。
>
> 可能原因：没有保持正确的下滑线,高度不足,以及飞行员的目视观察不足。

飞行员共有 140 飞行小时的飞行经验。飞行员丧生了,两名乘客伤势严重,幸免于难。在计划飞往陌生机场的航班时,你应该尽可能收集所有的信息。许多机场索引都可以获得,且附有说明。这些说明包括关于密集的学生训练,或跑道上有鹿,或有树木和电线的通告。这次事故发生在一个私人机场。私人机场通常不包括在这些索引中,所以在这种情况下应提前打电话询问跑道主人最佳的进近路线、跑道坡度、周围的地形和电线分布。

6.8   中止着陆—冲出跑道—复飞

> NTSB 编号：LAX8FA306,加利福尼亚州,特曼库拉
>
> 在 3 023 英尺的沥青跑道上着陆后,飞行员失去了方向控制,飞机在距跑道入口大约 635 英尺远的地方从跑道左侧冲出。飞行员恢复了对飞机的控制,并从跑道外的位置开始了中止着陆。这架飞机飞越了另一架位于中止着陆点前方大约 200 英尺的飞机。然后,飞机在其飞行路线上与一个 24 英尺高的商业建筑上的金属梯子相撞。
>
> 可能原因：在中止着陆过程中,飞行员未能正确开始复飞;在着陆过程中失去方向控制,无法返回跑道起飞。密度高度未能建立正确的爬升率,以及襟翼未能收起是事故的原因。

这次事故每秒钟做出的错误决定比这里列出的其他事故都要多。首先,在

仅3000多英尺长跑道上,飞行员在着陆中与另一架飞机距离太近。飞行员在着陆后失去了对飞机的控制,最后进入了草地。这很糟糕,但飞机没有受损,飞行员也没有受伤。但是由于一些无法解释的原因,飞行员觉得他需要从跑道一侧的草地上连续起飞。起飞是在没有收回前一次着陆襟翼的情况下进行的。然后,这位飞行员飞越另一架飞机,危及了他人,又撞到了建筑物上的物体。

本章中的许多事故案例都涉及飞行员连续起飞的过程。我在一个有3900英尺跑道的机场教学,我不再让我的飞行学员连续起飞。我强烈建议其他飞行员也不要这样做。这个动作有太多的事故。太多的事情必须在很短的时间内正确地完成,才能是一个安全的动作。有一次,我和一位非常紧张的飞行员交谈过,他在连续起飞后正在进行起落航线。问题是当他在地面滑跑收起襟翼手柄时,襟翼没有收起。他没有注意到襟翼仍然是全放下的。不用说,飞机没有以应有的爬升率爬升,他在安全着陆前飞行了一个树顶高度的顺风边。他飞机上的襟翼是由电动机操作的,那个电动机的断路器已经弹出来了。断路器可能是在飞行期间弹出的,他在着陆前没有检查它(检查单要求检查所有断路器),或者可能在调整襟翼手柄时它弹出来了。不管是哪一种,如果他是在进行一次全停着陆,那么在下一次起飞之前就会发现襟翼失灵。然而,他驾驶的是一架突然不适宜飞行的飞机,且正在返回空中。他设法安全着陆了,但我们还能看到其他没有安全着陆的例子。

6.9 着陆技巧和陷阱

1) 正常着陆

要熟悉飞机,其中一部分是要学习如何组合俯仰、动力和襟翼设置来产生所需的空速。正常着陆是一个从巡航阶段到接地和滑跑的一连串配置变化。每架飞机都有独特之处,我们从之前的一些事故案例中看出,在某一架飞机上缺乏经验可能是导致事故的原因。所以,在你真正适应飞机的动力、座舱布置和速度之前,不要驾驶飞机。保险公司要求在为飞行员投保前,飞行员要进行一次"检查"飞行。在保险公司和租赁公司中,检查的时间长短和具体内容会有所不同。检查可能还不足以完全做好准备。当你检查的时候,会问很多问题、查看飞机手册,如果这就是真正做好准备所需要的,那么要做的比检查要求的多。

正常着陆是一种艺术形式。你必须让飞机的速度在拉平中降低,这样在机轮接触地面的时候就不会产生足够的升力了。如果时机不对,那么着陆将更刺激。如果你以太大的速度到达地面,飞机将不能着陆,而是漂浮。漂浮使飞行员容易受到许多问题的影响，如侧风、湍流和超过跑道末端。如果你在到达地面之前降低了速度，那么你可能会体验到与漂浮相反的情况：下沉。如果你还在空中 10 英尺的时候飞机停止飞行，飞机就会在剩下的距离内坠落。这可能会引起糟糕的甚至破坏性的硬着陆。因此，两个变量——速度和高度必须精确地结合在一起。

良好的、平滑的接地的关键是持续、稳定地进近。良好的着陆并不是偶然发生的，而是由于完善的准备。如果你每次都能准备好，从起落航线，到最终进近都有一个设定的进近角度、一个固定的襟翼、一个设定的空速，那么就能使着陆平滑。但是，如果你每次以不同的角度进近，这需要在与不稳定的空速"搏斗"时改变襟翼，那么着陆将是一场难以预料的冒险。每次都达到稳定进近的程度，不仅有助于正常着陆，而且有助于做出必要的变化，以满足像在软跑道和短跑道等特殊跑道上着陆的需求。

2）短跑道着陆和着陆等待运行（LAHSO）

短跑道着陆是每架飞机从休闲到 ATP 进行检查所必需的机动动作。大多数的飞行训练都是在足够长的跑道上进行的，适用于所涉及的飞机类型，所以我们的短跑道着陆练习更多的是模拟，而不是实际的。当我们的头脑中知道这只是训练时，我们很快就不会认真对待它们，但短跑道着陆不是一个模拟。你可能永远不会冒险进入一个真正的短跑道，但是每个飞行员都要面对着陆等待运行（LAHSO）。LAHSO 发生在大型机场，这些机场有交叉跑道。空中交通控制管理者想出了一个在停止间隙采用 LAHSO 的权宜之计，试图为我们拥挤的系统提供更多的可用跑道。当飞机进行 LAHSO 时，空管将允许两架飞往不同跑道的飞机着陆。问题是那些跑道是交叉的。这意味着，如果两架飞机在着陆后正常滑行，它们可能会在交叉口相撞。解决办法：一架飞机在过交叉口前必须停下来，另一架飞机必须着陆并稍等（LAHSO）。这就是我们的短跑道着陆练习能用到的地方。

你可以着陆的跑道可能是 6 000 英尺长，但你可能被授权只使用前 2 000 英尺。你不能着陆太长距离。你也不能进近太快和拉飘。你必须减少和消除犯错的空间。为了安全地进行 LAHSO，你首先要知道有多少跑道可用。空管只会说："允许 32 号跑道着陆，在 19 号跑道等待。"LAHSO 可用跑道长度发表在 FAA 机场/设施目录的后面，该目录适用于每一个有交叉跑道的有人执守机场。如果你计划飞往一个有交叉跑道的有人执守机场，那么应该在出发前查看这些信息。但是如果你得到了一个 LAHSO 指令，并且没有查到距离，那就向空管询问距离。当已知可用跑道长度时，必须将其与你的飞机所需的距离进行比较。如果有足够的距离，那么进行短跑道着陆。如果没有足够的距离，那么告诉空管你需要在获得全跑道时再返回。不过，请注意，在一个繁忙的机场，下一次全跑道时间可能是午夜。

遗憾的是，通航飞机飞行员在可靠的短跑道着陆技术方面名声不佳。FAA几年前完成了一项研究（DOT/FAA/CT－83/34），该研究测试了私人飞行员的技能保持情况。FAA跟踪了一批新的私人飞行员，在他们第一次通过私人检查后，每隔8个月、16个月和24个月评估他们的飞行。在他们通过私人检查的那天，90％的飞行员在进行短跑道着陆时达到了FAA的标准。但到了24个月的时候，只有51％的人能够达到私人飞行员的标准。超过一半的私人飞行员不能正常和/或安全地处理短跑道着陆。即使没有FAA的研究，航空公司飞行员协会（ALPA）也意识到了这一点。大多数美国航空公司飞行员都是ALPA的成员。当有通航飞机被给予LAHSO指令时，他们选择放弃所有的起飞和着陆许可。这意味着，航空公司的飞行员根本不信任通航飞行员的技能。他们不会在与通航飞机飞行员交叉的航线上进近，因为他们担心通航飞机飞行员会在短跑道着陆中发生失误，横穿自己的跑道，从而发生可怕的事故。空管现在知道，当航空公司飞机/通航飞机同场运行时，不给LAHSO指令。这意味着通航飞机经常会被延迟，让航空公司飞机着陆和离开跑道。我们都感到伤害，因为作为一个团队，我们的短跑道技术是可疑的。

短跑道技术需要关键的速度、襟翼和推力控制。通常，全襟翼用来提供最陡的进近。实际上，我们模拟了50英尺高的一排树或一条电线，其目的是避开障碍物，同时落地后不会滑跑到跑道的另一端。完美的技术是短五边、飞机起落架放下、全襟翼和适当的短跑道空速。逐渐减少推力，最终关闭推力。飞机避开了50英尺的障碍物，然后立即开始拉平和正常接地。一旦在地面上，飞机重量就会通过收回襟翼迅速从机翼转移到机轮上。这使得刹车更加有效，使飞机在没有打滑的情况下停下来。这是个完美的技术，但许多常见的错误也发生了。

进近应从高于正常高度的第四边开始。你必须故意在最后进近时飞高一点，这样你就可以使用全襟翼获得一个陡峭的进近。在通常情况下，飞行员会做出一个正常的进场，然后使用全襟翼时飞机就变低。飞行员随后使用推力应对高度变低。现在，飞行员有了全襟翼和大推力，挣扎着进入跑道。这就像在你的汽车里同时应用刹车（襟翼）和油门（推力）一样。同时踩下刹车和油门是没有意义的，但这就是当你不是从很高点开始做短跑道进近时所发生的。如果你以非常缓慢的速度和非常高的推力设置到达跑道，那么推力一旦减少，飞机就会掉下来。这可能会造成一个短着陆，但这在飞机上是困难的，在乘客身上也是困难的，并且不是一个安全的技术。保持高度，然后使用全襟翼，因为你需要充分的襟翼，进行一个陡峭的进近。

随后飞行员会做出权衡。他们正好越过障碍物，但他们注意到空速太低。他们降低机头来恢复空速，但现在他们降得太低，无法避开障碍物。在这种情况下，应该降低机头以获得适当的空速，但也应该增加少量推力来调整进近角度。少量意味着 100~200 转/分钟或 2~3 的歧管压力。

另一个问题是接地。通常飞行员会稍微快些进入，他们会看到他们的目标接地点很快出现。为了"钉住它"，他们向前推杆，迫使飞机在计划的地点接地。问题是当你向前推轮子时，你就离开了着陆构型：前轮更靠近地面，有可能前轮先触地。当飞行员进近太快时，他们试图在飞机准备着陆前把飞机按下去以消除他们的错误。这在飞机上、乘客身上同样是困难的，而且可能比短跑道着陆更危险。如果在拉平之前，速度已经得到适当的控制，飞机就会自然地降低速度，在计划的地点着陆，并进行正常的接地。

过度刹车也是一个常见的问题。如果施加太多的刹车压力，车轮就会"锁住"。我们的飞机不像现在的汽车那样有防抱死刹车。当刹车被紧紧地抓住以至于机轮停止转动时，它们就会打滑、颤抖和弹跳。这实际上增加了停机距离。在轮胎从地面弹跳起的瞬间，根本没有刹车作用。当轮胎在地面上时，它就会打滑，产生的热就会融化橡胶。这导致胎面接触点变滑变秃。刹车应该均匀施加压力直到轮胎停止而不打滑。刹车本身在强烈刹车期间和之后都会过热。有一次着陆，我知道一架更快的飞机就在我身后，我拼命地踩住刹车，以便在下一个滑行道上及时减速。下了跑道后，我碰巧向下看了看左边的刹车。当时是晚上，因为天黑，我可以看到刹车发出的橘色的光。它们比我想象的要热得多。我也知道我之前在白天过度刹车，但没有注意到刹车有多热。金属刹车太热了，可能会烧坏。金属刹车着火才是真正的紧急情况。什么通常位于机轮上方的机翼里？是油箱！如果你用力过猛，刹车开始燃烧，轮胎就会爆炸，可能飞机上的小灭火器也不能扑灭金属着火。你必须疏散飞机上的人，整个飞机都会着火。我看到过一架新飞机的残骸，它在急剧刹车点燃刹车后被烧毁了。由于糟糕的短跑道着陆技术，失去一架飞机是一件很遗憾的事。

你怎么知道跑道多长对短跑道着陆技术来说才是足够的？制造商将提供一

个表或图,可作为指南使用。每架飞机和每个制造商都会有所不同,但跑道标记是标准的。图 6.7 描述了非精密进近跑道的标准距离。在图的右边是每个标记的长度,在最右边是从跑道入口累积的距离。距离是标准的。标记跑道号码的数字是 60 英尺长。跑道中心线每条条纹长 120 英尺,条纹间距为 80 英尺。在跑道中间的某个地方,你可以找到至少一条长度不超过 120 英尺的条纹,来适应各种长度的跑道。

图 6.7 的左侧是一个简单的短跑道着陆状况图表。你的飞机的图表可能不像这样,但以表格或图的形式显示同样的信息。这个例子表明,越过 50 英尺障碍物的着陆总距离是 1 375 英尺。这包括飞越障碍物,越过障碍物后拉平和接地,以及刹车至完全停止——总计 1 375 英尺。该表还给出了"地面滑行"的距离。这意味着在 1 375 英尺的总长中,655 英尺将用于地面刹车至停止。有了这些信息,就可以计算接地前拉平将花费多少英尺。总距离(1 375 英尺)减去地面滑行距离(655 英尺)等于从障碍物到接地(720 英尺)的飞行距离。

为了正确判断我的分析,我假设障碍物正好位于跑道入口。这意味着我将在空中至少 50 英尺高度处越过跑道入口。我不会瞄准数字着陆,因为很难确定障碍物距离数字有多远。我使用跑道本身作为我的尺度来确定合适的接地点。参考图 6.7 的标准跑道距离,我的接地点应该刚好在第三条中心线条纹的起点。该条纹从障碍物(入口)710 英尺开始,因此我计算将接地点放在第三条条纹上。地面滑行从接地开始,直到机轮停转。总的距离,或机轮停止的位置(1 375 英尺)超出了图 6.7 所示的距离。制造商将在着陆性能图表中纳入逆风着陆或粗糙道面着陆的规定。

在实际测试标准(PTS)中发布的商业飞行员检查标准描述了 FAA 认为的合适的短跑道技术。关于接地点,PTS 说:"接地点在指定地点或超过指定地点 100 英尺范围内,几乎没有漂浮,没有漂移,纵轴与着陆表面的中心对齐。"PTS 指的是一个"指定的"点。这个指定的点是跑道上的那个点,在这个例子中,检查申请人(飞行员)说这将是接地点。你可以使用图 6.7 中的计算方法来确定"指定"点。PTS 提供了在 −0/+100 英尺的机动容差:"……在或超过指定点 100 英尺内。"以第三条中心线条纹的起点为例,在该条纹中的任何地方接地都会通过检查。

私人飞行员实践测试标准对短跑道着陆规定如下:(申请人必须)在接近失速速度、在或超过指定地点 200 英尺以内平稳地接地……因此,私人飞行员不能在低于目标的地方着陆,但有商业飞行员所需要的 2 倍的距离。

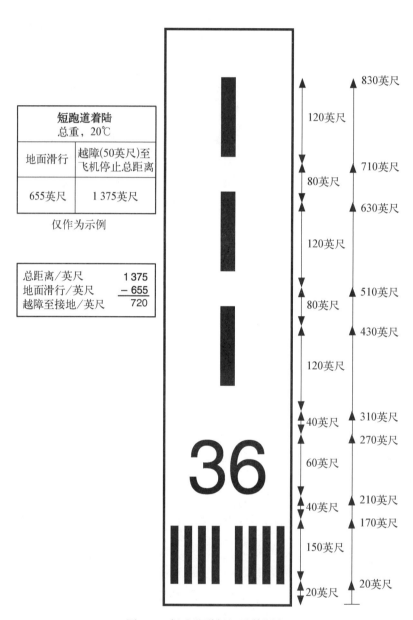

短跑道着陆 总重，20℃	
地面滑行	越障(50英尺)至 飞机停止总距离
655英尺	1 375英尺

仅作为示例

总距离／英尺	1 375
地面滑行／英尺	− 655
越障至接地／英尺	720

图 6.7　标准跑道标记及其距离

　　通过检查很重要，但安全进行一个实际的短跑道着陆或 LAHSO 更重要。看一看你驾驶的飞机的着陆图表。熟悉飞机的预期着陆距离，然后出去练习。这样，下一次当空中说"……允许着陆 9 号跑道，在 36 号跑道稍等"时，你就可以自信地接受或拒绝这个许可。

3) 软跑道着陆

软跑道着陆技术假设你真的是在粗糙、潮湿或柔软的地面上着陆。软跑道起飞(见第 5 章)是尽快进入空中,这样,如果跑道上有石头、车辙或坑,飞机就不会撞到它们。同样的想法也适用于软跑道着陆。假设我们会撞上一些隐藏在草地或泥土中的东西,这些东西可能会伤害我们或飞机。如果我们真的撞到了什么东西,那么当撞击发生时,我们的速度越慢,伤害就越低。因此,在飞机达到尽可能最慢的飞行速度之前,我们不想接地。通常,如果一个着陆地点是软的,那么它可能也是短的,并且需要技术的结合。但在最简单的形式中,软跑道着陆假设你确实有足够的跑道且没有大的障碍。

软跑道着陆中襟翼的设置将取决于飞机和着陆条件,但请记住,更平的进近意味着拉平过渡更容易。只要控制速度,只用少量的襟翼可能就有帮助。在着陆拉平期间,用少量的推力来延长接地时间,使接地速度更慢。完美的软跑道着陆是在 2 英尺 AGL 时拉成与地面平行。当飞机通过拉平滑行并漂浮时,空速就会降低。空速每减少 1 节,升力都会相应降低,所以飞机会下沉。当下沉开始时,飞行员应该只增加一点杆力,弥补失去的升力,进一步降低空速,延长接地时间。这种下沉/杆力反馈在拉平长度内有 2~3 次。最终,再增加杆力不足以弥补升力,因为飞机太慢了,它接地了。飞机以尽可能最慢的速度接地,飞行员一直拉着驾驶盘(杆)。现在主轮在地面上,但工作还没有完成。我们不想让前轮掉进坑里,使我们翻倒,所以我们保持拉杆力,再加上剩余的少量推力,前轮将最后和最慢着陆。这是一个完美的技术,但也会出现一些问题。

软跑道技术的长时间拉平意味着飞机在空中停留的时间更长,速度也越来越慢。在这种情况下,侧风可能是个大问题。飞机离地面只有 2 英尺高,没有足够的空间通过将一个机翼放低并保持方向舵来修正风的影响。软跑道着陆容易漂移。你甚至不应该尝试在有强劲的阵风、侧风时做软跑道着陆。而且,你减速时在空中每增加 1 秒,复飞的风险都会更大。而这种不断变慢的拉平技术,只有当拉平时飞机刚好在地面上方,才能实现软跑道着陆。如果在一个延长的拉平中速度丧失,而飞机仍然在 10 英尺的空中,它将在剩下的距离内掉落。任何从 10 英尺或更高高度下降的物体都不能被认为是"软的"。

实践测试标准也提到了短跑道着陆问题。FAA 的标准是(飞行员)应该在拉平和接地过程中平稳、及时和正确地控制。"及时和正确"指的是飞行员在飞机开始下沉时拉杆,这样拉平就会被延长,直到接地时达到最慢的飞行速度。这个标准对私人飞行员和商业飞行员都是一样的。

4）侧风着陆

侧风着陆是所有飞行中最具挑战的机动动作之一。我是在只有一条跑道的机场上学习飞行的，进行了很多的侧风练习，因为实在没有选择。仅仅因为风力很强，没有备用跑道可以用来减少侧风分量，我已经取消了几次飞行。从多跑道的机场起飞的飞行员是有选择的，当他们到达一个没有选择的机场时，往往会有侧风问题。侧风进近有两个基本的技巧：侧滑和偏航。偏航或风修正角是我们除起飞和着陆外所有飞行阶段用来克服风漂移的方法。飞行的一个基本原理是飞机并不总是沿着你指向的方向飞行。飞行员可能会准确地保持向北的方向，但是来自西方的强风会把飞机推向东北方。机头是360度，但飞行方向是30度。为了抵消漂移，飞行员可以以约330度的偏航角飞行，使地面的实际航迹保持在期望的360度。该方法在空中很有用，但是你不能用它来着陆，因为当机头转向风向时，机轮也转向风。当机轮没有对准飞行方向时，你不应该让它接地。当这种情况发生时，轮胎上有一个"侧向载荷"，这可能导致飞机失控。

因此，在大部分的起落航线甚至最终进近阶段，都可以使用偏航法，但最终你必须离开偏航角度，让机轮与跑道对齐。但是如果你在没有任何进一步修正的情况下从偏航角退出，飞机就会再次向顺风漂移，导致失控。

我更喜欢侧滑的方法，因为该方法在拉平和接地中要做的事情更少。我建议在最后进近时，不把飞机放在跑道中线上，而是放在跑道的上风边。然后看看风把你吹到中心线需要多长时间。这个速率会告诉你需要多少侧滑角修正。当你与中心线对齐时，将上风侧机翼压低。现在，通常当飞机倾斜时，就会开始向倾斜方向转弯。在这种情况下，你不想从跑道转向，因此你要施加反向的（下风侧）方向舵来阻止副翼让飞机转弯。现在它变成了一种平衡动作。副翼想让你转向一个方向，方向舵让你转向另一个方向。使用副翼和方向舵，使它们相互抵消。最终将是一个机翼低但与跑道对齐的进近。当你接近地面的时候，风会改变，转向，或者变得更加动荡。这需要及时修正方向舵和副翼，柔和地改变控制力，使上风向机翼保持低于下风向机翼。在这段时间里，机翼看起来是倾斜的，但是机轮是沿着跑道直线排列的。继续保持正确的低机翼姿态进入拉平。由于上风侧机翼向下，上风侧主轮也向下。上风侧机轮先接地，而方向舵继续保持机轮沿着中心线。下风侧机轮再接地，前轮最后接地。当下风侧机轮接地时，机翼将不再倾斜，因此飞机不再进行风修正。在这时，飞机仍然可以被顺风带离中心线，甚至是跑道。为了防止这种情况，在机轮接地后，使用全副翼。这就产生了风把飞机固定在地面上的效果，帮助飞机保持在地面上。

侧滑法提供无侧向载荷接地和在空中及滑行时良好的方向控制,但它需要技巧和实践。

对于正常着陆和侧风着陆,私人飞行员的实践测试标准要求"(申请人必须)在指定地点或超过指定地点 400 英尺以内,以接近失速的速度平稳接地……"商业飞行员是 200 英尺的要求。

幸存者的故事

我在"致命地带"期间没有什么事情发生,除了一个例子外。我已经累积了大约 124 飞行小时的总飞行时间,并认为我是一个相当好的 VFR 飞行员。这次飞行,我不仅要累积总时间,而且要满足我商业证书的长距离转场要求。

我驾驶一架赛斯纳 152,我记得它配备了远程油箱。我从北卡罗来纳州的金斯顿飞往博克斯伯勒,在那里接我的妻子去南卡罗来纳州的希尔顿海德岛一日游,我对这次旅行充满信心。尽管盛夏时一直有雷暴的预报,天气还是很好。我妻子很少和我一起乘飞机,所以我想给她留个好印象。我指出了沿途的风景。当小岛映入眼帘时,她留下了深刻的印象。

可以说,当时明显是稳定的陆上风。希尔顿海德岛的跑道与海岸线相对平行,所以当我们被告知要在 3 号跑道着陆时,风是从我右侧吹来的。跑道两旁是高大的松树。尽管我已经准备好了着陆,使用侧滑法一直沿着中心线,但我并不指望这些树作为很好的防风林。就在离地面 20 英尺的地方,所有的风突然没有了。我的注意力不再集中。这导致我对跑道上实际的风向进行了太多的侧风修正,我不够迅速,也没有足够的经验来补偿。

我的接地比我以往任何时候都要偏。它很糟糕。我从来没有听到过如此刺耳的轮胎声,我也在座位上被甩到一边。当我抬起头的时候,我看到我们正朝着右边的跑道灯滑去,于是我用力踢了一下左方向舵,同时踩下了刹车。轮胎发出刺耳的声音,但我们没有撞到任何东西就停了下来。我们俩都被这次经历吓坏了,我们滑行到停机坪,有人问我们侧风是否不好。我只是羞愧地笑了笑,说:"是的。"

这个幸存者的故事是由菲尔·海特曼提供的。菲尔曾是一名学生飞行员,但今天在一家地区性航空公司工作，并写了几本书。他的经历与一些典型事故报告没有明显不同。菲尔在飞机从跑道一侧滑出时没有失去对飞机的控制，但其他人并没有那么幸运。

5）交叉控制

一种着陆设置使飞行员不容易发现他们非常危险。它发生在有侧风的时候，但危险存在于到达跑道之前。最大的危险区域是在第四边到第五边转弯，飞行员没有预料到侧风的影响时。

当你在一个无人值守的机场进近时，你总要解决着陆路线问题。你可以飞越机场，俯视风向袋，但这应该是最后的办法。你应该在远处就能确定使用的跑道，留够时间机动到合适的起落航线。你应该已经知道风向和跑道对准方向，所以你已经想好使用哪个跑道。但是许多无人值守的机场都有自动气象观测系统（AWOS）或自动地面观测系统（ASOS），这些系统可以传送包括风力在内的当地天气广播。广播使用的频率写在机场信息的飞行航图上。如果没有 AWOS或 ASOS，则输入公共交通咨询频率（CTAF），该频率也列在航图中。可能有其他飞机已经在起落航线上。你想加入交通流，那么使用哪个跑道的问题由其他飞行员来回答你。

没有其他飞行员，风也是越过机场单跑道的直接侧风。在那种情况下，你怎么着陆？无论如何都会有侧风，所以有好坏吗？是的。如果你有选择，你应该选择在第四边提供迎风的跑道。如果你选择了相反的跑道，那么在第四边将有顺风，当你从第四边转向第五边时，可能导致交叉控制的情况。

图 6.8 展示了在第四边建立顺风的起落航线。由于飞行员没有对最后进近的转弯做好准备，已经发生了许多事故。在正常情况下，如果没有侧风，在第四边就不会有顺风。飞行员已经习惯了在第四边飞行的时间，这时通常有几个着陆前的操作要完成：设置襟翼，减少推力，等等。当第四边有顺风时，飞机在第四边的地速将远大于正常速度。这就意味着飞机会快速通过第四边，并且需要比预期更早地转向第五边。飞行员没有预判时，风会带着飞行员飞过跑道中心线的延长线。飞机穿过了第五边。飞行员现在看到发生了什么，并试图弥补失去的时间。飞行员本能地开始向跑道进行急转弯，但当后坡度超过 45 度时，通常安全型飞行员会想起来，起落航线中的急转弯并不安全，因此飞行员会减小一点坡度。然后，很明显，随着坡度的减小，飞机将很难及时转弯，因此飞行员通过向转弯内侧使用方向舵来"帮助"机头转动。这意味着，即使坡度不是很大，机头也在跑道上。看来这个问题已经解决了。但是等等，转弯仪里的小球已经离开

了中心位置。在图 6.8 中，飞行员保持正常的副翼，这样坡度不会太大，同时使用左方向舵继续转向跑道。在这段时间内，空速都在下降。飞机接近转弯，加速，不协调，低空失速。如果在这里发生失速，飞机在剩下的高度内几乎无法恢复。如果起落航线在第四边上是迎风飞行的，那么这一切都可以避免。如果这种情况确实发生了，而且你发现自己穿过了进近边，那么最好的解决方案就是复飞。如果你由于其他流量无法切换跑道，那么在第二次尝试四转弯时，要做好准备工作。

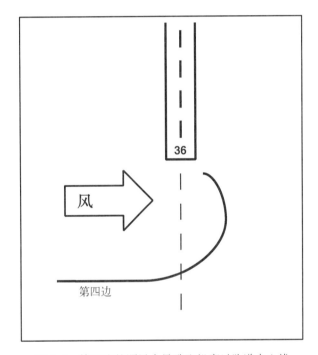

图 6.8 第四边的顺风会导致飞机穿过跑道中心线

6）复飞

在每一次进近中，你一定不要感到匆忙，你必须对着陆条件有信心，而且必须感觉正确。如果感觉不对或者看起来不对，那么你应该中断进近或复飞，并重新做一次，使你确实感觉正确。但这种复飞本身可能是危险的。了解飞机制造商对复飞程序的建议是非常重要的。在复飞中很多事情都是同时发生的，而且很容易分散注意力。飞机要从一个阻力最大的着陆构型过渡到一个阻力减小的爬升构型。在这一切发生的同时，飞机的运动方向正从小推力下降转为大推力爬升。在通常情况下，襟翼和起落架开始收起，扭矩和 p 因子增加，飞行员也在监视交通和维持方向控制。飞行员的工作负担从一个准备好的、安排好的、可控的进近转变为一个快速的决策，然后是计划外的推力、方向和构型的改变。这就像用三个球杂耍，然后突然有人给你扔了三个新的球。你必须快速地应对新的球，也很容易掉落至少一个球。

> NTSB 编号：BFO93FA138，宾夕法尼亚州，克利尔菲尔
>
> 　　飞机被观察到在飞行员要求并收到机场通告后进入起落航线。飞行员没有报告任何问题，当目击者看到飞机转向"非常短的五边"时，发动机"听起来很好"。当它越过跑道入口上空 20 英尺处时，它出现动力激增和偏航。听到飞机使用了全推力，飞机爬升到大约 100 英尺的时候，飞机向右转，朝一些机库驶去。它向右大幅倾斜，机头向下，撞到了地上。
>
> 　　可能原因：飞行员在复飞过程中未能保持好空速。

　　在经过一定动力激增和偏航之后，飞行员对着陆操作不满意，并试图复飞。复飞决定可能是正确的。但飞行员看起来做得不好。目击者报告了一个短五边，因此很有可能是着陆比较匆忙，导致了额外的速度和动力激增。在这一点上，飞行员感觉不好，决定再试一次。推力达到最大，但随着所有事情同时发生，空速变得太慢。失去了对飞机的方向和飞行控制，具有 115 飞行小时的私人飞行员也丧生了。当飞机和飞行员没有做好着陆准备时，事故就从第三边开始了。一个问题导致另一个问题，结果就是悲剧。

　　着陆给飞行员带来了持续不断的挑战。每一个挑战都是新的，有不同的风、地面条件、高度、阳光、交通、湍流和障碍等变量要处置。成功的、平稳的着陆是良好的计划、良好的判断力和对飞机熟悉的产物。规章要求飞行员每 90 天进行 3 次起飞和 3 次着陆，才能搭载乘客。但是这些规章并没有规定影响着陆的条件。你可以在几乎没有风的情况下，在一个 8 000 英尺长的干燥而坚硬的跑道上，进行 3 次起飞和 3 次着陆。然后，在一个 3 200 英尺长的两边都是树木的跑道上，进行侧风下的上坡着陆。你可以合法着陆，但是你准备好了吗？获得一些指导和实践，才能在不利的情况下使用良好的判断。这也意味着偶尔应用到另一个安全着陆概率更高的机场。

7 跑 道 入 侵

自 2000 年以来,在安全方面最大的改进是在机场安全领域中跑道入侵率事件的大幅减少。2008 年,美国联邦航空管理局(FAA)采用了国际民用航空组织(ICAO)定义的跑道入侵国际标准,这个新的标准更加具体地定义了跑道入侵的等级,共分为以下四个类别:

类型 A:指严重事件,此类事件中碰撞是难以避免的。

类型 B:指飞机间距减少且有很大可能发生碰撞的事件,可以通过一个及时、关键的纠正/规避反应来避免碰撞。

类型 C:指有足够的时间和/或距离来避免碰撞的事件。

类型 D:指符合跑道入侵定义的事件,例如单一车辆/人/飞机不恰当地出现在用于飞机着陆和起飞的地面保护区域,但并无直接的安全后果。

减少跑道入侵的数量和严重程度是 FAA 的首要任务之一。从 2000 财年到 2010 财年,严重跑道入侵(A 类和 B 类)的数量下降了 90% 以上。在 2010 财年(截至 2010 年 9 月 30 日)有 6 起严重的跑道入侵事故,比上一个财年减少了 50%,严重跑道入侵事故连续第二年下降了 50%,其中 3 起严重跑道入侵事故涉及商用飞机。

FAA 在 2007 年召开了行动安全峰会,聚集了航空公司、机场、制造商、飞行员工会和空中交通管制员。峰会针对跑道安全提出了新倡议和新技术。FAA 开展了一项主要的外展计划,为飞行员提供训练材料和研讨会。跑道安全现在是飞行员能力计划的一个主题,在飞行教员进修中也有要求。

2010 年 9 月 30 日,空中交通管制的用语发生了变化。飞行员不再接受"定位和等待"的指令,而是采用"排队和等候"(LUAW)。这也是 FAA 为消除混淆而采用的 ICAO 标准。LUAW 操作意味着飞行员可以将飞机滑行到可用跑道上,在跑道中心线上排队准备起飞,但随后要保持刹车并等待起飞许可。延误的原因可能是飞机在交叉跑道上起飞或着陆、飞机在同一跑道上着陆后滑行或是尾流延误。如果在 1977 年，LUAW 操作在特内里费可以使用就好了。

航空史上最严重的事故是一起跑道入侵事故，它发生在 1977 年加那利群岛的特内里费岛。两架波音 747 在地面相撞，导致 583 人死亡。由于大雾，能见度很低，而且机场正在施工，正常的滑行路线无法到达跑道。一架波音 747 开始起飞滑行，同时另一架波音 747 也在跑道上。

7.1 西北航空和西北航空的飞机碰撞

NTSB 编号：DCA91MA010A，密歇根州，罗穆卢斯

1990 年 12 月 3 日，美国东部时间 13:45，一架 DC9（西北航空公司 1482 次航班）和一架波音 727（西北航空公司 299 次航班），在密歇根州罗穆卢斯市底特律大都会／韦恩县机场 09/27 和 03C/21C 跑道交叉口附近的浓雾中相撞。碰撞发生时，波音 727 正在起飞滑跑，DC9 刚刚滑行到跑道上。波音 727 严重受损，DC9 被摧毁。在 DC9 上的 39 名乘客和 4 名机组人员中，有 8 人受致命伤。波音 727 上的 146 名乘客和 10 名机组人员均未受伤。

可能原因：机组缺乏恰当的协调，包括 DC9 飞行员进行的反向滑行，导致他们未能停止滑行，并在进入跑道前后未能及时向地面管制警示关于他们位置的不确定性。造成事故的原因如下：

（1）底特律塔台提供的 ATC 服务存在不足，包括地面管制未能及时采取行动，向本地空管警告跑道入侵的可能性，在低能见度状况下未能使用先进的滑行指示，以及发布不合适的且令人困惑的指示，对值班人员经验的监督不足。

（2）机场地面标记、标志和照明系统存在缺陷，以及 FAA 的监视未能发现或纠正这些问题。

（3）西北航空公司未能向机组人员提供足够的驾驶舱资源管理培训。

造成致命的原因是 DC9 内部机尾打开机构的不可操作性。造成受伤人数和严重程度增加的原因是 DC9 机组人员未能正确进行乘客疏散。

而后不到两个月，事故又发生了。

7.2 美国航空和西空航空的飞机碰撞

NTSB 编号：DCA91MA018A,加利福尼亚州,洛杉矶

西空航空 5569 次航班已获准在 45 号交叉口 24L 跑道上"定位和等待"。由于当地空管注意力在另一架飞机上,忘记她已将西空航空 5569 次航班引导到跑道上,接着批准了美国航空 1493 次航班,一架波音 737,在同一跑道上着陆。碰撞后,两架飞机滑出跑道,进入一个未占用的消防站。塔台操作程序不要求通过当地地面管制点处理飞行进程单。由于这个进程单不存在,因此当地空管错误地识别了一架飞机并发出着陆许可。

可能原因：洛杉矶空中交通设施管理部门未能实施与国家运行设施标准中规定的要求相类似的备份程序,以及 FAA 空中交通服务部门未能对其空中交通管制设施管理人员提供充分的政策指导和监督。这些缺点造成了洛杉矶空中交通管制塔台的当地空管未能保持对交通状况的了解,最终导致了美国航空和西空航空的飞机不正确的放行和随后的碰撞。造成事故的原因是 FAA 未能对 ATC 系统提供有效的质量保证。

尽管以前发生过地面碰撞,但正是这些连续发生的事故让"跑道入侵"成为人们关注的焦点。大多数人认为,如果可以让这些飞机在空中保持距离,那么地面碰撞应该是容易避免的。我们不这样认为,也不能对地面操作掉以轻心。

7.3 地面操作准则

无论是在滑行道还是跑道附近,我们必须知道我们在哪里,周围发生了什么。在任何机场进行操作时,请遵循以下准则,以便及时打破未来的事故链。

(1) 了解跑道和滑行道的标志。必须知道等待线的意思,以及在哪里可以滑行。任何旁边有蓝色滑行道灯的滑行道都被称为"移动区域",在该区域滑行需要地面管制授权。了解仪表着陆系统(ILS)敏感区域的标志。理解机场灯光和颜色的含义。

(2) 随身携带一份机场布局图。现在地面操作有很好的电子辅助设备,平板的应用程序中也有详细的机场图和移动地图。如果你没有这种条件,要确保

有一份纸质图。VFR剖面图不包括机场布局图，因此可以从仪表图中复制一份纸质图。滑行道用字母表示，而不是数字，所以，如果你没有地图，可能会混淆滑行指示："在滑行道K向南滑行，然后在滑行道N左转，但在滑行道R等待。"注意机场建设，注意封闭的滑行道和跑道。

（3）在任何一个机场的地面上，每当你不确定你的位置或如何可以到达目的地时，询问"进一步滑行"。即使在不受控的机场，如果你不确定，也要呼叫通信。

（4）当你说话时，尽可能说出每个细节。当你着陆后第一次用无线电与地面控制联系时，不要说"我在工作的跑道上"，因为可能有四条跑道在工作，他们不会立刻知道你指的是哪一条。应该说"地面，1234A在Tango 6号跑道20R上"。当准备起飞时，精确地告诉空管你在哪条跑道，在什么位置起飞，说"塔台，1234A在9号跑道末端准备起飞"，或者说"塔台，1234A，Charlie路口，32号跑道2号准备起飞"，这是非常详细的描述。

（5）白天和晚上都要开灯。

（6）按指示排队等候时，要缓慢滑行。有时当交通负荷很高时，空管会指定飞行员"排队等候"，这意味着做好准备和设置，但不要出发。由于跑道还没有畅通，空管在争取时间，因此那个时刻还不能发出起飞许可。他还不能让你走，但希望你做好随时离开的准备。这对空管来说是很好的时间管理，但可能不符合飞行员的最佳利益。当一架飞机在跑道上保持位置时，飞行员背对着任何可能接近该跑道的飞机。飞行员简直成了坐以待毙的人。如何降低这种风险？当空管告诉你"排队等候"时，不会告诉你排队的时间有多久。因此，慢慢滑行，穿过等待线，以蜗牛般的速度进入跑道。缓慢的定位可以使你在迎面而来的交通流中向后看的时间更长。如果操作得当，则缓慢滑行的时间等于起飞延迟，空管将发出起飞许可，不需要你再转向背对其他飞机。尽量减小跑道上的延迟。在完成检查清单或进行对话时，不要排队等候。如果你在跑道上等候超过1分钟，没有听到起飞许可，环顾四周，看看到底什么地方延迟。如果延迟不明显，那么呼叫控制塔台询问延迟的原因——空管可能已经忘记你了。

（7）进入滑行道或跑道时要像过马路一样——看两边！不要假定任何人都在正确操作。在地面要警惕地驾驶飞机。

（8）如果你发现在机场转圈，或不知道自己所在的位置，那么应该停下来问问再往前走。

7.4　幸存者的故事

美国航空和西空航空的碰撞是由空管的错误和其周围的环境造成的。下面这个幸存者的故事来自一位匿名的空管，他的故事与上述案例非常相似。

> NASA 编号：421891
>
> 大约一分钟前，我刚换下前一个空管，并试图在前一架飞机起飞和一架在机场上空目视飞行(VFR)的赛斯纳飞机间建立垂直间隔，然后再切换到飞机起飞(管制)。我也试图调高雷达扫描地图和 alpha 数值亮度，当飞机 X 呼叫准备起飞时，亮度非常低。我扫视了一下跑道，但显然五边不够远。我允许飞机 X 起飞并继续调整范围，但不久之后，一架前一个空管允许着陆的利尔飞机 Y 在第五边，询问飞机 X 在做什么。我抬起头，看到飞机 Y 在短五边与飞机 X 一起通过等待线，其机头超过了跑道边缘。我让飞机 Y 绕场一周，飞机 Y 没有反应并继续降落。利尔飞机飞行员显然认为是飞机 X 错了，并说他造成了跑道入侵。是我的错，如果我在进入这个位置之前设置好雷达范围，或只是告诉飞机 X 在我忙于起飞交通和 VFR 交通时稍等，并花额外的时间适应这个状态，这个事件就不会发生。我听说雷达定位的前几分钟和后几分钟是 ATC 发生事故最多的时候，现在我从经历中知道了。当进入这个状态时要额外警惕，不要因为通行很少而放松警惕。

利尔喷气式飞机的飞行员看到另一架飞机进入他着陆的同一跑道。好在这发生在白天。而在洛杉矶的美国航空飞行员没有这个优势。这一点非常重要，它要求飞行员必须保持警惕，以及做好克服空管错误的准备。

特内里费、洛杉矶、底特律机场跑道入侵事故相当有名(甚至臭名昭著)。你可能记得这些事故发生时的新闻报道。涉及这些事故的飞行员并非没有经验。经验较少的通用航空飞行员是否会卷入跑道入侵事故？不幸的是，答案是肯定的，在受控和不受控的机场都有。

> NTSB 编号：MIA00FA103A，佛罗里达州，萨拉索塔
>
> 2000 年 3 月 9 日，美国东部标准时间 10：35 左右，一架私人飞机赛斯

纳 172K 和一架教学飞机赛斯纳 152 在佛罗里达州萨拉索塔的萨拉索塔-布拉登顿国际机场 14 号跑道起飞时相撞。当时的气象条件非常恶劣，没有任何飞行计划。两架飞机都被摧毁。赛斯纳 172K 飞机上的一名航线运输级飞行员和另一名飞行员，以及赛斯纳 152 飞机上的飞行教员和学生飞行员都受了致命伤。事故发生时两架飞机都在起飞。萨拉索塔-布拉登顿国际机场空中交通控制塔台的空管表示，赛斯纳 152 飞机上的飞行教员呼叫海豚航空停机坪要求滑行指示，地面管制员告诉他滑行到 14 号跑道末端，然后该地面管制员休息，另一名主管接管了地面控制位置。通信草稿记录显示赛斯纳 152 飞机呼叫约 2 分钟后，赛斯纳 172K 的飞行员呼叫琼斯航空停机坪要求滑行指示，主管地面管制员告知他滑行到 14 号跑道(海豚和琼斯 FBO 停机坪在 14 号跑道两边，见图 7.1)。该空管表示他认为赛斯纳 172K 是从海豚航空停机坪离开将滑行到 14 号跑道末端，而不是从琼斯航空停机坪离开到滑行道 F(foxtrot)和 14 号跑道的交叉口。14 号跑道末端的纸带上(空管对赛斯纳 172K 飞机飞行轨迹的记

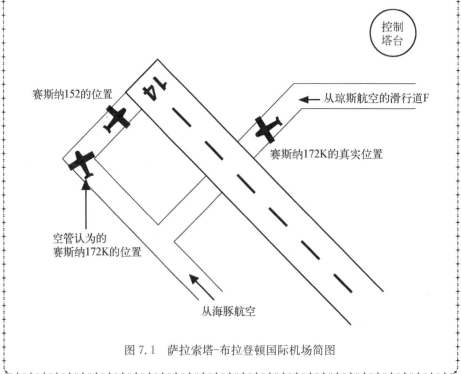

图 7.1　萨拉索塔-布拉登顿国际机场简图

录)显示,赛斯纳 152 飞机的飞行员在 10:30:46 呼叫准备起飞。当地管制员告诉飞行员在跑道外等待。在 10:32:51,赛斯纳 172K 的飞行员呼叫当地管制员,表示他是 2 号准备起飞的飞机,也被告知在跑道外暂时等待。在 10:34:00,当地管制员告知赛斯纳 152 的飞行员滑行到位并等待。随后当地管制员允许第 3 架飞机进入位置,并在 14 号跑道和滑行道 F 的交叉口等待,那架飞机随后获准起飞。在 10:34:54,当地管制员允许赛斯纳 152 在 14 号跑道起飞。当地管制员说他随后看到了赛斯纳 172K 的轨迹记录条,该记录条显示赛斯纳 172K 飞机在 14 号跑道的末端,他向外一看,发现一架高翼赛斯纳飞机在跑道末端的第一位置,以为是赛斯纳 172K。在 10:34:57,他接着让赛斯纳 172K 进入位置并在 14 号跑道等待。然后他将注意力转移到塔台指挥室里,不久之后,他就注意到了由赛斯纳 172K 和赛斯纳 152 相撞引发的大火。在 10:35:13 听到了紧急定位发射机的声音。一名目击者表示,他看到赛斯纳 152 从 14 号跑道的末端开始起飞滑行。在赛斯纳 152 飞机达到起飞速度时,赛斯纳 172K 从跑道左边的滑行道 F 进入跑道。赛斯纳 152 升空几英尺高后,开始右转,似乎尝试避免与赛斯纳 172K 相撞。赛斯纳 152 随后失速,撞上了赛斯纳 172K。两架飞机立即起火并停在跑道上。

该主管地面管制员在管理工作的过程中开始介入,并认为赛斯纳 172K 在同一滑行道赛斯纳 152 的后面。该管制员没有按照标准程序将滑行道 F 写在信息记录条上,因此没有提醒他该错误。当天,从滑行道 F 离开琼斯航空的前几架飞机的信息条确实有这样的标记:"foxtrot"。忘记在信息条上写下滑行道并不是造成这次事故的直接原因,但却是整个事件链的一个环节。

当时涉及三架飞机,其中两架在滑行道 F 和 14 号跑道的交叉口(见图 7.1),另一架在 14 号跑道末端。但是该管制员将位置颠倒了,他认为有一架飞机在交叉口,另外两架在跑道末端。在 10:32:51,赛斯纳 172K 的飞行员实际上是在交叉口的 2 号,他呼叫管制员表示他是"准备起飞的 2 号飞机"。该管制员肯定认为他指的是位于 14 号跑道末端赛斯纳 152 后面的 2 号,赛斯纳 172K 的飞行员不像他一样清楚地意识到他应在这里(14 号跑道末端赛斯纳 152 后面)。赛斯纳 172K 的飞行员应该注意到,赛斯纳 152 飞机也在跑道末端准备起飞。如果他注意到了,他应该用"在 14 号跑道的交叉口准备起飞"或"在滑行道

F 的 14 号跑道准备起飞"呼叫。无论如何，这将能说明赛斯纳 172K 的精确位置。然而，赛斯纳 172K 的飞行员发出了一个含糊的表述，这使管制员继续相信了他错误的判断。在交叉口的第一架飞机获许滑行进入位置并等待，赛斯纳 152 在它后面就位并等待。两架飞机在 14 号跑道的位置没有交叉。第一架飞机获得起飞许可，起飞离开了。赛斯纳 152 获得起飞许可并开始起飞滑行。管制员仍然认为赛斯纳 172K 在赛斯纳 152 的后面，允许赛斯纳 172K 在跑道上滑行并等待。但赛斯纳 172K 正处于交叉口，而不是末端，他滑行到赛斯纳 152 的前面，而不是后面。图 7.1 显示了萨拉索塔管制塔台相对于 14 号跑道末端的大概位置。当管制员看到 14 号跑道末端时，视线正好在赛斯纳 172K 正在等待的交叉口的上方。管制员应该查看赛斯纳 172K 才能看到 14 号跑道末端。为什么管制员没有看到赛斯纳 172K？管制员是否因为他相信赛斯纳 172K 在另一边，而忽略了在近处看到的东西？

　　该事故最大的问题是：为什么赛斯纳 172K 的飞行员滑入迎面而来的正在起飞滑行的飞机前面？赛斯纳 172K 的飞行员是距离赛斯纳 152 最近的，可以有非常宽阔的、不受阻碍的视野来看到跑道。但赛斯纳 172K 的飞行员也肯定认为跑道是空闲的，仅因为管制员是这么说的。这起灾难能如此清晰地在事实发生后被解释，但没有人看见在事件发生时形成的事件链。

　　NTSB 编号：BFO94FA92B，新泽西州，米尔维尔

　　根据飞行服务站(FSS)的多次记录，一架赛斯纳飞机在等待短线时要求起飞许可。该机场不受控，但现场有 FSS。FSS 的工作人员询问他是否需要机场咨询，他说"不需要"。FSS 工作人员说"当升空时建议……"该赛斯纳飞机的飞行员广播说"……采取行动"。这架赛斯纳在跑道中心附近右转滑行时，与刚刚着陆并开始滑跑准备起飞的 Piper 飞机相撞，Piper 飞机的螺旋桨叶片撞击了赛斯纳左翼外侧。Piper 的飞行员表示他没有听到赛斯纳飞行员最后一次的广播，也没有看见赛斯纳飞机，直到采取规避动作时才发现，但为时已晚。FSS 的记录显示，Piper 飞行员最后一次发送信号是在起落航线(五边飞行)的第三边，准备即停即走。赛斯纳飞机上的两人都是飞行员。目前不清楚赛斯纳飞机上的人员所坐位置，也不清楚事故发生时谁在控制飞机。

可能原因：赛斯纳的飞行员操纵飞机时没有进行充分的目视检查。

很明显，赛斯纳的飞行员并不熟悉在机场使用 FSS 的恰当操作。该赛斯纳飞行员将 FSS 当作控制塔台来询问问题。当飞行员要求起飞许可时，只有控制塔台可以发出起飞/着陆许可。由这一点可证明：FSS 只能给出咨询建议。控制塔台的管制员在塔台的高处，这样可以看到机场。FSS 的专家在一栋不能看到外面机场的平房内，FSS 甚至可能不会直接出现在机场地面上。

当 FSS 在不受控的机场工作时，机场 10 英里内的空域内就成为机场咨询区。过去有许多这样的服务站，但现在很少。大多数偏僻的飞行服务站在 20 世纪 90 年代退役并合并为更大的自动飞行服务站。现在整个州可能只有一个 FSS。因此，机场咨询区很少，这可能是导致这次事故中飞行员不熟悉 FSS 的原因。

FSS 只能提供建议而不能被授权像控制塔台这样的操作，因此被称为"咨询区"。在此区域内与 FSS 的沟通虽然是自愿的，但却是强烈建议的。当 FSS 的专家询问该赛斯纳飞行员是否需要咨询时，飞行员回答说"不需要"。该飞行员一定没有意识到该咨询可以告知他此区域的其他交通情况。FSS 人员说"当升空时建议……"该赛斯纳飞机的飞行员一定误解其意思为"允许起飞"。但在办公室内的 FSS 人员不可能知道跑道是否畅通。赛斯纳飞行员以为他刚刚被告知跑道是畅通的，且只有他在使用，因此说"……采取行动"，看都没看，就滑行到了 Piper 飞机的前面，Piper 飞机处于刚着陆并准备起飞的状态。该赛斯纳飞机的飞行员违反了我们最早从生活中学到的一条规则：看一下两边。

NTSB 编号：ATL97LA004A，北卡罗来纳州，安吉尔

一架 Aeronca 65 完成全跑道着陆，在 100 英尺宽的跑道上反向滑行时与 AA-1 飞机相撞，此时 AA-1 飞机在同一跑道起飞滑跑。事故发生时，Aeronca 65 的飞行员试图避免迎面相撞而进行右转，AA-1 飞机与 Aeronca 65 飞机的左侧相撞。在这个机场，通常的做法是在跑道的一侧反向滑行。两位飞行员都报告说，跑道状况良好，草地表面干燥。

> 可能原因：Aeronca 65 的飞行员选择了错误的滑行路线，以及在反向滑行时没有进行充分的目视检查。

即使在没有硬跑道的机场，也可能发生入侵。这个机场没有明确规定的滑行道；当地的程序如下：掉头，沿跑道侧边返回跑道末端。这次他没有完全偏离指定的跑道。两架飞机上共有四人，但没有一个飞行员在关注跑道；虽然无人死亡，但有一人严重受伤。

这些入侵的例子发生在跑道上，但在滑行道入侵中，事故已经发生，人们也已经受伤和死亡。

> NTSB 编号：LAX86LA284，加利福尼亚州，洛杉矶
>
> 该私人飞机飞行员没有在洛杉矶国际机场起降的经验，而且不知道机场机动车辆交通服务道路的存在。该飞行员获得了 ATC 许可，可以进行滑行，并且在黑暗中，误将服务道路当成了滑行道。此外，飞行员向 NTSB 报告说他急于从洛杉矶国际机场飞往圣迭戈，因为他必须返回工作岗位。该飞行员承认，在滑行时，他曾短暂地将注意力转移到驾驶舱内。当他抬头看外面时，发现了一辆卡车，但他相信飞机的右翼可以避开。卡车停在服务道路上等待飞机，被赛斯纳 172 飞机的右翼从左后方撞上。

该飞行员没有受伤，但赛斯纳 172 飞机严重受损，且卡车司机从卡车上跳下时受了轻伤。

> NTSB 编号：EA94LA130A，怀俄明州，杰克逊霍尔
>
> 克里斯滕鹰Ⅱ的飞行员在起飞前滑行时分心了，他朝驾驶舱里看了看，以检查混合比的调节量。当他抬起头时，已经来不及避免与一架停在滑跑区，准备起飞的赛斯纳 172 飞机相撞了。克里斯滕鹰Ⅱ的飞行员试图转弯来避免相撞，但飞机的右侧双翼都撞上了赛斯纳 172 飞机。

可能原因：克里斯滕鹰Ⅱ的飞行员未能看见和避开赛斯纳 172 飞机，且该飞行员转移了他对飞机操纵的注意力。

在飞行中，我们可以快速将视线转向内部仪表和控制器，甚至可以左右看，而不是只向前看。但在滑行时，我们必须像开汽车一样操作飞机，并不断注意我们要去的地方。两架飞机都严重受损，赛斯纳 172 飞机上两人受了轻伤。

NTSB 编号：LAX84LA230A，加利福尼亚州，雷蒙娜

一架北美 T-6G 的飞行员刚刚着陆，正沿着平行滑行道滑行至接近跑道末端，准备再次起飞。大约在同一时间，一架赛斯纳 150 在该平行滑行道和另一条相邻滑行道的交叉口停了下来。赛斯纳 150 停下来，是为了让飞行教员从飞机上下来，方便学生进行监督下的第三次独自飞行。当 T-6G 接近赛斯纳 150 飞机停下的交叉口时，T-6G 向左转，然后向右转。此时，T-6G 的左翼从左后方撞上了赛斯纳 150 的尾翼。赛斯纳 150 的飞行教员刚下飞机，站在飞机旁边的地上，他失去了平衡，抓住支柱不让自己掉进螺旋桨，然后他摔倒在赛斯纳 150 飞机的下面，膝盖受伤。没有一个飞行员意识到这次即将发生的碰撞。

这次碰撞对飞机造成了轻微损伤，但可能对飞行教员来说是接近死亡的经历。我的第一个飞行教员告诉我另一个关于飞行教员的故事，他为了让学生单独行动就从飞机上下来，然后马上被卷进螺旋桨内。"在发动机工作时永远不要打开机舱门"——这是他的准则，现在变成了我的准则。

NASA 编号：410622

从北卡罗来纳州的夏洛特市出来后，我从塔台拿到了 IFR 许可和滑行指示。空管让我滑行到 18L 跑道的 Alpha 道口处，我照做了。空管允许我从 18L 跑道的 Alpha 道口处起飞，飞行方向为 210 度，我也照做了。随后，夏洛特进场控制中心打电话通知我，18L 跑道已经关闭，我差点撞

上跑道上的一辆车。

　　NASA 编号：410925

　　机场关闭 18L 跑道进行维修。我关掉了跑道灯，并关闭了 ATIS。20 分钟后，我（独自在塔台工作）忘记跑道已经关闭了，让一架飞机滑行到关闭的跑道上并发出了起飞许可。使飞机从跑道上车辆的上方起飞，产生事故的原因如下：

　　（1）机场的操作——当关闭跑道并有车辆在跑道上运行时，应该有更好的照明车辆。

　　（2）飞行员——飞行员没有听 ATIS 的指令，也没有询问为什么跑道灯被关掉了。他也没有看到车辆。

　　（3）FAA——尽管 FAA 知道跑道入侵是一个问题，但他们没有记忆辅助设备来提醒空管跑道已经关闭。

　　对于该飞行员和车辆驾驶员来说，这次地面近距离的擦肩而过可能是一场致命事故，这里还有很多问题需要解答。为什么一个飞行员要从像夏洛特这样的 B 级机场且没有跑道灯的晚上起飞？这非常值得怀疑。空管似乎把责任归咎于没有车灯、飞行员和记忆辅助设备，而不是他自己。作为飞行员，我们应该记住这个故事：无论什么时候，这都是不正确的。对于你不确定的事，永远不要害怕问空管："嘿，今晚 18L 的跑道灯坏了吗？"如果飞行员问了这个问题，危险就会消除。

　　永远记住，当飞机第一次移动时，旅程就开始了。通常，飞行员的心态仅是保证飞行安全。这意味着，他们认为地面操作是理所当然的，心理上只为飞行部分做准备。当篮球运动员在球场上时，直到篮球落下和比赛计时开始，他都不会集中所有的注意力，有时飞行员也如此。在起飞和飞行开始前，飞行员不会完全集中注意力。本章跑道入侵事故的案例应该提醒我们，从走向飞机的那一刻开始，我们必须是完全清醒的。

8 空中碰撞

空中碰撞依然是一个问题，尤其是在机场附近。在飞机交汇的地方（机场）空中碰撞发生得最多是有道理的。80％的空中碰撞发生在机场 10 英里内，在这些事故中，78％发生在没有塔台的机场。调查显示，当一架速度较快的飞机超过一架速度较慢的飞机时，更有可能发生空中碰撞。这对通用航空飞行员来说是个可怕的消息，因为通用航空飞机的速度相对较慢。只有大约 5％的空中碰撞是迎面撞上。从 2000 年到 2009 年，每年平均有 12 起空中碰撞事故（涉及 24 架飞机），并非所有的空中碰撞都是致命事故，但平均每年有 15 人死于空中碰撞。

如下，前 4 次空中碰撞事故都发生在机场附近，或在起落航线（五边飞行）上，均发生在白天 VFR 天气条件下。据报道，每起事故的能见度在 7～20 英里之间。

NTSB 编号：SEA08FA116 A&B，爱达荷州，考尔

2008 年 5 月 2 日，一架赛斯纳 172 私人飞机与一架乘有飞行教员和飞行学员的赛斯纳 172N 教员飞机，在白天 VFR 条件下，在预定跑道进近端上空相撞。飞机在碰撞和碰撞后的大火中被摧毁。赛斯纳 172N 的飞行教员报告说，他从西北方向进入起落航线（五边飞行），并定位在该着陆跑道起落航线（五边飞行）的第三边。在用通用交通无线电频率给该航线的每段发送位置报告后，该飞行员将飞机转向第五边并继续着陆。在接地前，大约距地面 30 英尺的地方，他操纵飞机进入平飘，紧接着就发生了碰撞。飞行教员报告说，在碰撞发生前和过程中，他并不知道另一架飞机的存在。地面上的一位目击者说，两架飞机似乎都在第五边，一架在另一架的上方。这名目击者看不见飞机，不久就看到跑道进近端附近有一团黑烟。雷达记录数据显示,赛斯纳172N的飞行路径是从西北方向下降到机场,并转向着陆跑道的第三边。然后,飞机转向着陆跑道的第四边,紧接着转向跑道的第五边。飞机继续向北飞行,并向跑道下降。雷达数据显示,赛斯纳172飞机的私人飞行员从南面向跑道降落,与直接进近保持一致。该数据进一步表明,当赛斯纳172N在距海平面5 600英尺处转向第五边时,赛斯纳172在距海平面5 300英尺处,继续向北飞行并向跑道下降。FAR规定,驾驶飞机的每个人都应保持警惕,观察并避开其他飞机。事故后的检查没有发现任何证据表明飞机在撞击前出现机械异常。

可能原因:在试图降落到同一跑道上时,飞行员未能保持充分的目视检查以及与另一架飞机的净空。导致事故的原因是飞行员的非标准模式进入。

　　首先获救的飞行教员和学员只受了轻伤,但之后获救的私人飞行员受了致命伤。80%的起落航线(五边飞行)空中碰撞都发生在最后时刻,此时飞行员的全部注意力都集中在即将到来的着陆上。当我们开车时,我们习惯于"车道"思维。这意味着,当我们开车时,只要我们待在车道上,就没人会撞到我们。因此,我们开车往前看,而对其他东西视而不见。在飞机上,我们不能带着"跑道"思维飞行。我们不能过于关注眼前的事物。空中没有道路,另一架飞机可以从任何方向(左、右、上、下、前或后)朝我们飞来。特别是在最后进近时,我们必须四面八方都看,并同时准备着陆。

NTSB编号: MIA95FA224B,佛罗里达州,新士麦那海滩

宇航公司TB-9飞机在短五边进近,在其后上方,Piper PA-38已经从第四边转向第五边。地面上的两名飞行员向飞机发出警告但飞机没有采取任何行动。随后,两架飞机相撞了;TB-9的安定面受损,头朝下坠毁。Piper PA-38着陆,没有进一步的事故发生。地面上的飞行员报告说,看到Piper PA-38正在起飞和着陆,并听见飞行员的位置报告。但只在短五边看见TB-9,并不记得听到飞行员的任何位置报告。他们

表示,很多飞机都有类似的呼叫信号,他们可能错过了这些信号。TB-9
的操作员教他的飞行员在目视进近时,以3度的下滑角,飞行1.6海里的
第五边。其他飞行员表示,这种做法与正常近距进近的飞行有冲突,其第
五边为0.75~1海里。长五边飞行的飞机在较低的高度飞行,飞行员在
进行正常的目视进近时不会看到冲突的航迹。

可能原因:两架飞机的飞行员都没能看到和避开对方。

　　Piper PA-38飞机上的飞行员没有受伤,但TB-9上的3人全都遇难。这
次事故为如下争论火上浇油。

　　自从我飞行以来,当然在那之前很长一段时间,就有过关于起落航线的争
论。在第二个例子中,TB-9从第四边转向第五边撞上了已经在第五边的Piper
PA-38。但Piper PA-38的飞行员报告说,转弯"在1.75英里远的第五边"。
是不是这1.75英里距第五边比较远,以至于使TB-9的飞行员看不见Piper
PA-38甚至认为它已经离开该航线? 在同一个例子中,"TB-9的操作员教他
的飞行员在目视进近时,以3度的下滑角飞行1.6海里的第五边",以及这种做
法与"正常"近距进近的飞行员有冲突,"其第五边为0.75~1海里"。那么,谁是
对的? 规定对这个问题并没有什么启示。FAR-91这样规定(FAR-91.113优
先权着陆规则):"当飞机在第五边着陆或者正在着陆时,相较于其他飞机有优先
权进行飞行或地面操作。"规定还有"……当两架或更多架飞机在机场进近着陆
时,在较低高度的飞机有优先权,但不能借此插在其他在第五边着陆的飞机前
面,或者超过那架飞机"。你可以从两方面解读这条规定。如事故例子中的
TB-9飞行员在第五边,则可以称其有优先权;但Piper PA-38的飞行员也可
以称其有优先权,因为TB-9使用了非常长的五边,并利用它插在其他飞机的
前面。争论还在继续。

　　我相信,如果我在起落航线的第三边飞行中遇到引擎故障,并且不能在跑道
上着陆,那么就是离得太远了。你真的不想每次都完全依靠动力装置到达跑道。
如果我离得太远而不能滑翔回来,那么我的航线就太长了。当然,这时候会迫使
第三边延长,但如果我有选择,我会待在原地。当我在该航线跟随另一架飞机
时,我用"机翼相切(wings crossing)"技术来确定我应该与领头飞机保持多远的
距离。直到我跟随的飞机机翼与我的飞机机翼相切,我才转向第四边。当我在

第三边时,领头飞机在第五边且我的翼梢超过它的翼梢。当机翼切过时,我就转向第四边。先行的飞行员应在第五边宣布他的意图,进行全跑道着陆、连续起飞或全停起飞。如果他忘记宣布,我会问他。这使得为足够的空间做规划成为可能。

　　归根到底,谁有优先权?都有或是都没有,取决于你怎么看待它。我觉得最好的解决方法是通用的飞行员礼仪。飞行员在起落航线时必须一起工作和交谈。在一起致命事故中,谁有优先权真的不重要。完全拥有权力并不好。另一项规定应该取代其他所有规定:FAR-91.111(a)"任何人不得驾驶一架与另一架飞机非常接近的飞机造成碰撞危险"。

NTSB 编号：NYC93FA158B,新泽西州,林肯公园

　　一架赛斯纳172飞行在第四边,准备在01号跑道上着陆,碰撞发生时,正在第五边。一位目击者看到另一架赛斯纳172,在第四边,在撞击前正在从第四边右转到第五边。他看到第二架赛斯纳172撞到了第一架的右边。撞击后,第一架赛斯纳172垂直坠落到地面上,并撞到了道路的东侧,就在第二架赛斯纳172撞击地点的南侧约0.25英里处的沟壑里。空中碰撞后,第二架赛斯纳172飞机的飞行员试图进入跑道,但无法保持高度,撞到了树上。当飞机撞击树后,其右翼分离,并撞上了一辆向南行驶的汽车。两架赛斯纳飞机都有油漆擦痕和碰撞痕迹,汽车上有两人受了轻伤。

　　可能原因：两名飞行员在机场起落航线时都未能保持足够的目视检查,导致了在飞行中相撞。

　　两名单独飞行的飞行员都遇难了。第一架赛斯纳172的飞行员有138飞行小时的飞行经验。这起事故引发了另一场关于起落航线的争论:在不受控机场进近的飞机必须按照规定的起落航线飞行吗?FAR-91.126(a)这样规定,"转弯的方向:在没有操作控制台的机场进近着陆时……每架飞机的飞行员必须使该飞机的所有转弯都向左,除非机场显示获准的灯光信号或指示必须向右转弯的目视标志,在这种情况下,飞行员必须使所有转弯都向右"。很明显。转弯要么向左,要么向右,因此需要一种起落航线。但是,像大多数规定一样,这项规定也可以从两方面解读。一个FAA检查员说这个规定事实上并不要求转变起落

航线。规定要求,"每架飞机的飞行员必须使该飞机的所有转弯都向左",但是如果你不转弯怎么办? 如果你进行直接进近怎么办? 他对规定的解释是,如果你正在转弯,那需要向左转(除非显示向右),但是如果你不打算转弯,那么规定就不适用。

那么,你是必须进行一个标准的三边、四边和五边,还是获得一个 10 英里直接进近的许可? 两种做法都是允许的,但还是以通用的飞行员礼仪为主。我经常驾驶双发动机的客机在不受控的机场进近,通常直接进近对我和我的乘员来说是最好的方案。但我会尽量听远处的交通情况。我询问交通咨询台,希望了解其他人可能处在的地方。如果有其他飞机在一个起落航线上,我会计划和其他飞机一起排队进入该航线的流程。但有时,像在半夜,当我没有听到或看到其他航线时,我会直接进近,来减少起落航线飞越的时间和噪声。

NTSB 编号:ATL93FA82A,佐治亚州,斯泰茨伯勒

一名学生飞行员驾驶一架 AA-1A 飞机,在不受控机场的 5 号跑道上进近着陆,与此同时,一名商业飞行员驾驶一架赛斯纳 414 飞机在 14 号跑道上进近着陆。两条跑道在他们进近末端附近交叉。黄昏时分,两架飞机在交叉口准备接地时相撞了。地面的目击者表示他们看到了赛斯纳 414 上的灯光,但没有看到 AA-1A 上的任何灯光。该地区其他飞机上的目击者表示,他们听到 AA-1A 飞机上的飞行员宣布他在起落航线中的位置以及着陆意图,但没有在通用频率听到赛斯纳 414 飞行员的声音。赛斯纳 414 飞机的飞行员表示,他在通用频率 123.0 宣了在 14 号跑道着陆的意图,而斯泰茨伯勒机场公布的通用频率是 122.8。

可能原因:两架飞机的飞行员目视检查不足。与事故有关的因素如下:AA-1A 飞机的飞行员未能打开导航灯,而且赛斯纳 414 飞机的飞行员选择了错误的通用频率进行无线电通信,来监测和宣布他的着陆意图和位置。

AA-1A 上的飞行员遇难,赛斯纳 414 上也有一人遇难。AA-1A 上的学生飞行员有 79 飞行小时的飞行经验。公共交通咨询频率(CTAF)的发明就是为了阻止这类事故。就在几年前,在 CTAF 发布之前,人们对于使用哪种频率有很大的困惑。一些机场有部分时段控制的塔台,在使用 CTAF 前,我们在塔

台开放时使用塔台频率,在塔台关闭时转到通用频率。这种方法很管用,只是你必须记住塔台什么时候开放和关闭。飞往其他机场的飞行员并不总是知道塔台什么时候关闭,他们会在其他人都已转到通用频率时进行第一次通信。有两用FSS的机场也存在同样的问题。经历了几次事故之后,我们只需要一个不管什么时候都可以使用的频率就足够了。现在这个频率称为CTAF。CTAF频率印在区域图和仪表图上。无论如何,在空中和地面滑行都要在CTAF上进行传送。现在通用频率只用于询问燃油、安排吊挂或使他人联系驾驶舱内的飞行员。

> NTSB编号：NYC89FA135B,佛蒙特州,布拉德福德
>
> 　　一架载有一名商业飞行员和一名学生飞行员的赛斯纳172M飞机在飞行中与一架赛斯纳172RG(可收放起落架)飞机相撞。赛斯纳172RG正在由私人飞行员进行操纵,一名指定的FAA飞行检查员对其进行商业飞行员飞行检查。目击者报告说,两架飞机分别以30度和45度的航向相撞,无明显的规避动作。在撞击过程中,赛斯纳172RG的右水平安定面嵌入赛斯纳172M的挡风玻璃,赛斯纳172M的螺旋桨切断了赛斯纳172RG的尾部,赛斯纳172RG失控坠毁。赛斯纳172M上的飞行员在州际高速公路紧急迫降,受了轻伤,飞机轻微受损。
>
> 　　可能原因：两架飞机的飞行员都未能看到并避开空中碰撞。

这起事故并不是在机场附近发生的。两架飞机在操纵时相撞,赛斯纳172RG在进行商业飞行检查,能见度超过10英里。飞行员的医学证明没有豁免或限制。飞行员的视力很好,但他们却没有使用自己良好的视力。

飞行员必须理解"看"和"避"的概念。任何时候我们都不在云里,我们要为自己的分神负责。即使你有IFR许可,只要你不在云里,就必须对飞机外的其他交通保持警惕。这时空管几乎无能为力。空管每天都能在雷达显示器上看见飞机处于相撞路线上。相撞的两架飞机可能使用任何无线电频率,也可能完全不用,而空管只有一个频率可以呼叫,所以除非一架或另一架飞机的飞行员恰好在他们的频率上,否则他们只能在屏幕上看着两个飞机目标合并。暂停一会,然后会看到两个目标分开,继续前进。空管没有办法向飞行员发出警告,他们永远不会知道飞行员是否是看到了彼此或只是运气好才避免了空中碰撞。空管称这为"大天空(big sky)"理论。这意味着天空真的很大,有很多空间,两架飞机很

可能不会相撞。如果一架或另一架飞机有 C 模式应答器,那么空管就可以知道飞机是如何接近的,但他们无法阻止碰撞。当空管与飞行员在同一频率工作时,才能发出警告,但即使这样,空管也不被要求这样做。交通警告是在"时间共享"的基础上由空管发出的。这意味着,如果他们有时间,他们就会发出警告;但如果他们忙于其他有更高优先级的事情,就不会发出警告。

你可能听过"5 英里环"。新的计算机雷达显示器在目标周围设置一个半径为 5 英里的环,其他飞机不应该穿过这个环,但这个 5 英里环只适用于两架与空管进行通话的仪表飞行(IFR)飞机。在 VFR - VFR(目视飞行规则)或 IFR - VFR 飞机周围没有 5 英里环,唯一能阻止 VFR - VFR 或 IFR - VFR 飞机互相撞击的是飞行员的眼睛。

现在的挑战是看清交通状况,避免看不见的情况。飞行员的视力是非常宝贵的,但光有良好的视力并不能保证其警惕性。飞行员的视力可能是 5.0,但他并不知道如何正确使用他的眼睛。

在飞行中,飞行员必须将其注意力放在内部和外部,对你的眼睛进行"同时"安排。不要在任何一个事情上花费太长时间。遵循类似以下的飞行模式:

(1)向外看左边和后面。

(2)查看飞行仪表。

(3)向外看左翼。

(4)查看飞行仪表,或在导航日志上做一个标记。

(5)从前面的仪器面板上向外看。

(6)查看发动机仪表,或检查图表位置。

(7)向外看右翼。

(8)查看飞行仪表,或改变频率。

(9)向外看右后方。

(10)返回第一步,重复进行。

飞行员使用无线电、图表、导航记录以及识别仪表越熟练,就有越多的时间观察外部。当飞行员向外看时,不应该"扫视"天空,而应该向某个方向看足够的时间,使眼睛聚焦。眼睛在转动时是不能聚焦的。飞行员短暂地从座舱抬起头,快速地从左到右扫视来避免碰撞,没有任何效果。如果不让眼睛停下来聚焦,即使有 5.0 的视力也没什么用。当眼睛看向外面时,飞行员会聚焦在外部视野中的第一件事上。如果第一件事是挡风玻璃上有一只虫子,眼睛就会聚焦在虫子上,暂时忽略其他东西,即另一架飞机。

想象一下，两架飞机正迎面逼近。规定为"当两架飞机正在或将要迎面接近时，每个飞行员都应该向右改变航向"。如果飞行员能看到彼此，这就很管用。但如果他们不能及时看到对方来改变航向呢？

两架飞机相距 3 英里远。首先把两架飞机当作单发动机教员机，每架飞机速度接近 100 节。由于这两架飞机迎面接近，因此接近速度将达到 200 节。飞机以 200 节的速度，从 3 英里远到碰撞需要多长时间？碰撞将在 45 秒内发生，这意味着，如果飞行员不是至少每 45 秒查看一次交通情况，他们就是在盲目飞行。

如果这两架飞机是速度为 100 节的 Piper 飞机和速度为 250 节的利尔喷气飞机呢？它们的接近速度将达到 350 节。如果在这种情况下，飞行员只有 3 英里的飞行距离，那么确认问题和采取规避动作的时间只有 26 秒。如果每个飞行员约每 15 秒扫描一次，那么规避动作的时间间隔大约只有 11 秒。如果飞行员的扫描间隔仅有 30 秒，那么可能会在看不见彼此的情况下相撞。记住，几个空中碰撞的目击者说，他们没有看到飞机采取任何规避动作。几个空中碰撞的幸存者说，他们看到另一架飞机时已经太晚了。

空中碰撞很少是迎面撞上的，大多数事故发生在一架飞机从后面或侧面超过另一架飞机的时候，这意味着我们必须不断观察各个方向。

驾驶舱静默

就像航空公司航班的机组人员一样，在机场附近飞行时遵守静默座舱的规则。在 10 000 英尺以下，他们把所有的驾驶舱对话都限制在手头工作上：保证安全进近和着陆。同样，通用航空的飞行员应该停止进行正常的对话，开始只讨论关于跑道、进场方法和从 10 英里进入机场的交通问题。

在小型通用航空飞机上，驾驶舱和乘客区没有分开，所以每个人（飞行员和非飞行员），都必须遵守静默座舱的规则，所有视线都必须在飞机外部。我曾看见乘客爬进一架小型四人座飞机的后面，拿出一张报纸。你应该让他们知道，他们不是飞行教员，并被要求在整个飞行中作为参与者和观察者。通用航空飞机上的每个人都必须成为机组人员的观察员。我认识一位飞行员，他在每次飞行前的简报开始时，都会拿出一张美元，插在收音机中间。他说，在飞行期间，如果有人在他看到另一架飞机之前指出它，就能赢得这张美元。这笔钱花得值。

我每天开车去上班，都要通过一条以交通事故频发而闻名的高速公路。这是一条狭窄、双车道、蜿蜒的州际公路。在我离开家之前，就知道在这条路上发生事故的概率比其他任何地方都要大。知道了这一点，当危险更大时，我真的会努力集中更多注意力。作为飞行员，我们知道空中碰撞的最大风险存在于机场附近、起落航线上，特别是在第五边进近时。接近机场就像在危险的高速公路上开车。我们知道危险在增加，所以我们必须加强注意力、警戒和无线电通信工作。在查看交通时，你不应该放松警惕，但当你知道危险来临时，必须提高警惕。

幸存者的故事

NASA 编号：409892

我正在以目视飞行返回基地，且正在接收来自进近管制的引导。在被接管之后，我在该区域西南方 5.8 海里处进行呼叫。我呼叫通用频率（频率 123.0）寻求咨询建议，同时在起落航线的另一名飞行员呼叫 15 号跑道的航线。我宣布我将进入 15 号跑道的第三边。45 分钟前，我刚从同一机场 33 号跑道离开。我继续进入了 33 号跑道的第三边和第四边。在从进近切换之前，我一直忙于操纵自动驾驶仪，并有了在 33 号跑道着陆的想法。当我进入 33 号跑道第五边时，一名飞行员从 15 号跑道起飞并从我上方通过，转向右边。他告诉我，我在 33 号跑道而不是 15 号。即使我说的是"15 号跑道"，而实际上在 33 跑道上进行了完美的飞行。

9　燃油管理

与燃油相关的事故可以分为三类：

(1) 燃油污染——通常这些污染物是水。

(2) 燃油耗尽——通常是由糟糕的飞行计划导致的。

(3) 燃油不足——飞机燃油系统管理不当。

2009年,54％与燃油相关的事故是由于糟糕的燃油规划导致发动机燃油耗尽,而这些事故中的42％与糟糕的燃油系统操作有关。虽然一台发动机由于缺少燃油停车时,会发生燃油不足事故,但是飞机其他地方仍然是有燃油的,只有飞行员忘记切换油箱或者忘记转输燃油到另一个油箱才会导致事故。只有4％与燃油相关的事故是由污染引起的。对从2000年到2009年间所有的三类事故统计发现,平均每年有12起与燃油相关的致命事故。非致命事故的数量在整个10年间呈下降趋势,而致命事故则没有变化。

第一个事故案例是非致命事故。因为飞行员未受伤,所以美国国家交通安全委员会(NTSB)没有调查该事故,而是指派联邦航空管理局（FAA)对事故进行调查。结果是,FAA并未到事故现场,而我被指派去进行调查。我拍摄了一些照片,并进行了一些采访。最终,我并不完全同意NTSB发布的事故可能原因声明。

NTSB编号：ATL99LA034,田纳西州,谢尔比维尔

1998年12月14日,中部标准时间10:00,根据飞行教员的说法,在田纳西州谢尔比维尔南约10英里的地方,一架赛斯纳152飞机在试图迫降的过程中与地面相撞。学生飞行员申请了独自转场飞行。对事故现场的调查发现机身受到了严重的破坏,但是学生飞行员没有受伤。

据学生飞行员报告,大约在起飞后 45 分钟,发动机的转速减小。飞行员将油门杆推到慢车位置,并开启了化油器加热。但是发动机转速继续减小,直到发动机停车。飞行员试图恢复所有发动机动力的努力都失败了。在尝试着陆的过程中,前轮组件遭受了结构损坏。

对飞机的调查发现主起组件断裂,发动机的防火墙遭受了冲击损坏。调查还发现在下整流罩附近区域的燃油管路出现裂纹,并且已有未知数量的燃油泄漏。从燃油系统中获得了大约 1 夸脱(约为 1.136 升)的液体,这些液体中的 90% 为清水。在化油器和过滤器组件中同样发现了水。

据报告,在事故发生前两天,飞机进行了加油,当时的加油现场有雷暴活动。加油后未确认是否盖好燃油口盖。飞行员没有报告在飞行前检查中进行了燃油口盖检查与确认。

可能原因:由于飞行员不充分的飞行前检查导致的燃油水污染。

图 9.1 和图 9.2 是事故现场的图片。飞行员尝试进行迫降,但是正如从图 9.1 中看到的,迫降场地从左向右倾斜。飞行员迫降时认为地面是平的,从空

图 9.1　飞行员成功着陆且没有受伤。选择的着陆场地是斜着上坡的。飞行员不熟悉在一个倾斜的场地着陆,没有将飞机充分拉平,以致在接地时折断了前起落架

图 9.2　燃油口盖被恰当地拧紧

中看上去确实是平的，但是地面倾斜导致前轮先接地。接地时产生足够大的力折断前起落架，并使其向后弯曲。飞机就像一个没有前轮的独轮手推车一样沿着坡向上滑行，直到停止。飞行员没有受伤。对事故的描述提到，未对燃油口盖的锁紧状态进行确认，并把可能的原因归咎于"飞行员未能进行充分的飞行前检查"。但从图 9.2 中可以看到，燃油口盖是锁紧的，并且飞机还剩余超过 15 加仑的燃油。报告提到了局部区域有"严重雷暴活动"，但是并没有指出飞行前一天晚间的气温在冰点以下。

此次飞行的早上，学生飞行员和他的教员共同走向飞机。当他们到达时，所有的燃油口盖都打开了，但是加油车刚刚撤离。他们推测刚刚完成加油，打开口盖是出于对飞行员的礼貌。在这种方式下，飞行员能确认油箱已加满油，并亲自锁紧口盖。这个推测结果成了导致事故发生的真实原因。

随后发现，在那天早上，加油车实际上并没有加满油箱。当加油车被开到飞机旁边时，加油员发现油箱已经满了，然后就开车离开了。当加油员继续给其他飞机加油时，学生飞行员、教员和加油员相互之间没有沟通。加油员发现那架飞机已经满油了，但是并没有将口盖盖好，因为他认为飞行员马上就到了而且他们想亲自检查这些口盖。这就意味着口盖打开的时间要比教员想象的时间还长。教员和学员都认为只是在那天早上打开口盖给飞机加油，而实际上在加油车抵达飞机前口盖就已经打开了。口盖打开了多长时间？

进一步的调查发现，飞机最后一次加满油是在两天前——下暴雨前。口盖可能已经打开了两天以致雨水进入了油箱？是的。加油员报告两天前他给飞机加满了油，而且因为当时飞行员也在现场，所以他有意没有将口盖关闭。然后飞行员放弃了飞行。飞行员收拾好自己的装备后返回——并不知道加油员没有关闭燃油口盖让他们进行检查。所以，这架飞机淋了两天雨。

事故发生的那天早上，学生飞行员和教员一起见证了两个主油箱和机腹油箱的排水过程。起飞检查时的温度仍然在冰点以下，但是两人随后都报告从三个油箱中未流出受污染的燃油，一切看上去正常。我一直认为因为水的密度比油大,所有的水都能汇集在油箱的最低点,从最低点可以将水排出。确实是这样的,但是油箱的内部并不总是完全光滑的。油箱内部有些地方是可以积水的。是否有可能在两天的时间里,雨水已经进入油箱并聚集起来,在远离排水口的地方结冰了? 当进行燃油采样时,流出的是未受污染的燃油,而结冰的燃油并不在油箱中。

事故大约发生在早上 10 点。从图 9.1 可以看到,天空中并没有云,太阳照耀着大地。起飞时的温度已经升到冰点之上。绝大多数的燃油污染事故发生在起飞滑跑时或在起飞后很短的时间内。从起飞开始的这段时间间隔足以使得燃油系统中的水到达化油器。但是直到飞机起飞后 45 分钟,发动机才出现问题。是升高的温度融化了油箱中的积冰,并在飞行途中污染了燃油? 调查报告显示:"从燃油系统中获取了大约 0.25 升的液体,90% 的液体是水。在化油器和过滤组件中同样发现了水。"如果在起飞前油箱进行了排水检查,没有发现水,那么45 分钟后出现的水是从哪儿来的?

值得注意的是在一夜间温度从冰点以下升高的情况。走到机翼的尽头,轻轻地将翼尖上下推动。这可能有助于将水移动到油箱和燃油系统中的最低点,在这里,水可以从排水管中排出。并且记得盖上口盖。加油员认为他没有将口盖盖上是为了给飞行员提供方便,这样飞行员就能亲自确认燃油的油量,但是在这种情况下,事故发生前的两天发生了一系列的事件。没有将口盖盖上,雨水,飞行前那天晚上冰点之下的低温——所有这些因素共同作用导致了这起事故的发生。

下一个案例是一架飞机在起飞滑跑时失去了动力。后来在燃油系统中再次发现了水。

NTSB 编号:MIA91FA210,佛罗里达州,迈阿密

目击者报告说,听到起飞滑跑时发动机运转不稳定,但是飞机还是继续起飞了。起飞后不久,飞行员通过无线电报告塔台他遇到了发动机问题,正在进行远离机场的迫降(紧急着陆)。飞机被观测到转向了一个合适的着陆场,并开始下降高度。大约在 100AGL 的高度,飞机向左倾斜,朝着一个居民区飞去。飞机与一栋住宅相撞,爆炸成一团火焰。检查发现发动机吸入了水。这架飞机有一周没有飞行,并且这期间都停在户外。在飞行前的一周下了很大的雨。

可能原因：飞行员未能将燃油系统中的水排掉。还有一个原因是当发现问题后，飞行员仍然决定继续起飞。飞行员选择了一个比较差的迫降着陆场地，其实是有一个更好的场地可供选择的。

已经发生了多起与起飞滑跑中发动机出现刺耳噪声，而飞行员选择继续起飞有关的事故。一个飞行员后来说由于新耳机的质量原因，他没有听到发动机的刺耳声。我们在耳机上做了大量的工作以减少噪声，但是这些需要减少的噪声把我们需要听到的声音也给掩盖了。我赞成使用耳机，但是随着耳机变得越来越好，这会引发一个大问题。

这起事故与第一起事故有一些相似之处。两架飞机都被放置在户外。两架飞机都有好几天没有飞行，在最近一次飞行后，两个地方都下了雨。可能的原因都提到了"飞行员未能将燃油系统中的水充分排尽"。但是有一个差别，第二起事故发生在 8 月份的迈阿密，那时是没有结冰的风险的。

每次飞行都要牢记燃油检测和测试的基本原理。从每个油箱中抽取样本，确定样本后不要急着扔掉。首先要将干净的样本杯与白色的物体做对比。我通常如此。这样做更容易确认样品的颜色是否正确。如果今天你能获得的是航空 100LL 燃油，它是蓝色的。下一步，闻样品的味道，确认它是汽油，而不是煤油。加油员将赛斯纳 152 错误地当成一架涡桨飞机是基本不可能的，但是一些奇怪的事也确定已经发生过，而且错误的燃油是能加到不适合的飞机中的。写在飞机上的"涡轮"两个字指的是涡轮增压活塞发动机。但是"涡轮"被误解成"涡桨"，被当成了涡桨发动机。我经常飞一架 10 人座的活塞发动机飞机。之前有过两次，两次都是在大型机场，加油员开着一辆 JetA 燃油的加油车来到飞机前，认为这是一架涡桨飞机。通常，当你的飞机在加油时，你也应该在现场，这是有好处的。

当进行燃油采样时，在丢弃燃油样本之前，应该确认它确实是燃油。它有可能完全是一杯水。当在杯子中混入少量水时，很容易看到杯子底部有一些气泡。但是一满杯没有气泡的纯净水，可能看上去就像是一杯纯净的燃油。记得要检查液体的颜色和气味。

即使按照绕飞机一周的方式进行检查，我也总是会返回，再次检查行李舱舱门是否锁上，油尺是否放回原处，燃油口盖是否盖好并锁紧。这些是我在上飞机之前最后要做的事。

NTSB 编号：BFO89FA062，弗吉尼亚州，克拉斯特斯普林斯

学生飞行员在飞行中通过无线电报告发动机正在失去动力。根据另一个飞行员的说法，这名飞行员在通话过程中听起来很慌张。飞机坠毁在一块开阔地域的小池塘里。飞机的损坏情况表明，飞机以很大的下滑角撞向池塘。对飞机的检查并没有发现机械故障的证据。对油箱加油口下部的左机翼表面进行检查，发现燃油口盖未拧紧。在一次未拧紧左燃油口盖的相似飞机上进行飞行试验，结果显示，口盖会向后移动并被连接它的链条限制。在测试中，燃油从左侧油箱被吸出。燃油性能计算表明，飞机在飞行过程中会消耗多达 13 加仑的燃油。飞机最多能装载 30 加仑燃油，每个油箱 15 加仑。

可能原因：飞行员未能进行充分的飞行前检查，导致燃油口盖未关闭。另外，在飞行过程中飞行员未能及时监控燃油的供油情况也是导致事故发生的一个重要原因。

这起灾难发生在 Beech 77 Skipper 飞机上。学生飞行员有 103 飞行小时的飞行经验。机翼通过上表面产生较低的压力从而产生升力，但是加油口也在机翼的上表面。如果燃油口盖未拧紧，则产生升力的低压将会像个吸管一样把燃油从油箱中吸出。

NTSB 编号：CHI96FA073，内布拉斯加州，哈勒姆

在中部标准时间 15:54，飞机起飞离开得克萨斯州达拉斯市，飞机起飞总重为 2 382.3 磅。飞机最大起飞重量为 2 081 磅。大约起飞后 4 小时 15 分钟，飞行员通过通用频率报告飞机的燃油不足。很快，他报告飞机耗尽了燃油，准备进行场外着陆。在夜间迫降时，飞机碰到了电线，并与地面相撞。事故后，总共从飞机的燃油系统中放出了 30 盎司①的燃油。

可能原因：供油不足，再加上飞行员不合适的规划/决策，导致燃油耗尽。夜晚也是导致事故的一个因素。

---

① 1 盎司≈28.3 克。

　　这起事故发生在 Piper Cherokee 140 飞机上。这个私人飞行员有着 139 飞行小时的飞行经验，受到了致命的伤害。这被认为是一起燃油耗尽（飞机的油箱中不再有燃油）引发的事故。这架飞机在飞行 4 小时 15 分钟后，仍然有 30 盎司的燃油。飞行员忘记了时间吗？难道飞行员认为还有额外的燃油，还是因为起飞时飞机超重了？难道是燃油仪表显示有比实际还多的燃油吗？唯一能回答这个问题的人没能活下来。但是燃油仪表的问题需要解决。我总是听到有人说燃油的测量不需要十分精确，除非没油的时候，但是以我的飞行经验来看那都是空谈。确实是这样的，但是允许这样操作的规章很难找到。这条规章来源于《民用航空规范》（CAR），从未被取代过。特别地，CAR 3.672 确实是这样规定的，但是很可能在一个藏书丰富的图书馆才能找 CAR 的微缩胶卷。这条规章确实说了，只有在油箱是空的时候，燃油仪表才真实反映油箱的状态。当油箱中有燃油时，仪表的读数只是一个大概的读数。因此，你不应该相信油箱仪表的读数。相反，应该使用燃油消耗时间。事故中的飞行员应该在飞行 4 小时 15 分钟之前就着陆，即使仪表显示还有燃油。

　　在不知道飞机装载油量的情况下，切记不要起飞。我更愿意加满油箱，这样我就能准确地知道飞机的油量。我并不通过将手指伸入油箱的方法（获得飞机的油量信息）。我听到过飞行员说"没问题。我能摸到燃油。"不，那是有问题的。如果是出于重量的原因，你选择在起飞时不加满油，那么请将一个校准的油箱指示器放入油箱。你可以买一个或者自己做一个。

　　首席飞行员指派一名飞行教员在某天对一名飞行员进行一年两次的飞行检查。飞行教员和这名被检查的飞行员在这之前素未谋面。起飞前，飞行员开始进行飞行前检查。当这名教员抵达现场时，飞行员正在机翼上面目视检查燃油状况。教员问道："燃油怎么样？"飞行员回答："很好。"飞机升空 1 小时 20 分钟后，飞机耗尽了燃油。当飞行员回答燃油"很好"时，他究竟想表达的是什么含义？他认为很好是因为他能够伸入油箱够得着燃油，还是仅仅根据目视估计认为很好？而教员又是什么意思呢？难道他不是问我们有多少加仑的燃油嘛？迫降过程中没有飞行员受伤，他们几乎是靠滑翔返回机场的。但是他们还是没能完美着陆，他们撞上了机场的安全围栏，机场被毁了，教员的履历也被毁了。他马上要到美国航空公司面试，但是由于这起事故记录在他的 FAA 文件中，面试被取消了。无法保证那天的油量真是一个价值 100 万美元的失误啊。

NTSB 编号：FTW89FA155,俄克拉荷马州,保罗斯瓦利

在飞行员开始此次飞行之前,这架飞机在附近的机场加满了油。飞机从俄克拉荷马市飞往蒂肖明戈的过程中一直使用右侧油箱的燃油(前一名飞行员也是使用这个油箱的燃油)。当天返回俄克拉荷马市时,正好是夜间,飞行员的父亲发现右侧油箱的仪表显示没有燃油,而左侧油箱显示是满油状态。但是飞行员找不到燃油选择阀,他向空中交通管制中心(Air Route Traffic Control Center,ARTCC)寻求帮助,此时发动机失去了动力。刚好有一名熟悉 PA-28 飞机的飞行员在 ARTCC。等到他被找到并将相关信息告诉飞行员时,飞机几乎快要撞到地面了。等到飞行员找到燃油选择阀时,飞机撞到树林坠毁了。后来,飞行员说在飞机内部进行检查时,他从未进行过起落架和燃油选择阀操作检查。他认为燃油选择阀应该在地板上,位于两个座椅之间,但是实际上位于副驾驶的左侧墙上,靠近飞行员的左膝盖。燃油选择阀指向没有燃油的右侧油箱。

可能原因：飞行员不恰当的规划/决策,缺乏对操纵飞机程序的理解,在管理燃油供给中不会合理使用燃油选择阀导致燃油不足,以及当发动机失去动力时飞行员不知道如何采取紧急程序。教员未能提供充分的转换训练、飞行员不熟悉这架飞机、夜晚和树林都是引发这起事故的重要原因。

燃油不足指的是当发动机停车时,在飞机的某些地方仍然还有燃油。有时燃油系统的某个组件失效,会导致无法从远处油箱向发动机供油。有时,就像这起事故一样,仅仅是因为飞行员不知道怎样转换油箱。事故发生在一架 Piper Cherokee 180 飞机上,当时飞机上共有 3 名乘客。飞行员有 83 飞行小时的飞行经验,另一名乘客在事故中幸存下来,但是受到了严重的伤害。飞行员的父亲首先发现了两侧仪表读数不一致的情况,但是他在事故中遇难了。

在所有的事故分类中,有一个共同的主题。你必须熟悉你飞的飞机,以便飞得更安全。对飞机熟悉不意味着可以不进行安全检查(insurance checkout),也不意味着可以粗略地浏览飞行员操作手册。所有的飞行员都应该知道飞机是如何工作的。至少,要熟悉动力、电气、液压、飞控和燃油系统。

NTSB 编号：LAX91FA106，亚利桑那州，弗雷多尼亚

22 岁的飞行员和 3 名乘客开启了他们 3 天的布莱斯峡谷和大峡谷观光之旅。飞行员有着 72 飞行小时的飞行经验。他们租用的这架飞机在夜间起飞，起飞时飞机超重 68 磅，并且重心超过了允许的后限 1 英寸。他们到达第一个目的地并在那里观赏了一天的美景，然后再次趁着夜色出发前往大峡谷。当时的天气有点阵雪。预计 56 分钟的路程实际在 13 400 英尺的平均海平面高度上迂回跌宕地飞行了 1 小时 39 分钟。飞机起飞时每个油箱装有可供 1 小时 40 分钟飞行的燃油。在事故发生的地点，飞机的右油箱仍然是满油状态，而左油箱已经耗尽。燃油选择开关位于左油箱。飞机大约在 7 000 英尺的平均海平面高度以水平螺旋的姿态撞到山上。

可能原因：飞行员尝试在不利的天气条件下进行目视飞行，未注意到空速的变化，导致飞机失去控制。飞行员未能充分认识到自身能力的限制，以及缺乏对飞机使用限制的了解，也是引发这起事故的重要原因。

这起事故导致 4 人死亡，本来是可以避免的。不要游玩一整天后接着继续飞行，也不要在工作了一天后继续在夜间飞行。飞行员迷路了，这会花费更多的时间，消耗更多的燃油。他或许是忘记了切换油箱，或者是根本不知道要切换油箱。当发动机停车时，飞行员变得惊慌失措，尝试找到燃油选择器。在他的努力过程中，飞机失速，进入尾旋。

NTSB 编号：MIA92FA173，密西西比州，皮卡尤恩

一名私人飞行员驾驶飞机带着一名乘客开始一次 2 小时飞行。当时飞机每个油箱大约各有 20 加仑的燃油。直到两天后才发现飞机坠毁在一片树林里。飞机飞行 2 小时大约要消耗 19 加仑的燃油。燃油选择器位于左侧油箱，而且左机翼相比于右机翼受到的烧伤损坏较轻。没有证据表明动力装置或机身在事故前存在故障。

可能原因：飞行员没有将燃油选择器指向油量更多的油箱，从而导致在不适合的地形中飞行时，燃油不足导致发动机失去动力。

这架 Beech A23 - 19 飞机的左半部分受到的烧蚀较少,这是因为左侧油箱中没有燃油。发动机停车导致飞机坠毁,但是机上右油箱仍然是满的,这是一件很恐怖的事情。在这起事故中,飞行员具有 75 飞行小时的飞行经验,他连同乘客一起遇难了。

通常,事故原因是相互叠加的。有很多燃油管理不当与失速/尾旋紧密耦合的案例。当中断向发动机供油,发动机停车或是表现出要停车的样子时,会严重吸引飞行员的注意力。飞行员疯狂地想控制住状况,但都将第一要务给忽视了。飞行员的注意力从操纵飞机转移到处理特情。如果完全忽视了飞行,那么很快燃油将是飞行员最不关心的问题。一台发动机因为缺少燃油而停车是很糟糕的,但是失去对飞机的控制更糟糕。

NTSB 编号：MIA90FA106,佛罗里达州,马可岛

飞行员在 11:30 采用目视飞行的方式,驾驶飞机离开佛罗里达州那不勒斯机场。在 13:00 到 14:00 之间,这架飞机在佛罗里达州马可岛机场进行了即停即走,然后在未知时间离开。在 17:00,就在一个海湾发现了这架飞机的残骸,但是当时其被认为是一艘沉船。民间航空巡逻组织在 19:25 发现了这架飞机,并通知了当局,当局立即到达坠机现场。飞机中的记录和霍布斯表显示飞机已经飞行了 4 小时 36 分钟。飞机性能图表明飞机在飞行 4 小时 24 分钟后耗尽了燃油。没有在坠机现场发现燃油,也没有证据表明飞行员(在起飞前)购买了燃油。物理迹象表明飞行员在飞行过程中失去了对飞机的控制。飞机失速了,并向左转动,最终撞到水面。没有证据表明飞机的动力装置、机身或者飞行控制出现故障。

可能原因：飞行员不合理的规划和决策,导致燃油耗尽,以及在迫降过程中因疏忽造成飞机的失速/尾旋。

当发动机失效时,用以下方法处理:一边飞行,一边查找问题,再一边解决问题。首先,飞行员必须始终掌控飞行。这意味着飞行员必须维持飞机的空速,以避免飞机失速。如果发动机停车,则飞机变成了滑翔机。发动机失效并不会使飞机的气动力消失。如果飞行员继续驾驶飞机,飞机仍能产生升力。然后,找到一个地方着陆。如果你在崎岖或多山的地形飞行,可能没有更好的选择。这应该是进行飞行航路规划时考虑的一个因素。如果没有合适的地方可供着陆,

而刚好一台发动机故障，你应该选择另外一种方式。如果这里有可供着陆的地方，尝试将飞机操纵到正常的起降航线。如果你顺风接近着陆场地，就能够对飞行高度做出很好的判断。你已经无数次进行起降航线进近，所以在紧急情况下，根据你的判断进行操作。如果可能，则还要记得如何在风中着陆。最后，尝试修正飞机，即检查化油器加热，切换油箱，检查磁发电机是否打开，以及调整混合设置。每架飞机都有一个问题检查清单。

用边飞行边查找边修正问题的方式解决问题，能提供最大的成功概率。如果不按照顺序来，首先尝试解决问题，而未能将飞机控制住，那么飞行员可能（在没能解决问题的时候）失去对飞机的控制。

NTSB 编号：MIA93FA065，波多黎各，阿瓜狄利亚

在这起事故发生前一天，这架飞机加了 12 加仑的燃油，并且飞行了三次。事故飞机起飞时携带有未知重量的燃油，随后在空中耗尽燃油，发动机停车。在紧急下降过程中，一名飞行员在飞机速度大于机动速度时，使升降舵偏转到最大位置，导致机翼前梁损坏。这架飞机几乎垂直落下，并以低头的姿态与地面相撞。在事故现场对飞机进行检查，没有发现飞控系统失效或故障的迹象。检查发现燃油系统没有剩余燃油。对翼梁断裂面进行金相检验表明事故前不存在裂纹或腐蚀。飞机起飞后大约飞行了 30 分钟。左侧的学生飞行员是机上唯一授权操纵飞机的飞行员。目前还无法确定这位私人飞行员乘客为何在飞机上。

可能原因：在飞行速度大于机动速度时，由未知的飞行员输入过量的升降舵控制引起机翼前梁损坏。由于飞行员缺少经验，加上糟糕的飞行前规划/决策导致的燃油耗尽，推动了这起事故的发生。

如果发动机停车，飞机必须能够飞行。因一些未知的原因，这架 Ercoupe F-1 飞机的飞行员粗暴地操纵驾驶盘，导致机翼破坏。仍然不清楚究竟是哪一个飞行员拉了驾驶盘。这名飞行学员有 15 飞行小时的飞行经验，位于左驾驶位置。如果他承担主驾驶的职责，那么他非法携带了一名乘客。位于右座的私人飞行员本应该充当主驾驶，而学生飞行员作为他的乘客，但是通常主驾驶应当位于左边。我们不可能知道原因，因为两名飞行员都遇难了。

很多年前，一名飞行员在赶往 NACAR 比赛的途中耗尽了燃油。他和他的

3位朋友在飞机上。当发动机停车时,天正逐渐变黑,但是飞行员成功地以最小的伤亡降落。当地的媒体到达了事故现场并采访了这名飞行员。在第二天的晚间新闻中,这名飞行员站在飞机的残骸边上,说道:"我不知道问题是什么,我和我的伙伴们每年都会参加飞行比赛,而且我们总是能成功到达。"

很显然,这名飞行员并没有根据飞机的地速计算过燃油消耗。仅仅因为在某一天成功地从 A 点飞到 B 点,并不意味着在另外一个风向不同的日子也能成功地从 A 点飞到 B 点。这是每一个飞行员都应该知道的事实。这名飞行员做出上述的陈述是令人难以置信的。那周晚些时候的一个晚上,我正在讲授仪表飞行的课程。那周恰好在讨论 IFR 飞行规划,并提到燃油计算对 VFR 是十分重要的,尤其对 IFR,更为重要。我使用那位赶往赛场的飞行员在途中耗尽燃油的例子作为课程内容。我可能说了这样的话:"这位飞行员怎么就犯了这样的错误? 他一定从未这样考虑过。"我继续上课,最后收拾东西,学生们也开始陆续走出教室。最后一个离开教室的是一个坐在后排的男士。他没有立即离开,反而走到了教室前面。我注意到他有一双黑色的大眼睛。你猜到了。他就是那个耗尽燃油的飞行员。"嗨! 先生,我就是那个飞行员。"他说道,"但是你不必到处谈论这起事故吧。"

风直接影响到燃油消耗。很明显,如果你迎着风飞行,飞机沿着地面飞行的速度会比较慢。这意味着将花费更长的时间到达你要去的地方,在空中的时间和发动机运转的时间都会更长,同时也意味着会消耗更多的燃油。飞行员应该计算转场飞行的燃油消耗。起飞前,根据风速计算地速。然后测量沿途检查点之间的距离。当地速和距离已知时,你就能计算出需要花费多长时间才能到达目的地。当你到达某个检查点的上空时,比较一下花费的时间与你预计花费的时间。你计算的绝大多数时间将会很接近实际所用的时间,但是有时也会有所差别。如果你比预期更快到达——那是极好的。也许你遇到了顺风或者逆风的强度小于预期,但是也有很多航班要比预期晚到达检查点。比预期晚到达检查点意味着你比预期飞行得慢,而且消耗了更多的燃油。如果在整个飞行过程中都是这样,你将需要比你规划更多的燃油。当发生这种状况时,飞行员必须意识到并且需要找一个加油点。遇到与预期不同的地速并不是常见的。记住我们用来计算地速的风是在空中预测的。这些预测通常是很精确的,但是它只是预测,并不是实际的风速。预计可以是错误的。当你在实际的风中飞行时,你将会获得比预测更准的风速信息。

如果你在飞行过程中从不计时,则不可能知道是比计划提前到达节约了燃油,还是比计划晚到达耗尽了燃油。因此,需要在每个飞行段进行两次计时。

有一个很多飞行员都没有意识到的风效应。你可能听说过,"每种风都是逆风"。怎么会每种风都是逆风呢? 有时风也是在我们后面的(虽然这种情况很少)。这种影响涉及往返的旅程,即飞行员出发时是逆风,而返回时是顺风。逆风飞行额外花费的时间不能由返程时顺风所节省的时间弥补吗? 逆风飞行额外消耗的燃油不能被返程时顺风飞行节省的燃油所抵消吗? 不能,确实不能。任何类型的风作用起来都像逆风一样,因为只要有风,当你往返飞行时,就会比没有风时花费更多的时间。

图 9.3 为无风时一架飞机从机场 A 飞行到机场 B 的示意图。为了简便,我们假设机场 A 和机场 B 之间的距离为 100 海里,飞机的真空速为 100 节。这意味着正好去程花费 1 小时,返程花费 1 小时,总共 2 小时。而图 9.4 显示了同样的旅程,但是此时有着速度为 25 节的风。去程的是逆风,意味着飞机的地速为 75 节(100 节的真空速减 25 节的风速)。以 75 节的速度飞行将会花费 1 小时 20 分钟。但是返程则会有一个很大的顺风。返程时额外增加的速度能弥补去程时速度较慢所多花费的时间吗? 我们返回时的地速将会是 125 节(100 节真空速加上 25 节顺风风速)。速度为 125 节时,将会花费 48 分钟。记住,无风时需要花费 2 小时。但是有风时则会去程花费 1 小时 25 分钟,返程花费 48 分钟。

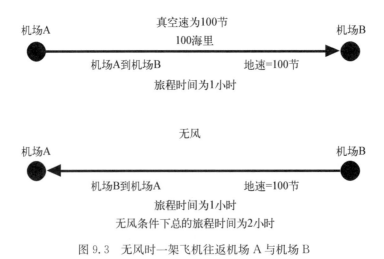

图 9.3　无风时一架飞机往返机场 A 与机场 B

有风时,整个旅程将花费总计 2 小时 8 分钟的时间。顺风节省的时间并不能弥补逆风所多花费的时间。当有风时,还会多消耗燃油。在地面上时,这不会有什么大不了的影响。为什么逆风和顺风的影响不能相互抵消? 因为当存在逆

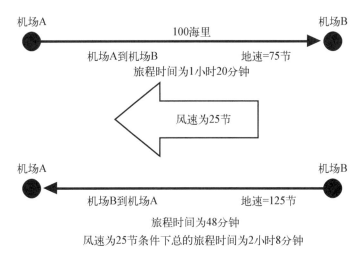

图 9.4　风速为 25 节时一架飞机往返机场 A 与机场 B

风时,地速会较小,所以逆风作用在飞机上的时间会较长。返程的顺风,由于其作用的时间较少,其产生的收益较少。所以,对于任何类型的风,当涉及燃油计算时,必须认为这会导致燃油消耗的增加。一些不理解这个事实的飞行员耗尽了燃油,还不知道这是为什么。

如果你担忧飞机上的燃油油量,那么你应该规划一个备份着陆。这并不意味着必须在场外着陆,但是应该尽快进行可行的着陆。如果你能被雷达识别,那么交通管制员能够帮助你找到最近的机场。当你通过无线电表述燃油情况时,使用正确的术语是很重要的。无论何时,你担忧要进行的备份着陆时,你应该说:"我遇到最小燃油告警了。"最小燃油告警并不是一个紧急通告,但是它会使你赶紧处理。

当涉及燃油时,不要有任何碰运气的想法。对于小飞机来说,每次起飞都应该加满燃油,除非你是基于重量考虑才减少了油量。如果你这样做,你应该计算飞机的重量和配平,并知道需要减少多少燃油。随着飞机携带的重量增加,飞机的航程逐渐减小。当只有你和一个朋友在机上时,你可能会在满油的情况下进行一次直飞的旅程,但是如果你携带了三个朋友和相应的野营装备,那么你不得不在中途降落进行加油。为了在合适的重量下起飞,你必须为每个人和每个装备取出一磅燃油。每取出一磅燃油,飞机的飞行段就短一分。每次都要计算,并且要计算准确。如果你近期没有完成过基于重量的燃油规划,或者在对一架你不熟悉的飞机进行规划,那么请找一名飞行教员。耗尽燃油是不可原谅的。燃油规划和对飞机的充分了解是能够消除燃油管理不当引发的事故的。

幸存者的故事

NASA 编号：409296

阿尔图纳飞行服务中心提供的天气简报表明 VFR 第一阶段为边际目视飞行（MFVR），而在剩下的 1/2 旅程部分，天气条件将得到改善（经过俄亥俄州赞斯维尔后）。当前的天气表明能见度好于 MVFR 的要求，在整个飞行的第一阶段，雾中的能见度为 2～6 英里。受天气影响的空域遍布惠灵、西弗吉尼亚和赞斯维尔。我计算的地速为 90.3 节，真空速为 105 节，总航程为 306 英里，时间估计为 3 小时 23 分钟。机上燃油预计可以使用 4 小时 30 分钟。在飞行中我遇到了一些问题，必须走一条更靠西的航线，以维持 VFR 飞行所需的天气条件。我在赞斯维尔的西部飞行了一段时间之后又返回了位于赞斯维尔南部的航线。我大约多花费了 30 分钟的时间以避开不利气象条件的区域。随着我逐渐接近列克星敦，我对燃油的状态感到不安，但是仍然在预估的时间范围内。当距离列克星敦东北 50 英里时，我决定在 FGX 机场加油。我在机场上空盘旋并着陆，但是被告知现场没有燃油（油箱已经被取消了）。我在着陆时得到这个信息，随即决定不关闭发动机，而是继续前往列克星敦。我计算的总飞行时间为 4 小时 10 分钟。但是在飞行了 4 小时 5 分钟后，发动机在距离列克星敦 6 英里的地方停车了。我联系了列克星敦机场，通过无线电通报由于燃油耗尽需要在下方的一块草地上着陆。在地面，我通过手机和列克星敦机场取得联系，并安排他们运送一批燃油过来。我估算了一下距离和飞机的起飞性能，加了 10 加仑的燃油，然后在松软的场地上起飞，并在列克星敦蓝草机场降落。回过头来看整个过程，如果能在飞行中进行更好的燃油管理，并/或在燃油储备方面考虑人员的因素，问题本是可以避免的。日后，储备 1 小时的额外燃油再加上更好的燃油管理，将会预防此类问题再次发生。

NASA 编号：408776

当我快要着陆时，发动机停车了。我判断是由于燃油耗尽导致的。我被告知这架飞机有 4 小时的可用燃油，并且基于此做出判断。现在我认为那个时间太乐观了。我在一个远离人员和房屋的凹凸不平的场地上迫降，并宣布进入紧急状态。霍布斯表记录的时间为 3.4 小时。我成功地完成了安全着陆，同时没有对飞机和财产造成损坏，也没有伤亡。飞机进行了检查后从高速公路上起飞离开。现场有警察协助并维持交通秩序。

　　机上的两名飞行员进行了一系列糟糕的决定。第二名飞行员说他计算的燃油是基于"别人告诉他"的数据。那架飞机上的机长究竟是谁？第一名飞行员计算得到需要 4 小时 10 分钟的油量，但是他知道这一点后，仍然在空中飞行，似乎对飞机在距离终点只有 6 英里时燃油耗尽感到沮丧。尽管这些飞行员没有受伤，但是似乎他们没有从中得到教训。

10 飞行员健康

飞行员必须习惯于体检,学生飞行员证书既不是从联邦航空管理局(FAA)获得的,也不是从飞行教员或者主考官处获得的,而是从医生那里获得的。医疗认证程序旨在确保飞行员的健康问题不会直接影响飞行操作,降低因健康问题危害飞机安全的概率。下面有一个案例。

> NTSB 编号：ERA11LA496,亚拉巴马州,塞拉卡加
>
> 2011 年 9 月 18 日,一架试验轻型运动飞机在起飞爬升过程中发生了致命事故。飞机大坡度右滚,机头向下坠入跑道附近的一片草地里。飞机俯仰轴没有失控,而飞行员却进行了升降舵配平。飞机残骸检查证明撞击前没有发生机械故障。该飞行员的有效 FAA 三级医学证明是事故发生 8 年以前获批的。事故前几个月,飞行员再次申请了 FAA 三级医学证明,由于其有冠心病、高血压、淋巴瘤和糖尿病病史,因此 FAA 推迟了证件发放。尸检结果显示起飞过程中其心脏病突发。
>
> 可能原因：在起飞过程中,飞行员因心脏病失能,导致飞机失控坠毁。

所幸事故未造成附带人员伤亡。尽管可能有其他原因未被提及,但飞行员有心脏相关疾病史确是导致事故的一个因素。

不是所有飞行员都需要通过 FAA 体检。当 FAA 核准了运动飞行员证书,也就认可了使用美国颁发的飞行员驾驶执照作为健康证明。只要 FAA 体检没有取消、暂停和撤销,飞行员就可以使用驾驶执照代替 FAA 医学证明。2009 年开始,医疗证明认证期限标准放宽。现在对于学生飞行员和私人飞行员来说,年龄 40 岁以下的,两次体检最长间隔为 60 个月。这表明飞行员在飞行中突然失能非常罕见,极少因此引发事故。与飞行员健康有关的事故通常与体检间隔期

内的自我诱发问题相关,规章明确了体检间隔期内的健康问题,并要求飞行员"自我调节"。你可能持有体检证书,但生病后你需要吃药治疗。规章要求飞行员在不能安全操纵飞机的情况下必须暂停飞行。我曾经胳膊受伤以至无法在飞行时操纵飞机,直至我恢复健康。FAR-61.53要求:禁止在治疗未完成前驾驶飞机。就是说,一个人在以下条件下不应该担任机长或者飞行必需的机组成员:① 明知或者事先了解到本人的健康状况不符合飞行员操作所必需的体检标准;② 正在服药或接受其他治疗,可能导致无法满足获得作为飞行员的体检证书。这意味着如果你正在经历任何可能导致身体缺陷的事情,那么你就应确保自己退出飞行任务。这并不意味着你必须放弃你的体检证书,只是说当你因流感而服用药物期间,你应当放弃飞行。

涉及飞行员健康的事故可以归因为疲劳、压力、使用非处方药及处方药、饮酒、使用非法药物及吸烟等因素。

10.1 疲劳

航空公司、飞行员和飞行教员都有工作时间要求,这些规定旨在限制飞行员的工作时间,以避免因疲劳产生安全问题。2000年,阿肯色州两名飞行员因疲劳驾驶将飞机滑出了跑道,之后FAA更改了航空公司对后备飞行员的工作时间要求,在特定航线上不再安排后备飞行员,仅作为应对打电话请病假或没有按时出现的飞行员可能导致的航班取消或延误。2000年之前,后备飞行员必须在45分钟内到达航班,并在24小时内等待上班(如果需要的话)。这意味着飞行员可能在某一天的23点被叫去执行飞行任务,飞行任务可能需要8小时,如果飞行员知道他们将在这8小时内工作,他们本可以尝试早点睡觉,但他们不可能知道,而且在任何时候说睡就睡也不是一件容易的事情。因此,后备飞行员经常会发现他们在第24小时至第30小时内一直需要保持清醒,而在这段时间结束后,他们的工作量才是最繁重的。在一般情况下,一家航空公司大约20%的飞行员在任何时候都处于后备状态。

2000年后的新规禁止飞行员工作超过24小时。如果飞行员处于待命状态并需去执行飞行任务,那么他的飞行任务必须在24小时内结束。如果一个飞行行程需要6小时(一次飞行可能有多个中间的临停),那么必须在24小时内的第17小时之前通知后备飞行员,后备飞行员才能在剩下的7小时内到达机场并完成飞行任务。但是目前,17小时后,后备飞行员不能进行6小时的飞行,这意味着航空公司需要更多的后备飞行员。这一事实促成了20世纪90年代末前所未有的飞行员招聘热潮。

通常执飞商务或休闲的通用航空飞机的飞行员没有这样的工作时间要求，很难制定一个规则来覆盖这种情况。与疲劳相关的典型通用航空事故提到的是一名工作了一天（非飞行工作）的飞行员，在其完成了一天的工作后，又开始飞行。这种情况通常发生在工作周的最后一天，飞行员很希望完成工作安度周末。与平常一样，他们在 7:30 到 18:00 的工作时间去解决充满压力的工作，当他们最终解决所有的问题后，在日落前离开。回想一下上一章中的事故案例，一个飞行员和他的朋友们花费了一天的时间徒步爬山，然后在天黑后进入飞机，当你已经工作了 10 小时或者 12 小时后，再上飞机你不可能处于最佳状态。

> NTSB 编号：SEA94FA129，怀俄明州，罗克斯普林斯
>
> 尽管由于当天早些时候已经飞行了 7 小时而感到疲惫，飞行员还是决定和其他两名乘客进行一次当地的观光飞行。当飞机在天黑后返回机场附近时，该地区有雷暴，并伴有强风。飞机降落时，下降率过大，导致飞机左翼擦地。
>
> 可能原因：着陆过程中下降率过大。引发因素包括黑夜、飞行疲劳和地面调度安排等。

该私人飞行员驾驶赛斯纳 182B 飞机，共有 115 飞行小时的飞行经验。这起事故还涉及其他因素，但是最有可能的原因是飞行员因长时间工作而感到疲劳。飞行员在事故发生的前一天飞行了 7 小时，但这并不意味着他那天只工作了 7 小时。飞行教员被要求在任何 24 小时内最多只能进行 8 小时的指导工作。作为一个以飞行教员谋生的人，很多时候我都接近 8 小时的工作时间极限。我知道为了完成 8 小时的工作，你不得不在机场待 12 小时。请记住，飞行教员不会连续飞行 8 小时。这 8 小时来自 6 个或者 7 个私人飞行课程。每个飞行课程都会有飞行前准备和飞行后讨论，有加油、调度和午餐等。每天 8 小时的飞行很容易变成 12～14 个工作小时。

> NTSB 编号：LAX91FA040，亚利桑那州，金曼
>
> 这位 57 岁的飞行员为了避开即将到来的坏天气，在当天晚些时候起

飞,进行了 7~8 小时的转场飞行。两天前,他刚进行了狩猎活动。第二段行程开始于漆黑的夜晚,他已经输入了 VFR 飞行计划,设定了巡航高度为 12 500 英尺。雷达数据显示,飞机一度爬升到 13 100 英尺;且近 3 小时的飞行路线是一条迂回曲折、起伏不定的路线。在飞机最后 10 分钟的飞行中,飞机沿着航迹逐渐下降,在大约 5 700 英尺的高度撞上了山峰。事发地距离他的目的地还有 1 小时的飞行时间,事发时飞行员没有携带氧气。朋友们表示,他经常在跨州飞行中"小憩",让自动驾驶仪控制飞机。他的自动驾驶仪不具备高度保持功能。

可能原因:没有保持在正确的高度。导致事故的原因:飞机上缺少氧气供应,飞行员疲劳,错误使用自动驾驶仪,飞行员自满。

昏昏欲睡的飞行员与醉醺醺的飞行员一样危险。飞行员在安排他们的日常飞行计划时必须有良好的判断力。私人飞行员没有休息时间的要求,但可以参考商用飞行员的要求。我以前的一个学生在联合航空公司担任波音 767 机长,每月飞行 10 小时(飞往巴西圣保罗)。由于飞行时间长于他们规定的工作时长,他们必须带上额外的飞行员,这样他们可以在飞行途中交换。他们必须带上一个称为"食饭者"的飞行员,这位飞行员通常在起飞后 2~3 小时就待在头等舱中,然后,"食饭者"飞行员就到驾驶舱中交换其中一位飞行员休息,在到达目的地之前,"食饭者"飞行员返回头等舱吃晚餐。他们既不操纵飞机起飞,也不操纵飞机着陆,他们仅进行直线和水平飞行,以及吃东西。工作时间要求也适用于空乘人员。有一次,在他从圣保罗返回时,空乘人员没有按时到达,刚从纽约过来的空乘人员已经超过了工作时间限制,所以他们不能继续工作了。飞行员已经做好了出发的准备,但他们不得不让乘客下飞机,因为没有空乘人员来完成这趟旅程。当所有的旅客都下了飞机后,飞机关闭机舱门返回纽约。无论如何,他们都必须返回,以便将飞机上的货物送到目的地,并让飞机执行下一个飞行架次。你能想象你被赶出飞机,然后飞机继续飞行吗,你会有多沮丧。这一切都是为了限制疲劳对飞机安全的影响。如果专业人士能够做到这些,那么作为私人飞行员,我们也应该在精力充沛、休息很好、注意力集中的时候飞行。

幸存者的故事

NASA 编号：409069

我参加了一次飞行表演，星期六下午离开，在飞行营地露营了两天，睡得很不好。那天下午我很累也没有喝水，头天晚上刚执行过飞行任务，降落前由于交通繁忙，我一直忙于切换主辅油箱。起飞前我检查了机翼油箱的燃油，但是无法直观地检查辅助油箱的燃油。我在飞行中排 5 号，飞机电池在启动时出了问题，延迟了我的滑出。我到达起飞区，在没有完成检查单的情况下，没有选择主油箱供油（我当时很匆忙，因为我后面还有一架飞机在等我）。通常在起飞前我会做一些配置检查：配平、磁电机、发动机除冰、襟翼和燃料。我放下襟翼至起飞位，然后停下等待，当时跑道指挥员正在指挥我。我使用辅助油箱起飞了，收回起落架和襟翼后，在 300 英尺高度耗尽了燃油。我切换至主油箱，启动燃油泵，但发动机没有恢复。我选择把起落架放下，但起落架还没放下之前飞机已经降落到跑道上了。发动机停止，起落架支柱弯曲，但是人没有受伤。经验教训：① 不要在油箱油量少于 1/4 的时候飞行；② 遇到特殊情况，检查要更加仔细；③ 使用任务检查单，不要遗漏正常程序，哪怕花费较多的时间；④ 确保你休息好，同时保持身体健康。

幸存者的故事来自航空安全报告系统。该飞行员又累又急，忽视了飞行前检查单的一些内容。还有一点，就是他在前方仍有可见跑道的时候收起了起落架。如果他能等到没可见跑道的时候再收起落架，他就可以完成一次正常着陆，飞机也不会受损。

10.2 压力

飞行员必须不带情绪地工作。这意味着我们必须把起飞前的情绪问题留在地面上处理。如果我们的注意力集中在账单支付或与家人的争吵上，我们就不能安全飞行。请不要在飞行时来"跑题和思考"。

NTSB 编号：NYC89FA121，缅因州，奥古斯塔

起飞后不久，飞机就撞进了泥潭，距离 8 号跑道 197 英尺，低于跑道

水平面 22 英尺。观察到整个坠机过程的目击者说,飞机在撞击前没有偏离航线也没有进行滚转。没有证据表明发动机或机体存在问题或发生故障。飞机螺旋桨前缘上有很深的条痕。证据表明飞行员没有系安全带,飞行员被扔出了飞机残骸。该飞行员是一个投资银行家,正在带薪休假,当时他的金融交易正在被调查。

可能原因:飞行员在进近时没能保持正确的姿态。与事故相关的一个因素是飞行员的心理状态。

这是一个在 Beech B19 飞机上有 164 飞行小时经验的私人飞行员。没人知道飞行员在本应考虑安全着陆的时候,是否在考虑他的财务调查。但飞行员的心理状态作为导致事故的原因是很罕见的。这次飞行在白天进行,云层很高,可见度为 15 英里。

10.3　使用非处方药

现在有数百种药物可以随时购买。有些看似无害的药物(如阿司匹林),在飞行时可能产生不良影响。请记住,飞行会把人带到氧气浓度减少的高海拔区域。如果你服用了药物,在地面上可能不会有不良反应,但随着高度增加,氧气浓度降低时,可能会产生不同的反应。

NTSB 编号:CHI95FA114,明尼苏达州,拉什城

一位女性目击者报告说,她在飞机进入起落航线时观察到了事故的发生。她描述了飞机的弹跳和滚转:从一边滚到另一边,然后突然坠落到地面。机场管理员估计"东南风,风速 30 节"。飞机残骸检查表明撞地前没有发生机械故障。该飞行员在事故前 7 个月刚获得私人飞行员执照。申请执照时,飞行员已有共计 64.7 飞行小时的飞行经验。医学检测发现飞行员血液中含有氯苯那敏 0.021 微克/毫升和苯海拉明 0.098 微克/毫升。正常治疗水平分别为 0.016～0.070 微克/毫升和 0.100 微克/毫升。氯苯那敏和苯海拉明是许多感冒和过敏药的活性成分,会引起嗜睡。

这位驾驶 Maule M-5-235C 飞机的私人飞行员死亡。飞行员体内发现的药物是一种常用的非处方药，且体内药物含量属于正常的剂量。这不是"服药过量"或用药不当。飞行员只是得了感冒或者过敏，他可能一直在服用治疗感冒或过敏的药物，没有什么影响。但当药物进入血液时，它会吸收并限制血液中的氧气含量，然后当飞机爬升到一个空气稀薄的高度时，就会产生更为严重的不良影响。

NTSB 编号：ATL97FA029，北卡罗来纳州，罗克斯博罗

在仪表条件(IMC)下起飞后不久，飞行员与进近控制中心进行了一次无线电呼叫，35 秒后，飞行员宣称"我没法呼吸了"，空管试图协助飞行员，但是却无法联系到飞行员。雷达数据显示，飞机左转弯并上升到 1 400 英尺。转过 270 度后，飞机的飞行轨迹变得飘忽不定。飞机最后出现在雷达上的位置在机场以南 2 英里、高度 1 300 英尺的地方。在起飞 4 分钟后，飞机失控并撞向丛林。在调查过程中，没有发现无法呼吸的具体原因；不管怎样，在撞击过程中飞机大部分损毁。对飞行员肝脏的医学测试显示可待因含量为 0.345 微克/毫升，右美沙芬含量为 0.134 微克/毫升，右旋糖酐含量为 0.249 微克/毫升，还检测出了微量吗啡。血液测试显示，存在未确定含量的阿片类药物，这类药物包括可待因和吗啡。发现的这些成分与含有可待因的止咳糖浆是一致的。可待因是一种麻醉性止疼药和止咳药，能够产生判断受损和反应延迟等问题。

可能原因：由于空间定向障碍，飞行员未能保持飞机控制。与事故相关的因素如下：飞行员使用了未经批准的药物，飞行高度较低，能见度低(雾)，不确定的环控系统异常。

环控系统故障(第 3 章)已经是一个非常严重的问题，如果飞行员再因服用了止咳糖浆导致方向感丧失，肯定会发生事故。该私人飞行员驾驶一架 Mooney M20C 飞机，他肯定没有意识到像止咳糖浆这种看似无害的东西可能是致命的。如果在吃药后飞行，这种药物可能变得比它本应治愈的疾病更加危险。因此，飞行的时候最好不要吃药。

10.4　使用处方药

FAA 颁布了一个药物清单，如果一个人服用了该清单中的药品就无法获得

FAA 医学证明,该清单会随新药测试和上市而不断更新。如果你现在正在服用处方药,而且想要开始执行飞行任务,那么你将不得不和 FAA 药检人员探讨药物使用方案。如果你已经是一名飞行员,并且持有医学证明,那么就要注意你服用的那些药。我曾经有一个学生就是因为服用了药物清单中的药,医学证明被废除。在某些情况下,可以服用不在药物清单中的替代药物。

我和大学的学生在一起工作的时候发现有一些人在小时候服用了哌甲酯。虽然每个个体不同,但一些学生依然被 FAA 拒绝提供医学证明,直到他们停止用药 10 年。其中一些人在 10 岁或 12 岁之前一直在服用哌甲酯,这使得他们不可能在大学里成为飞行员。他们的父母不知道这个 10 年的规则,并且对他们的孩子已经服用了那种药物感到深深的遗憾。在这里我不是给医疗建议,但确实应该咨询 FAA 的医生关于处方药的使用。

> NTSB 编号:FTW95FA106,路易斯安那州,阿诺德维尔
>
> 乘客报告说:当飞机在朋友家附近盘旋时,忽然听到"哔"的一声,飞机开始"快速下降"。一名目击者说:"我听到发动机旋转声,看起来飞行员似乎想要把飞机拉起来,但飞机撞到了树上,滑入水中,很快就沉了下去。"对失事飞机的检查发现发动机在撞击前未出现机械异常。医学检测结果显示,飞行员血液中含有安定(0.289 微克/毫升)和去甲西泮(0.364 微克/毫升)。安定是一种抗焦虑和促进肌肉松弛的药物,不允许在飞行中使用这种药物。
>
> 可能原因:飞行员在低空盘旋时未能保持足够空速,导致意外失速,随后与地面发生碰撞。导致事故的一个因素是飞行员在飞行中服用了一种未经批准的药物。

这架赛斯纳 150 飞机的飞行员死亡,乘客受轻伤。此外,飞行员体内的药物含量处于"治疗"水平,这意味着飞行员服用了推荐剂量。但在飞行中没有推荐剂量,而是不准。

10.5 饮酒

当看到一起酒后飞行事故时,我感到很惊讶:喝醉酒了开车很疯狂,而喝酒开飞机同样很疯狂,一个训练有素的飞行员肯定不会干出这种事来。但是我错

了,酒精首先会影响一个人的判断力,然后会带走一个飞行员安全飞行的心理防线。

所幸这类事故非常少。2000—2009 年,因酒精、非法药物和不正当使用药物造成的死亡事故共 59 起。2000 年有 12 起致命事故,而 2009 年只有 2 起,总体呈现下降趋势。当你比较与酒精/药物相关的飞机事故和汽车交通事故时,你会发现,飞行员的责任要比汽车驾驶员的责任大得多。希望飞行员比汽车驾驶员要更加谨慎、细致和负责,但不排除可能存在一些隐藏酒精/药物的事故。其他类别事故(失速、着陆、夜间飞行等)也可能涉及酒精和(或)药品,但不是主要原因。不论如何,航空安全协会报告说,只有不到 1％的航空事故涉及酒精和(或)药品?你能对汽车事故说同样的话吗?

> NTSB 编号:BFO86FA021,弗吉尼亚州,切萨皮克
>
> 在飞行前,有人在一个酒吧里看到了飞行员。然后他和另外三个人开车去了机场。据报道,那天天气很糟糕,因大雾导致能见度很低。过了一会儿,飞行员说他要绕机场滑行,并邀请其他人加入。其中两个人登上了飞机,但第四个人担心安全,拒绝同去。飞行员启动引擎,滑行到跑道尽头,飞机起飞并向右转弯,然后目击者就看不见飞机了。过了一会儿,他就听到飞机坠毁的声音。调查显示,飞机与树木相撞,坠毁在机场 28 号跑道末端东北方向约 500 英尺处,撞击前未发生机械故障。医学检测显示,飞行员血液酒精浓度为 0.08％,尿液酒精浓度为 0.14％,乘客血液/酒精浓度为 0.03％和 0.07％。

飞机上的三个人都死了,第四个人因没有上飞机幸免于难。该私人飞行员在 Piper Cherokee 140 飞机上有 123 飞行小时的飞行经验。FAA 规章禁止飞行员在酒精浓度大于 0.04％时操纵飞机。但该飞行员的酒精浓度为 0.08％,是飞机上三个人中最高的。

> NTSB 编号:BFO94FA134,缅因州,大湖溪
>
> 这次飞行的目的是游览波坎古斯湖。当飞机飞行在湖面上方时,飞行员做了一个 90 度爬升。一名目击者说,飞机上升约 300 英尺高,"几乎

完全失速"。目击者说,"我相信飞行员推了驾驶杆,因为机翼保持水平"。飞机垂直向下坠落,撞到了水面上。许多目击者说,他们听到发动机在整个操纵过程中一直运转,直到撞击发生。事故发生后,机体和发动机检测显示没有异常情况。一位目击者在湖岸拍摄的照片显示,飞机升降舵处于后缘向上的位置,飞行员的血液酒精浓度为 0.075%。

可能原因:飞行员在没有恢复足够高度的条件下尝试了一个大机动动作。事故的一个因素是飞行员因饮酒而机能受损。

Piper PA-150 飞机中的私人飞行员和观光旅客丧生。飞机撞击水面前的照片显示升降舵后缘上偏,表明飞行员正在拉杆。但是如果飞机失速,拉杆则会导致更大的失速,而不是重新恢复。

NTSB 编号:MIA84FA042,佛罗里达州,里奇港

飞机在发动机熄火后硬着陆,撞到了树上。幸存乘客说,他在一家酒吧遇见了这两名飞行员,他们在那里喝啤酒,接着去了机场,驾驶飞机飞了大约 70 英里,然后去另一个地方继续喝酒。他们带上啤酒返程,在返航过程中,发动机停车,重新启动,并再次停车。乘客证实没有着火,因为没有燃料。两个油箱都没有发现燃料。在后座的地板上发现了一个有塑料衬里的硬纸盒,里面装着冰块和啤酒。两名飞行员的血液酒精含量分别为 0.217% 和 0.386%。

这是已知最明显的与酒精有关的事故。FAA 禁止飞行员酒精含量在 0.04% 以上飞行。其中一名飞行员的酒精含量为 0.386%,已经属于由呼吸麻痹引起的无意识和(或)死亡的一类(见表 10.1)。这是一个由学生飞行员和私人飞行员组成的 Piper PA-22 机组。不清楚是谁在操纵飞机,只知道那个有 75 飞行小时飞行经验的学生飞行员坐在左座上。该学生飞行员的三级医疗证明已经过期。后座乘客虽伤势严重,但幸免于难。这类"事故"真的不应该称为事故。在这个事故里,没有任何受害者,只有"自愿者"。

酒精是一种"合法"药物,但如果与飞行结合,酒精就会成为"非法"药物。饮

酒后 8 小时"不得驾驶飞机"的规则有时也是不够的。许多因素(如飞行高度)结合在一起,使酒精对身体产生影响。酒精比氧气更容易被血液中的血红蛋白吸收,所以首先进入大脑的是酒精,而不是氧气。这就是为什么会让人感到喝醉的感觉——大脑缺氧,这就是所谓的组织缺氧。那么当你把一个已经缺氧的大脑带到一个氧含量更低的高度时,能力丧失就会增加。每增加 10 000 英尺高度,酒精对身体的影响就会翻倍。如果你不能思考,你就不能飞行。

10.6　使用非法药物

在我们的社会中,有一定比例的人使用非法药物,所以我想肯定有一定比例的飞行员也使用非法药物。

> NTSB 编号：ATL95FA088,佐治亚州,拉恩塔
>
> 这位没有仪表飞行经验的私人飞行员在起飞前收到了一份天气简报,他被告知在滑行起飞后将进入雨和雷暴的区域,塔台人员问他是否注意到这个信息,飞行员回答说是。起飞后,他飞往北卡罗来纳州的罗利。一家发电厂的目击者说一架小飞机在撞到工厂的混凝土烟囱之前,听到了其飞行的声音。然后,他们看到飞机从云层底部坠落,左机翼折断,飞机旋转着撞到地面。被撞烟囱有 880 英尺高,顶部被云层遮住了,在距烟囱顶部大约 75 英尺处发现了撞击痕迹。医学检测发现飞行员血液中含有 0.005 微克/毫升的四氢大麻酚和 0.011 微克/毫升的四氢大麻酚羧酸(大麻代谢物)。
>
> 可能原因：飞行员的判断和表现受到了药物影响,目视飞行(VFR)进入仪表飞行条件,无法清晰地看清目标(高耸的烟囱)。

这架赛斯纳 172N 的飞行员独自一人在白天飞行,事故致其死亡。

> NTSB 编号：LAX92FA112,加利福尼亚州,北棕榈泉
>
> 在 100～500 英尺高度进行了一系列 45 度至 60 度的转弯时,一名学生飞行员丧失了情景意识。一名飞行员目击者报告说,这一活动持续了5～10 分钟,直到飞机突然拉起,失速,并以机头近乎垂直向下的姿态撞

击到地面上。飞行员的血液酒精浓度为 0.12%。此外,在飞行员的血液样本中还检测到甲基苯丙胺和苯丙胺。

可能原因:由于酒精和药物对身体机能的影响,飞行员在低空机动中未能保持空速。造成事故的因素还有飞行员情景意识判断力变差,没能保持足够的高度。

该学生飞行员的三级医疗证明已过期,还带着一个非飞行员乘客。飞行员在驾驶赛斯纳 150 飞机前服用了酒和药物,结果导致自己和乘客死亡。

NTSB 编号:LAX96FA223,加利福尼亚州,布尔穆达斯普林斯

一名目击者说,飞机降落在 28 号跑道上,然后又起飞了。飞机起飞后,在跑道上空加速,然后以很大的俯仰角向上爬升。当它还在爬升时,突然向右滚转并向前低头,飞机继续低头垂直俯冲,直到从视野中消失。一位飞行教员在上一次起飞时看到了飞行员。他说在那次飞行中,飞行员将机头向上拉,直到近乎失速才将飞机改平。飞行教员警告了该飞行员,但飞行员回复说他只减速到 50 节。因第二次违反飞行禁令,该飞行员被要求交出其飞行执照,停飞 120 天。该飞行员的血液医学检测结果显示:酒精 0.113%、甲基苯丙胺(兴奋剂)0.862 微克/毫升、苯丙胺(兴奋剂)0.032 微克/毫升、四氢大麻酚羧酸(大麻代谢物)0.005 微克/毫升和一定量的四氢大麻酚(大麻代谢物)。测试结果还显示:飞行员尿液中酒精含量为 0.164%,体液中酒精含量为 0.143%。乘客血液中四氢大麻酚含量为 0.009 微克/毫升,四氢大麻酚羧酸含量为 0.028 微克/毫升,甲基苯丙胺含量为 0.878 微克/毫升,苯丙胺含量为 0.009 2 微克/毫升。

可能原因:飞行员的判断和表现受到了酒精和药物(甲基苯丙胺、苯丙胺和大麻)的影响,复飞后过度机动,且未能保持足够的空速,导致飞机失速撞地。

这不单纯是一次事故,而是犯罪。因飞行员杀了自己和另外两个人,故有人可能会说这是谋杀/自杀。这个拥有 110 飞行小时赛斯纳 172 飞机飞行经验的

私人飞行员，因两次饮酒驾驶，被取消了飞行权力。这一次是针对他的"欢送"活动，飞行前他仍然服用了大麻、酒精和甲基苯丙胺。真糟糕，没告诉任何人，他再次飞向天空。

酒精和非法药物相关的事故只占总量的一小部分，但这一小部分又存在一个致命地带。在所有与酒精和非法药物有关的事故中，有 62％飞行员的飞行时间超过 50 飞行小时，但低于 350 飞行小时。

酒精和非法药物在飞行中相互影响。当不受到酒精或药物的影响时，飞行员会清楚地思考，并且在被取消飞行权力时不会考虑飞行。但是在饮酒和（或）使用非法药物之后，他们正常的理性思维就消失了。他们失去了良好的判断力，就可以说服自己、相信自己能够正常飞行。但事实上，他们能够飞行的想法是一种症状，即酒精和（或）药物已经对他们产生了影响。

FAA 民航医疗协会（CAMI）提供了酒精引起的影响清单：

（1）判断（对正常的告警的漠视）。

（2）肌肉反射的速度和强度。

（3）压抑和忧虑。

（4）技能反应与协调。

（5）对现有能力的洞察。

（6）理解和良好的注意力。

（7）视觉和听觉的效率。

（8）责任感。

（9）反应相关性。

（10）在昏暗的灯光下看东西的能力。

（11）记忆与推理能力。

（12）情景意识。

这份清单包括判断力、视力、听力、协调性、理解力、责任感和情景意识。这些都是飞行安全的原则，每一条都会被酒精影响。

每个人的生理机能都有所不同，受酒精和药物的影响程度也不同，一般取决于以下几个因素：胃中食物的种类和数量、体重、身体脱水的程度以及食物消耗的速度。肝脏每小时可以过滤大约 1/3 盎司的酒精。

美国国家运输安全委员会（NTSB）使用人体血液中的酒精含量作为检测标准。血液酒精含量百分比被用来确定是否"合法"饮酒的标准。表 10.1 由 CAMI 提供，针对血液中的酒精浓度。

表 10.1 血液中酒精含量对人体的影响

酒精浓度/%	状 态
0.01～0.05	普通个体正常含量
0.03～0.12	轻度舒适、健谈、抑制力下降、注意力下降、判断力受损、反应迟钝
0.09～0.25	情绪不稳定、丧失判断能力、记忆力和理解力受损、感觉反应减弱、轻度肌肉不协调
0.18～0.30	困惑、头晕、情绪反常(愤怒、恐惧、悲伤)、视觉受损、痛觉减退、平衡能力变差、步态不稳、说话含糊不清、肌肉中度不协调
0.27～0.40	冷漠、意识模糊、麻木、对刺激的反应明显降低、严重的肌肉不协调、不能站立或行走、呕吐
0.35～0.50	无意识、反应减弱或消失、体温异常、昏迷、可能死于呼吸系统失能

CAMI 还提供了一份关于超剂量药物和飞行环境的清单：

1) 缓解疼痛/发烧

消食片、阿司匹林、百服宁：耳鸣,恶心,呼吸急促,增加血液稀释剂的效果。

对乙酰氨基酚：大剂量肝毒性。

布洛芬——艾德维尔、摩特灵、努普林：胃部不适,头晕,增加血液稀释剂的效果。

2) 缓解伤风/感冒

抗组胺药——曲普利啶、苯海拉明、切腊科耳、康泰克、氯苯那敏、马来酸溴苯那敏、德里斯坦、奈奎尔、盐酸羟甲唑啉喷鼻剂、派德等：镇静,头晕,协调障碍,胃部不适,视力下降,增加其他药物的镇静作用。

减充血剂——阿弗林鼻腔喷雾剂：过度刺激,头晕,加重高血压和前列腺疾病。

止咳药——氢溴酸右美沙芬、惠菲芬等：视力模糊,胃部不适,增加了镇静剂。

食欲遏抑剂——苯丙醇胺、盐酸苯丙醇胺：过度刺激,头晕,头疼,干扰高血压药物治疗。

兴奋剂——咖啡、茶、可乐、巧克力：过度刺激,头疼,干扰高血压药物治疗。

10.7 吸烟

吸烟对飞行也有危害。吸烟有长期和短期的影响。长期影响包括肺气肿、心脏病和多种癌症等疾病。美国公共卫生报告指出，（长期）吸烟人群死于癌症的可能性是不吸烟人群的 20 倍。即使短期吸烟也会影响飞行安全。一氧化碳（CO）占吸烟烟雾总量的 2.5%，在雪茄烟中更多。如果一名飞行员吸 3 支烟，可能导致其血液中一氧化碳的浓度达到 4%，一氧化碳被血液中的血红蛋白吸收的速度比氧气快 250 倍，所以更多的一氧化碳而不是氧气被输送到大脑和其他组织。这大大降低了飞行员的高度承受能力和夜视能力。

FAA 制定了"我是安全的"计划来帮助飞行员在飞行前评估他们的安全飞行能力。"我是安全的"代表病痛、药物、压力、酒精、疲劳、情绪。如果你能诚实地说这些因素在你执行飞行任务前都不影响你，那么你就可以飞了。但其中任何一项对你的安全飞行都会造成不利影响。我们一直使用飞机检查单来确保安全操作，使用"我是安全的"计划作为你身体的检查单。

11 夜 间 飞 行

夜间飞行是航空飞行中最宝贵的经历之一。夜间飞行会有很美好的体验，但是相比于白天飞行更具挑战性。当你不熟悉夜间环境，又没有很多飞行经验时，就会非常危险。如果你在 90 天内能够完成三次完整的夜间起降，那么你在白天飞行也没有问题。但是反过来就行不通了，你能在白天完成起降，但在夜间却不一定。

当你在夜间飞行时，飞机并不知道这是夜间。空气动力特性在白天和夜间是一致的，操纵面、飞行仪表和罗盘等与白天运行也是一致的。唯一不同的是，人身体对于夜间的反应。眼睛夜间看事物的方式与白天不一样，摄氧量更多，且很多灯光会干扰我们，造成错觉，错误在夜间极易被放大，误差边界也变窄。根据运输统计部门 2010 年的数据，12.6％的通用航空飞行是在夜间进行的，但有17％的致命通用航空事故也发生在夜间。如果白天和夜间的飞行风险一样的话，那么数据应该是 12.6％的飞行时间对应 12.6％的事故发生率。夜间事故发生率显然更高，这表明夜间飞行比白天飞行更危险。从更长的时间范围来看，从2000 年至 2011 年，20.6％的致命通用航空事故都发生在夜间。

1997 年，对私人飞行员证书的要求进行了变更。变更强调了夜间飞行，飞行训练必须包含 3 小时的夜间飞行，需要至少进行 100 海里的夜间转场飞行，并包含 10 个完整的夜间起降。不过，对于夜间飞行，既没有飞行检查要求，也没有后期状态检查要求。这意味着这 3 小时的飞行训练需要学生飞行员自己积极主动。对飞行员来说，他的整个飞行生涯可能都不会有夜间飞行的测试和评估。

夜间飞行的燃油储备规定也不同。FAR‑91.151 要求飞机装载的燃油除了能够到达目的地外，还应可以再维持 45 分钟的飞行。而在白天的储备规定是30 分钟。这主要考虑到夜间燃油不足比白天更加严重，在白天你可以看到农场或者开阔区域用于紧急降落，在夜间就没有这种可能。回想一下燃油管理那一章的一起事故，一个飞行员没能转换油箱而坠机。这个事故发生在夜间，不大可能成功迫降。

天气也是夜间飞行的一个危险因素。2000 年至 2011 年间，共有 1 039 起目视飞行条件的通用航空夜间飞行事故。其中接近一半(464 起，44.6%)是致命事故。但仪表飞行条件的夜间飞行更加致命，共有 339 起仪表飞行条件的事故，其中 80%(271 起)是致命的。

关于致命夜间飞行事故的一项调查揭示了导致事故发生的四个原因：

(1) 夜间错觉。

(2) 恶劣天气时无参照物的黑夜。

(3) 良好天气时无参照物的黑夜。

(4) 障碍物。

11.1　夜间错觉

NTSB 编号：SEA97FA215,华盛顿州,布雷默顿

为了拜访朋友，一个私人飞行员到一个不熟悉的机场，请求租赁一架飞机。飞行员准备带着他的朋友在夜间越野飞行，但是他没有把他的飞行执照权限告诉与他同行的飞行教员。飞行教员在检查该飞行员的飞行日志时，没有注意到距离飞行员完成 3 飞行小时的夜间飞行时间已经过去了 2 年。尽管飞行员不符合明文规定的夜间飞行要求，该经营机构随后还是允许飞行员租赁了飞机。在飞行返回机场时，飞行员告诉管理员说他很难定位机场，在最后的进近过程中，飞机撞到树上，最后掉到了一个 3 英尺深的池塘里，距离跑道只有 0.5 英里。机场跑道的下滑道目视指引灯(VASI)由于例行维修没有打开，且警告(NOTAM)也出了问题。残骸检查显示坠落前未发生机械故障。前座乘员因未系肩部安全带而溺亡。

可能原因：飞行员对到机场的距离和高度判断错误，导致未能维持净空。导致事故的因素包括黑夜，飞行员无法做出合理判断，缺乏夜间飞行经验，对于地理环境不熟悉，下滑道目视指引灯故障，以及经营者调度不当。

该私人飞行员拥有赛斯纳 172 飞机共计 132 飞行小时的飞行经验。人在夜

间看不到任何东西，所以大脑会有间歇性空白的趋势，这会引发各种各样的错觉。规章明确要求，机场跑道两端要有净空区域，没有树、电线杆或者其他建筑物。如果飞机利用跑道远端距离拉长触地点或可以短跑道着陆，则可以允许有额外余地。但在夜间这些净空区域就成了黑暗地带。在大型机场，该黑暗地带布满了跑道进近灯和导向灯阵列。在小型机场，最多会有一个 VASI 或者更新型的精确进近轨迹指示灯（PAPI）。事故当晚，VASI 正在维修，所以飞行员只能看到大片黑暗中的跑道灯轮廓，穿过这片黑暗地带到达不确定的机场跑道。这会让飞行员惊慌，因为你无法看到净空区域端在哪里以及哪里有树。

夜间的错觉很有可能成为一种陷阱。如果习惯了在宽跑道上降落，窄跑道则很有可能欺骗飞行员。飞行员都知道在短五边上机场跑道看起来像什么样子，但在进近时看到的跑道要比平时窄很多，就好像比通常看上去的位置更高一样。在 50 英尺高度（AGL）观察一条 50 英尺宽的跑道，与在 100 英尺高度（AGL）观察一条 100 英尺宽的跑道，比例是一样的。因此，狭窄的跑道看上去似乎更远。这意味着你会比预想更快地到达地面。当飞机在夜间差点撞在跑道上时，应该猜测这有可能是窄跑道所引起的错觉在作怪。对闪烁灯光也要小心，如果跑道灯好像在闪烁，这意味着有东西正在从眼睛和灯光之间穿过，可能是树枝或者电线。在最终进近时需要保证所有的灯都是不变的，而不是闪烁的。如果有灯在闪烁，赶快爬升。

我们的眼睛有两种"胶片"：白天和黑夜。由于人类已经习惯于日光，所以我们有更多的白天"胶片"，称为"锥状细胞"。锥状细胞是光感细胞，排列在眼睛的后面。光线穿过眼睛前面的晶状体投射到眼睛后面的锥状细胞上。锥状细胞通过视觉神经把信息传送到大脑同时产生白天的视觉景象。在昏暗的光线下，发挥作用的细胞叫"杆状细胞"。在眼睛后面，由锥状细胞和杆状细胞组成视网膜。白光细胞，即锥状细胞集中在光线聚集的中间部位。夜间细胞，即杆状细胞则分布在边缘，眼睛会尝试把图像聚焦在视网膜上锥状细胞集中的区域。但是，在夜间这就成为问题了。因为在聚焦点处没有夜间杆状细胞，这会导致视觉分散，即昏暗的光线从聚焦点落在有杆状细胞的边缘附近。当眼睛试图从远离聚焦点的地方定位光线时，光线似乎会移动。观察到光线在动而光线实际没有动的现象称为"似动现象"。

杆状细胞还需要时间去适应。当一个人从一个明亮的房间走进一个昏暗的房间时，一开始几乎看不到任何东西。但是过一会儿，在昏暗房间里的视力会变好。这是因为杆状细胞产生了一种叫"视网膜色素"的物质。这种化学物质包裹住杆状细胞需要一定的时间。但是一开始杆状细胞完全暴露在亮光下，视网膜色素很少，导致人失去夜间视力。这就是为什么飞机舱板使用红光，因为红光不会破坏夜间视觉。如果在夜间飞行且必须用白光，那么可以闭上一只眼睛以保护另一只眼睛的夜间视力。在黑夜，逐步地关闭驾驶舱照明灯，这样眼睛可以适应得更好，也能提升对外界的视力。但是在暴风雨中要小心，闪电会瞬间让视力消失，这也是应尽量远离暴风雨的原因之一。

　　高度也会影响夜间视力。大脑是身体中耗氧量最大的器官，眼睛是大脑的延伸，所以氧气含量的降低会让视力下降。没有充裕的氧气，眼球外肌会变得虚弱无力以及不协调，这会导致视力模糊、难以聚焦。在夜间这种影响会更加严重，因为产生视网膜色素需要氧气。民用航空医学协会建议非承压飞机在夜间飞行高度超过 5 000 英尺时，需要补给氧气。但规章中没有提到夜间飞行补给氧气的高度下限，所以即使没有氧气，飞行也是合法的。但是这并不安全。

11.2　恶劣天气时无参照物的黑夜

　　　NTSB 编号：ATL92FA185，亚拉巴马州，萨曼莎

　　飞行员在午夜起飞前不久收到了一份天气简报，并申请了目视飞行。在飞行航线上预报有云层，在飞行途中飞行员联系空管说他迷航了。他的对话表明他在云层里，雷达信息表明飞机航向和高度飘忽不定。随后，飞机急剧俯冲撞向地面。该飞行员在事故发生的 3 个月之前，刚拿到他的私人飞行员执照。他的飞行员履历上指出他已经完成了仪表飞行课程，以及共计 7 飞行小时的仪表飞行模拟训练。

　　可能原因：飞行员飞行前准备不充分，缺乏经验，在目视飞行中遇到需要仪表飞行的天气状况，随后出现空间定向能力障碍。夜间环境、云层和飞行员迷航是主要的因素。

　　这次飞行发生在从密苏里州圣路易斯飞往佛罗里达州巴拿马城的航线上。该私人飞行员有 Piper 28 - 151 飞机 118 飞行小时的飞行经验。白天飞入云层是可以避免的，但仍然有一些飞行员看到来云范围后会自发地转入仪表飞行。在夜间往往无法事先发现云层，所以在夜间会在没有警告的情况下出现目视飞行转入仪表飞行的情况。这可能就是夜间遇到目视飞行转仪表飞行如此危险的

原因。

这份事故报告触到了我的痛处。当我作为私人飞行员时,有着与案例中飞行员同样的飞行时间,我也曾在目视飞行中遭遇仪表飞行天气。我驾驶 Piper 飞机从佛罗里达州出发,机上还有乘客。这期间我违反了许多这本书中的建议。我到达目的地后,和伙伴在海滩上玩了一整天,我们向机场借了一辆车四处转悠,一直到太阳落山才回到机场准备返航。我们在晚上起飞后往北飞行,飞机开始平稳巡航,但是不到 30 分钟,我忽然注意到左机翼有红色辉光,右机翼有绿色辉光。我从来没有见过这样的情况,一开始我不知道该看什么。随后,我意识到已经进入云层,辉光是位置灯在薄雾上的影像。我想起了别人告诉过我进入云层后会发生什么,感觉我们可能要死了。我从来没有像这样害怕过,但是我做了一个标准速率的左转弯。几秒钟后亮光消失了。此后,我看到了克雷斯特维尤机场的旋转灯塔,我直接飞了过去。我们回到了地面,但是我的伙伴们不理解,他们想回家,想知道为什么我们回到了出发点。他们永远不知道他们距离一场事故有多近。在我们短暂的飞行过程中,管理者已经把摆渡车锁了,我们无法到达宾馆。我们最后在一处排水沟里生火露营来避寒。那天晚上是悲惨的,朋友们整晚上都在抱怨,但是我们第二天平安回家了。

11.3 良好天气时无参照物的黑夜

> NTSB 编号:ATL94FA121,佛罗里达州,扬斯敦
>
> 该私人飞行员没有仪表飞行等级,夜间目视飞行返航。他最初从埃格林中心接收目视飞行引导,后来把频率变更到杰克逊维尔中心。杰克逊维尔中心报告:由于提供的无线电频率不正确,且该频段通信质量不好,因此没能与飞行员建立通信联系。雷达数据表明,飞机进入右转下降前,是在 2 400 英尺高度向东北方向飞行,400 英尺高度时才右转急剧下降,并失去信号。飞机残骸落在一片开放的耕地中,残骸碎片表明飞机和地面有剧烈的冲撞,残骸检测表明碰撞前未发生机械故障。坠落地点位于偏远农场,没有路灯。局部雷暴天气和高云层导致飞行员空间定位障碍,而飞行员只有 115 飞行小时的飞行经验(夜间飞行 12 飞行小时)。
>
> 可能原因:空间定位障碍导致飞行员无法控制飞机。事故因素包括

引起空间定向障碍的条件(黑暗、高云层、雷暴天气)和飞行员缺乏夜间飞行经验。

高云层遮住了星星和月亮。偏远的农场无法提供地面特征或者地平线。飞行员在向上和向下都无法获得目视的情况下被困住了，没有仪表指示条件，无法分清方向。据报告当时的能见度有7英里，因为看不到任何参照物，也就没有什么作用。飞行员驾驶一架Grumman AA-5B飞机从佛罗里达州起飞，接收到了一个无效的无线电频率，这会把飞行员的注意力集中在无线电通信里，也许飞行员尝试联系杰克逊维尔中心，但是无人应答。飞行员肯定会调试频率，于是当飞行员的注意力集中在无线电通信时，飞机开始下降。当飞行员寻找地平线时，做出了错误操纵，一环扣一环，飞机失控。这与小肯尼迪的事故一样，不同的是，后者掉在了水里。

NTSB编号：MIA89FA252，佛罗里达州，奥乔皮

飞行员在5天前刚拿到私人飞行员执照。他和朋友在夜间起飞穿过沼泽。经营部门意识到飞机没有返回后，便开始搜寻。在两天后，发现飞机坠毁在国家湿地公园。证据显示飞机机头向下与地面相撞。飞机严重受损，残骸主体飞出去120码，螺旋桨叶片卷曲，弦向有擦痕，坠毁前未发生机械故障。飞行员共有4.2飞行小时的夜间飞行记录。

可能原因：飞行员未能保持高度和净空距离。相关的因素包括黑夜、空间定向障碍、缺乏夜间飞行经验。

事故调查员肯定会问："这个人刚拿到私人飞行员执照5天，就驾驶一架单发飞机在夜间飞跃沼泽？"。问得好，我们看到很多飞行员获得了执照，但是他们缺乏经验，决策不佳，不足以驾驶飞机。夜间的能见度为15英里，但是在3 000英尺高度时是阴天。沼泽没有路灯，阴云遮挡了天空中的亮光，飞行员没有参照物，最终飞机失控。

NTSB编号：LAX89FA074，亚利桑那州，亚卡

飞行员近期刚拿到私人飞行员执照，在圣诞节前夜飞往菲尼克斯，这

样他的乘客就可以赶上 8 点回家的航班了。飞行员起飞后导航到城市东南 23 英里的地方，在穿越沙漠时，无法定位，于是失去对飞机的控制。飞机高速坠落，以 60 度倾角与地面相撞。没有目击者看到飞机坠毁。位于事故点以东 6 英里的地方，有人报告说当时天气有雾，能见度为 2 英里，而且当时下着小雨。

可能原因：飞行员失去方向控制。其他因素如下：飞行员过分自信导致不合理的飞行决策，在遭遇恶劣天气后失去方向定位，缺乏夜间飞行经验。

这是第三个有着相同特征的事故。第一个是穿越农场，第二个是穿越沼泽，第三个则是穿越沙漠。在每个事故中，飞行员都没看到地面参照物和地平线。在最后一个事故中，飞行员有 Piper 28 - 161 飞机 108 飞行小时的飞行经验。在每个事故中，外面都没有参照物可用。但是在每个事故中，都有内部参照物可用。尽管技术上可以目视飞行，但是事实上飞机内部的仪表对于无仪表飞行员也是可以参考的。这就产生一个问题：夜间飞行需要仪表等级吗？

一些遵守国际民航组织(ICAO)规章的国家要求夜间飞行执行仪表飞行规则。ICAO 规定不可取消夜间目视飞行，但是相比于 FAA 需要更多的夜间训练要求。加拿大允许夜间目视飞行，但需要制订飞行计划和夜航等级。为了获得加拿大的夜航等级，飞行员必须在夜间飞够 10 飞行小时，包括 5 飞行小时带飞教学和 5 飞行小时独自操作。在 5 飞行小时的带飞时间内，需要有 2 飞行小时转场飞行，再加 10 次起降。另外，还需要 10 飞行小时的仪表训练。在法国，飞行员必须有来自飞行教员的夜间飞行批准。夜间目视转场飞行时必须有飞行计划，飞行时必须按照特定的报告点，在预定路线上飞行。在其他一些国家，夜间目视飞行是非法的。目前，美国还没有更改 FAA 现行夜间目视飞行规则的计划。

11.4　障碍物

NTSB 编号：LAX94FA214，加利福尼亚州，哈仙达冈
直升机在越野飞行时与高压电线相撞。目击者报告说看到直升机在

坠落前保持低高度飞行。直升机坠落在州际公路上，残骸检测表明座舱罩最先碰到高压线。天气有雾，能见度为 6 英里（满足规章要求），高压电线位于直升机的目视飞行路线上。电线塔在事故当晚亮着灯。没有证据显示飞机在事故前发生机械故障。有三辆汽车在坠机事故中被损坏，其中一辆停在事故直升机西边的车道上，另一辆直接追尾。东边车道的一辆车直接撞到了直升机而受损，地面上因汽车相撞导致人员受伤。

可能原因：飞行员在航路上选择的巡航高度未完全净空，且视野不好。事故因素为雾霾天气下能见度较差。

事故中的飞机为 Robinson R22，从伯班克到美国加利福尼亚州。飞行员是一位直升机私人飞行员，共有 122 飞行小时飞行经验，其中 66 飞行小时为旋翼飞机。

夜间飞行常常能够把熟练的老飞行员和新手飞行员区分出来。新手合法，但是老手安全。许多飞行员在提到夜间飞行时不会说个人的最低水平。因为飞行合法并不意味着这样做是明智的。作为一个飞行员，当条件超出了自身能力时，应该做好取消飞行的准备，而且还应该清楚自己的能力。飞或者不飞的决定应该基于飞行员的经验、熟练度以及舒适度，而不是完全依赖于法规。夜间目视飞行曾不确定是否需要仪表飞行。计划夜间飞行时，需要考虑路上的地形。如果发现没有地面参照物区域（水、农场、沼泽、沙漠），甚至是阴天和能见度低时，都可能需要将目视飞行转换为仪表飞行。面对这些情况应当终止飞行计划，或者最好取得仪表飞行等级。

12 结 冰

结冰现象并非只在冬天或者北方区域才会出现。在各个区域,每月都会发生与结冰相关的飞行事故。结冰事故主要有三大类:结构结冰、化油器结冰和设备结冰。结构结冰是指飞机外部结构出现结冰现象。结冰通常与恶劣天气以及仪表飞行(IFR)有关。即使是在暖和、晴朗、视觉飞行(VFR)条件下,化油器结冰也会威胁飞行安全。

12.1 化油器结冰

NTSB 编号:ATL92FA111,北卡罗来纳州,沃卡莫湖

飞行员报告说飞机发动机失去了部分动力,无法保持飞行高度。在对化油器加热后,发动机恢复了动力。飞行员说,当发动机重新恢复动力时,由于飞行高度太低,导致飞机与水面发生碰撞。在碰撞时,事故区域的环境温度和露点温度均有利于化油器结冰。

可能原因:在化油器结冰的天气条件下操作飞机时,飞行员没有遵循正确的操作程序。

该飞行员具有 130 飞行小时的飞行经验,从美国西部的诺曼湖飞往东部的北卡罗来纳州的威尔明顿。在事故中,这架赛斯纳 152 飞机的飞行员幸免于难,但乘客却不幸遇难。

即使外部温度达到 90 华氏度,发动机化油器内部也可能结冰。当化油器的关键位置结冰时,有可能堵塞进入发动机的空气。如果没有空气,则空气-燃油混合物将无法燃烧,从而引起发动机熄火,丧失动力。为了除冰或防止结冰,飞机发动机还配备了化油器加热系统。

　　图 12.1 所示为最简单的化油器加热系统。加热系统高效工作,利用发动机已经产生的热量,否则热量将被浪费掉。系统收集热废气并使其通过套管,该套管通常称为"导流罩"。炽热的废气将依次穿过导流罩和排气管,进入大气。排气管的温度将变得非常高,包括导流罩内的管道部分。导流罩外部充满了干净空气,干净空气进入导流罩,并通过接触热排气管被加热。然后,经加热的空气离开导流罩,并通过管道输往化油器。有毒的废气和干净的空气只进行了热量交换,没有混合。

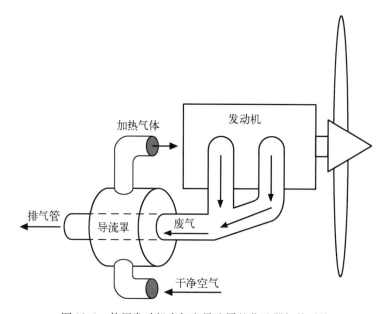

图 12.1　使用发动机废气和导流罩的化油器加热系统

　　地勤会定期检查导流罩,以确保其没有裂纹。因为裂纹可能会使废气泄漏到干净的空气中。当导流罩用于机舱加热时,废气泄漏尤其危险。如果裂纹使废气混入干净的空气,进入机舱,可能会导致飞行员和乘客一氧化碳中毒。

　　图 12.2 说明了化油器原理以及外部气体或加热气体如何到达文氏管。在左图中,当外部冷空气进入化油器时,节流阀的背面结冰。外部空气由大气中的多种气体组成。外部空气还包含水蒸气,其为气态的水。高含量水蒸气将产生较高的相对湿度和露点温度。水蒸气随空气一起进入化油器。当空气加速通过文氏管时,由于分子加速运动并外移,空气温度将下降。这种外移称为"膨胀"。当分子距离较远时,摩擦较小,因此热量也较少,加速则会使空气冷却。当空气

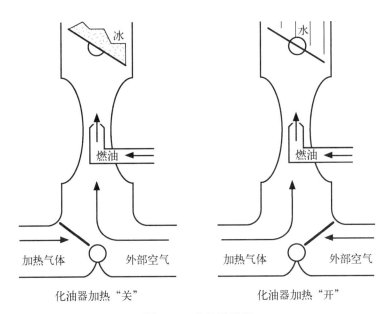

图 12.2　化油器原理

冷却后,可能会达到露点温度,并且在化油器内部形成雾气和大量的液体水滴。

当空气到达节流阀时,将会再次加速。随着空气再次加速,温度将进一步下降,有时会降至冰点以下。这就是即使外面温暖、阳光充足也会发生化油器结冰的原因。

图 12.2 描绘了节流阀后面的结冰,其也可以沿着文氏管的内壁形成。空气流动的间隙很窄,所以任何由于结冰而导致流动间隙进一步变窄的文氏管都会阻塞气流。显而易见,当发动机处于低功率状态时,结冰的威胁更大。这是因为节流阀将部分关闭以限制气流,因此发动机处于低转速。当节流阀拉回至低位设置或怠速状态时,空气必须通过节流阀边缘与文氏管壁之间的缝隙传输。当空气通过缝隙时,很少的结冰便能完全阻止空气流动,这就是为什么大多数活塞式发动机在进近和着陆时需要化油器加热的原因。

由于结冰是物理定律的产物,因此在适当条件下我们无法阻止结冰的形成。但是我们可以通过化油器加热使温度永远不会降到露点,或者如果已经发生结冰,我们可以在结冰时间尚短时进行加热,从而使冰融化。

图 12.2 的右侧显示了化油器开始加热的状态,阀门可防止较冷的外部空气进入,为导流罩中的热空气进入文氏管扫清了道路。如果有冰存在,则引入的热空气会暂时使发动机运转不稳定。这是因为随着冰的融化,水会被带入发动机,

导致发动机出现故障。但这只会持续很短的时间，随后发动机将再次平稳运转。

为了防止化油器结冰和因结冰而导致的发动机故障，在任何可能结冰的条件下，均需要打开化油器加热。每当我在可见湿气（云、雨等）中飞行时，都会使用化油器持续加热。当温度和露点相差5℃以内，或者相对湿度高于90%时，我也会使用化油器持续加热。在每次飞行过程中，我都会周期性地使用化油器加热，并让它保持1分钟以进行检查。如果使用化油器加热后发动机开始运转不稳定，那么就能确认化油器结冰。当发生这种情况时，便知道存在结冰条件，此时应继续加热。此外，还应考虑高度的影响。海拔高度变化会改变大气温度，进而减少结冰威胁。

在飞行过程中，发动机运转不稳定时，需要使用化油器加热。此外，其他与结冰无关的问题也可能导致发动机运转不稳定，但起初飞行员并不知道是什么问题，因此在可能结冰的情况下请提前加热。如果不加热，并且由于结冰使发动机熄火，则化油器加热将不再起作用。请记住，用来加热空气的热量来自发动机。如果发动机熄火，将不再产生废气或热量。因此，当发动机运转不稳定时，飞行员只有很短的时间来实施加热。

NTSB编号：LAX94LA182，加利福尼亚州，卡塔利娜岛

通过水上飞行到达卡塔利娜岛之后，飞行员报告说发动机出现故障，他试图返回卡塔利娜机场，机场位于岛上多山地区的一个陡峭的山顶上。一位目击者看到了飞机，并听到引擎不断加速至全速，不时出现"噼啪"声和间歇性的静默。另一名目击者报告说，当飞机接近地势较高的地方时，他看到飞机在试图保持高度。10分钟后，消防部门对森林大火做出响应，表示发现了燃烧的飞机残骸。化油器结冰的概率图显示，飞机在巡航状态时部分结冰，在滑翔状态时严重结冰。

可能原因：在化油器结冰的条件下飞行时，飞行员没有及时使用化油器加热。这次事故的另一个因素是陡峭山区不适合迫降。

这位拥有109小时飞行经验的私人飞行员在事故中丧生。这架飞机是赛斯纳152，它的化油器加热系统与图12.1中的类似。

当飞机外部结构结冰时，将是一个不同的问题。结冰会在机翼、控制面、天线周围、螺旋桨上形成，并覆盖进气口。我目睹了一名男子滑行到地面固定基地

(FBO)。当时他正被冻雨困住,采用紧急迫降以脱离危险。当他到达着陆航线时,冰层已经完全覆盖了他的 Mooney 飞机。我们真的把他凿出来了,因为结冰封住了驾驶舱门,且几乎完全覆盖了水平安定面和升降舵。在这种情况下,如果再等几分钟,升降舵将会被彻底冻住。飞行员不知道所处何方,但是他很高兴还能活着回来。

12.2　结构结冰

NTSB 编号: SEA88FA034,俄勒冈州,莫拉拉

该飞行员刚获得无仪表等级的执照,在未提交飞行计划的情况下,飞入了一个低能见度的雨雪区域,未发现天气简报记录。一名幸存乘客报告说,在飞行过程中,飞行员最初飞入分散的云层中,但是随着继续飞行,云层变得越来越厚和暗。乘客说他们飞进了"冰云"中,飞机上发生结冰,发动机开始运转不稳定。据报道,由于化油器加热使用太迟,因此无法阻止发动机熄火。在太平洋标准时间 15:01,飞机发出了求救信号。此后不久,飞行员报告说飞机正在"下降",然后失去了雷达和无线电联系。飞机最终在山区与树木相撞而坠毁,紧急定位发射器(ELT)未运行。直到太平洋标准时间次日 10:12,飞机才被发现,距离雷达失联地点大约 1 英里。有证据表明,冰雪已在发动机的空气过滤器上积聚。在过滤器后面的金属筛网和静压箱中发现了冰,且已启动化油器加热。大约 5 英里外的居民说,当时正在下大雪。在 ELT 中发现了两个有缺陷的晶体管,它们阻止了 ELT 工作。

这架赛斯纳 182J 飞机上有 4 人,只有 1 人幸存。这个飞行员具有 129 飞行小时的飞行经验,使用了化油器加热,但是化油器结冰并不是导致事故的唯一因素,覆盖在空气过滤器上的冰阻塞了流向发动机的气流,空气-燃油比大约是 12:1。因此,每燃烧 1 加仑燃油,必须有 12 加仑的空气通过过滤器。当空气不能进入时,发动机开始熄火。为什么一个没有仪表等级的飞行员要在云层中飞行? 即使飞行员具有仪表等级,赛斯纳 182J 也不具备在结冰条件下飞行所必需的防除冰设备。

冻雨是最大的危险。当温暖空气中的雨水落入下方低于冰点的冷空气中

时，会形成冻雨。在通常情况下，冻雨发生在逆温区域，该区域的温度随着海拔下降变低，而不是变高。当一股暖流向上移动，并越过一团密度更大的冷空气时，将产生逆温，导致冻雨。如果飞机被冻雨淋到，飞行员知道上方会有更温暖的空气，一种选择是爬升至温度更高的空气中。但是，温暖空气的高度可能会比飞机的爬升高度还要高。因此，最好的选择是尽快降落。

飞机结冰在层云和积云中的形成方式不同。在层云中，会形成霜冰，霜冰看起来就像冰箱里的结霜。层云通常引起小雨和毛毛雨。当温度低于水的冰点时，这些小水滴在与飞机表面接触时会结冰。霜冰是不透明的，因为当液滴冻结时，空气将被包裹。较大的水滴形成清澈的冰，而较大的水滴来自湍流空气和雷暴。冻雨将形成透明的冰，并在飞机表面覆盖一层光滑的冰。

结冰增加了飞机的重量，但是真正的危险是冰会改变飞机的气动外形。当发生结冰时，光滑的弧形机翼表面将变得粗糙且参差不齐，这会干扰气流并减小升力。当飞机出现结冰迹象时，就要制订计划以摆脱这些状况。如果与空管可以通信，那么请告诉他们飞机发生结冰，以便所有人都可以开始处理该问题。如果是来自层云的霜冰，则好消息是结冰层不会很厚。通过飞行爬升或下降，问题很可能会得到解决。如果是在积云中结冰，则需要更改航线。飞行员可能无法通过爬升或下降来摆脱冰层，而需绕过它或回到来的地方。

出发前，请务必先查看高空风和温度预报，预报将告诉你是否有温度反转，以及冰点会出现的位置。如果遇到结冰现象，这些信息将有助于飞行员做出爬升或者下降的决定。

NTSB 编号：LAX93LA244，内华达州，尤里卡

在一次转场飞行的天气简报会上，飞行服务站（FSS）专家告诉飞行员，不建议使用 VFR。简报包括预防中度至重度结冰的措施，山地障碍物，雨、雪、雾，并且适度地应对湍流。飞行员询问了一条替代路线，并被告知替代路线存在相同的情况。在 FSS 简报一个小时后，飞行员联系了 FAA 空管寻求咨询。在与空中交通管制中心（ATC）取得联系约 2 小时后，飞行员报告说飞机处于云层中，并且正在结冰。空管向飞行员引导了一个新的飞行方向，以帮助飞行员脱离云层。飞行员数次告诉空管，飞机正处于结冰状态。在首次报告结冰并进入云层中大约 10 分钟后，飞行员

说："我要出事了。"随后,ATC 失去了与飞行员的无线电联系,飞机从雷达中消失了。

可能原因:飞行员无视"不推荐进行目视规则飞行"的建议,飞行员对飞行路线的天气评估不足,飞行员试图在已知的恶劣天气条件下飞行,飞行员因结冰而失去对飞机控制,以及飞行员有限的实际或仪表模拟飞行经验。

在实际仪表条件下,飞行员经验有限。事实上,飞行员并未取得仪表等级,即使出现"中度严重结冰,低结冰,山间风雪,大雨/大雪,大雾以及中度至重度湍流"现象,飞行员仍选择飞行。对于这种情况,即使最有经验的 IFR 飞行员,也会选择取消飞行。然而,这名驾驶 Beech K - 35 飞机的飞行员,没有重视 FSS 的警告,最终由于结冰而失去了对飞机的控制。这次事故中,飞行员身亡,飞机无其他机组乘员。

BNTS 编号:NYC91FA034,缅因州,帕勒姆

在起飞前的 2 次天气简报中,飞行员被告知了预报的可能结冰情况。飞行员到达目的地机场,并进行了 2 次 VOR 进近,在进近中表面达到了冰点,并伴有小雨。在第二次错过进近后,飞行员要求引导飞机返回原始机场。空管说,最后一次在雷达上看到飞机时,飞机在 8 秒内从 2 000 英尺下降到 1 200 英尺。当发现飞机表面大面积覆盖着 1/8 英寸厚的冰时,周围的地面上却没有结冰迹象。

可能原因:在已知可能结冰的条件下,飞行员仍继续飞行,导致机身积冰,无法保持空速。造成这一现象的因素是存在结冰条件。

当温度低于冰点时,小雨将会结冰。当这架赛斯纳 172 被发现时,虽然地面没有结冰,但是机身表面存在积冰。显然结冰是在飞行中产生的,而不是在飞机坠毁后在地面上形成的。该飞行员的总飞行经验为 251 飞行小时,仪表飞行经验为 62 飞行小时。但是赛斯纳 172 飞机无防冰能力。

12.3　设备结冰

> NSTB 编号：CHI89FA040，印第安纳州，卡梅尔
>
> 一架飞机在 IMC 状态下起飞进行转场飞行。当爬升至巡航高度时，飞行员遇到飞机失控，此后机翼和尾翼在空中脱落。后续调查显示，皮托管内结冰导致了事故。在飞行期间，飞机的结冰告警系统有效，且飞行员收到了飞机可能结冰的提示信息。尽管在事故调查中，检测到空速管加温系统可用，但在事故后发现空速管加温开关处于关闭位置。
>
> 可能原因：飞行员对结冰预报信息的理解出现偏差，导致在结冰条件下未使用加温系统，进而超出飞机的强度限制。

这次通航事故与第 3 章讨论的波音 727 事故非常相似。Piper PA-28-200 飞机的飞行员已知飞机处于结冰状态，但没有打开皮托管加温系统。皮托管内结冰导致空速显示异常。除了空速指示器以外，目前尚不清楚还有什么仪器会受到结冰的影响。空速显示异常导致飞机失控，飞行员试图执行危险状态改出操作，但未成功，直至飞机发生解体。这位私人飞行员有 257 飞行小时的飞行经验和仪表飞行等级，他和 2 名乘客在事故中丧生。

对于飞行员来说，化油器结冰是可预见的且可预防的。然而，化油器结冰事故仍然会发生，因为飞行员不清楚结冰产生的条件，或者不熟悉除冰的操作。化油器加热系统是一个很好的防御危险的装置。

但是轻型通航飞机几乎没有防止结构结冰的能力。大型飞机有防除冰系统。机翼前缘的除冰气囊会膨胀使冰层破裂。风挡玻璃加热系统可以防止玻璃结冰，使飞行员有良好的前方视野。电加热螺旋桨、失速告警指示器和静压孔都能减少和消除结冰问题，但是训练机和私人飞机不具备这些功能。对于无防护系统的飞机，防止结冰的最佳措施是禁止在可能结冰的条件下起飞。如果在飞行过程中发生结冰，则应尽快告诉空管，然后按照计划爬升、下降或转弯。飞行员不要犹豫，应立刻采取行动离开结冰环境。

幸存者的故事

NASA 编号：418308

我正在进行一次愉快的 VFR 飞行。在云层中穿行时，云层开始变厚，天气恶化，由于距离目的地只有 12 英里，所以我选择继续飞行。随后，飞机开始结冰，皮托管也开始结冰，进而所有的空速系统失效。我打开了皮托管加温系统，将温度设置为 180 华氏度，大约 10 分钟后，空速、升降速度表和高度计的功能恢复了，顺利返航。

NASA 编号：361396

我的飞行计划是从路易斯安那州的维斯拉里飞往得克萨斯州的迦太基。尽管我查看了天气预报信息，但并没有显示有冻雨环境。距离目的地约 20 英里时，飞机开始结冰。在云层下方，我完成了 NDB 进近。此时，云层下方正在下雨。尽管我多次呼叫了塔台，但是未与机场塔台连通。由于飞机的前挡风玻璃结冰，因此我在空中盘旋了一圈。此时，我的飞行高度过低，接收不到什里波特机场的空中交通管制信息。我不想错过进近的操作，因为这将使我重回冻雨区。最终冰层融化，我试图进行着陆。机翼上已经存在一层透明的冰，然而由于视觉关系我观察不到。当我试图加热融化时，冰并没有融化。最终，我"倾斜"螺旋桨叶实现了艰难的着陆。

13   高级飞行训练影响

第 3 章至第 12 章讨论了涉及飞行各个阶段的事故。但在这些章节中,使用的所有事故数据都只涉及学生、运动、休闲和无仪表等级的私人飞行员。对于获得仪表等级的飞行员,事故率是多少? 这些飞行员安全吗?

13.1   仪表飞行员

图 13.1 是具有仪表等级的私人飞行员的致命事故图。在 20 世纪 80 年代初,仪表等级的额定最低飞行时间是 200 飞行小时。1986 年改成了 125 飞行小时。然后在 1997 年,规定再次更改,这一次不再需要额定总时间。现在,仪表等级要求申请人持有私人飞行员执照,并满足所有培训要求。这意味着,根据获得私人执照所花的时间,申请人可以在 125 飞行小时以内达到仪表等级要求。因此,图 13.1 的第一个飞行时段为零。在 0～100 飞行小时之间,没有仪表等级的

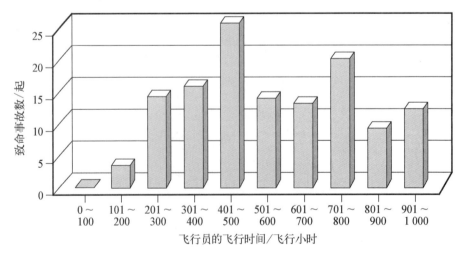

图 13.1   2000—2011 年,少于 1 000 飞行小时的仪表等级私人飞行员致命事故

致命事故,是因为没有仪表等级的飞行员只有那么短的飞行时间。

　　考虑到仪表等级的致命事故要到100飞行小时后才会发生,另一个致命地带是显而易见的。但是这个区域被转移到一个更长飞行时间的范围。图13.1显示了总共118起致命事故,这些事故涉及飞行时间少于1 000飞行小时的仪表等级私人飞行员。图13.2扩大了图表的宽度,包括2000年到2011年间所有仪表等级私人飞行员的致命事故。

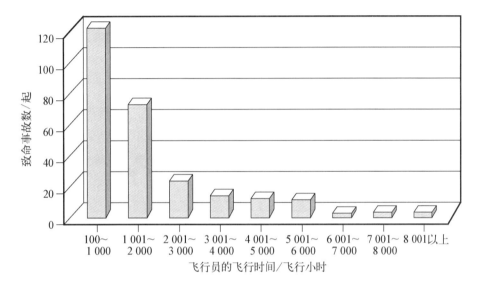

图 13.2　2000—2011年,仪表等级私人飞行员致命事故

注:最少164飞行小时,最多11 550飞行小时。

　　在所有这些事故中,有接近一半(49.4%)事故的飞行员飞行时间少于1 000飞行小时。这些数字表明,仪表等级飞行员的致命地带在400~500飞行小时达到峰值,在1 000飞行小时后急剧下降。这些仪表等级私人飞行员的致命地带并不一定发生在仪表飞行计划下。许多情况发生在VFR(目视飞行等级)飞行计划或无飞行计划的VFR条件下。仪表飞行过程中发生的仪表等级事故将在第14章讨论。

　　这些数字似乎表明,在私人飞行员执照上增加仪表等级可以降低事故风险。但是,对有和没有仪表等级私人飞行员的事故数据进行比较是公平的吗?也许更少的仪表等级事故仅仅是因为具有仪表等级的飞行员更少。

　　确实,没有仪表等级的私人飞行员比有仪表等级的飞行员要多。2011年底,FAA估计美国有194 441名现役私人飞行员。其中,54 117人(27.8%)有仪表等级。根据 NTSB 的原始数据库,仪表等级的私人飞行员只占私人飞行员死亡事故的 19%。从另一个角度来看数据:大约 72% 的无仪表等级的私人飞行员事故占死亡事故的 81%。

在图 13.3 中有一个明显的趋势。在 21 世纪前 10 年,仪表等级私人飞行员的相对数量有所增加。在 2011 年,27.8% 的私人飞行员有仪表等级,这一比例在 1990 年仅为 17.1%。如果有更多的仪表等级私人飞行员,那么就会发生更少的飞行事故。是什么推动了仪表等级飞行员所占比例的增加? 在同一时期,有几次将 VFR 和 IFR 的培训和测试合并起来的尝试。先进航空电子设备(TAA)的出现也在提高仪表等级飞行员比例方面发挥了作用。很明显,先进的 IFR 训练和 TAA 的使用减少了事故,提高了整体安全性。

年份	私人飞行员/人	仪表等级飞行员数量/人	仪表等级飞行员占比/%
2011	194 441	54 117	27.8
2010	202 020	55 929	27.7
2009	211 619	57 727	27.3
2008	222 596	59 422	26.7
2007	211 096	58 029	27.5
2006	219 233	58 676	26.8
2005	228 619	59 437	26.0
2004	235 994	59 974	25.4
2003	241 045	59 774	24.8
2002	245 230	59 299	24.2
1995	261 399	54 213	20.7
1990	299 111	51 067	17.1
来源:FAA的2012年美国民用飞行员统计(表4和表10)			

图 13.3　仪表等级私人飞行员的百分比

13.2　商用飞行员

第 141 部飞行学校可以提供总共 190 飞行小时的培训,以获得商用飞行员执照。

　　这种经历可能包括飞行和地面训练时间。第 61 部总共需要 250 飞行小时的经历，其中在地面训练器可以训练长达 50 小时。不管是第 141 部，还是第 61 部，200～1 000 飞行小时的商用飞行员比 200～1 000 飞行小时的私人飞行员更安全吗？图 13.4 显示了从 2000 年到 2011 年，获得商用执照的飞行员飞行 1 000 飞行小时内的致命事故。图 13.4 包括 194 起致命事故。拥有 200～1 000 飞行小时的私人飞行员在同一时期发生了 746 起致命事故。私人飞行员发生的事故更多，但这仅仅是因为私人飞行员比商用飞行员多吗？2011 年底，FAA 报告称在美国有 194 441 名私人飞行员和 142 511 名商用飞行员，私人飞行员比商用飞行员大约多 36%。

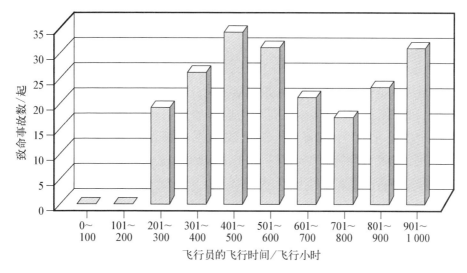

图 13.4　2000—2011 年商用飞行员致命事故

　　但是如果私人和商用飞行员的数量相同呢？每一组发生的事故数量是否基本相同，还是某一组更容易发生事故？为了回答这个问题，我们需要将商用飞行员事故的数量增加 36%，也就是 264（194×136%）。现在我们可以在公平竞争的条件下比较事故数量。比较如下：商用飞行员估计的致命事故数为 264 起，私人飞行员实际的致命事故数为 746 起。这些数字告诉我们，拥有与商用飞行员完全相同的飞行经验的私人飞行员，发生致命事故的可能性几乎是商用飞行员的 3 倍。简单地说，那些为了获得高级飞行员认证而继续飞行训练的飞行员发生的事故要少得多。

让我们看看获得私人飞行员执照的两个典型飞行员。他们都有相同的飞行时间，而且他们都在考试后的前 25 小时在白天开飞机带着朋友去吃午饭和观光。

然后，一个飞行员开始朝仪表等级努力，而另一个则没有。在第一年，为 IFR 努力的飞行员定期飞行，他正在学习许多新事物：GPS 进近、DME 弧线、空挡时间、定时转弯——这是一个全新的技术领域。飞行员正在练习将 IFR 公差保持在 ±100 英尺高度，±10 度航向，±5 节空速。他注意到，在偶尔的 VFR 飞行中，他觉得自己的飞行技能比考私人飞行员执照时更好，并且无线电工作也更好。

与此同时，没有进行仪表等级训练的飞行员仍然保持活跃，但他的飞行是偶尔的。他周末进行了几次越野旅行，但其中两次因天气原因被取消。他参加了一个关于山地飞行的飞行员安全研讨会，但现在他觉得山地飞行已经超出了他的能力范围。在取得私人飞行员执照后的第一年，他遭遇了一些令人难忘的飞行，因此他不再夜航，也没有冒险进入任何大型机场。他知道，他现在要通过私人飞行员考试是很困难的，需要大量的复习。

第一个飞行员在获得私人飞行员执照 13 个月后取得了仪表等级。在接下来的几个月里，他的目标是保持当前的仪表状态，并开始减少个人限制。由于一直活跃在当地机场，并与一名教员一起工作，因此飞行员听说了随之而来的政策变化。他觉得自己赶上时代了，仍然进行一些 VFR 飞行，并且注意到他的航线导航要好得多。因为他学会了只用仪器导航，再也不用担心迷路。在第二年结束之前，他开始考虑商用执照。

第二个飞行员用他的第二年时间偶尔在当地飞行。他给学校的孩子们搭过几次车，还飞去另一个州看足球比赛。但他现在积极避开任何需要快速无线电工作的大型机场。他不再熟悉雷达控制的程序，也对空域没有信心。他已经 15 个月没有定期飞行或者接受教员指导。

第一个飞行员对转行当飞行员不感兴趣，那么他为什么想要商用飞行员执照呢？他认识到，商用飞行员执照的培训要求将使他达到熟练和活跃的状态。他喜欢驾驶飞机，感觉非常舒服，对复杂飞机上的系统非常熟悉。很快他就学会了更多的飞行技巧——恒速螺旋桨、高级机动，他成了一个非常明智的飞行决策者，飞行技术得到了稳步提高。当他回顾 2 年前自己的熟练程度时，他难以想象自己是如何像当时那样，以那么少的知识获得私人飞行员执照的。

第二个飞行员进入了第三个年头，已经超过 100 天没有飞行，但他想在周末带妻子去一个有机场的州立公园旅行。他大部分时间都待在机场,不愿意被问到最近是否缺乏飞行。如果法规发生变化,他也不会了解。他的技术退化了,不可能在大多数飞行中达到私人飞行员的标准,而且记不住很多操作步骤。

　　两个飞行员的故事是假设的,但作为参考,我知道它离真相不远。你想让你的家人和这两个飞行员中的哪一个一起飞行? 不断攀登阶梯的飞行员接触到新技术、新思想、新事件,并不断受到挑战。随着继续追求高级评级,他的私人飞行员技能没有消失,反而变得更好。如果你能很好地完成仪表进近,你就能很好地跟踪 VOR。

　　FAA 曾完成一项名为"私人飞行员飞行技能保留 8 个月、16 个月和 24 个月认证后"的研究(DOT/FAA/CT‐83/34)。这项研究的目的是要确定飞行员熟练程度的下降速度。FAA 对一组新获得执照的私人飞行员每隔 8 个月、16 个月和 24 个月进行一次测试,看看他们的技术是否有所提高或下降。所有的飞行员至少应有一次达到私人飞行员的标准,否则他们不可能通过最初的考核。研究结果如表 13.1 所示。左边是一份包含 27 项任务的清单,这些任务是私人飞行员必须完成并达到实际测试的最低标准。第一列数字是飞行员在最初的测试中达到标准的百分比。然后,你可以看到其他列是在 8 个月、16 个月和 24 个月间隔时进行的测试百分比。比较从左到右的数字是令人困扰的。24 个月后,只有 51% 的飞行员能够正确进入不受控制的机场进行着陆,或进行短跑道降落。只有 38% 的人能够保持特定的爬升速度或正确地完成急转弯。在检查后的 24 个月,只有 33% 的人记得如何完成磁罗盘转弯。我可以保证,如果他们一直进行仪表评级,他们可以完成磁罗盘转弯! 表格说明了我们已知的道理:如果你不使用技能,你就会失去技能。

表 13.1　私人飞行员飞行技能保留项目(DOT/FAA/CT‐83/34)

任　　务	正确执行飞行任务的比例/%			
	通过私照飞行检查	8 个月后	16 个月后	24 个月后
起飞检查单	100	98	100	94
起飞/离场	95	74	64	60
VOR 航迹跟踪	79	68	48	50
直线和水平	72	74	76	65

任　　务	正确执行飞行任务的比例/%			
	通过私照飞行检查	8个月后	16个月后	24个月后
慢速飞行	83	62	37	39
带动力失速	99	77	79	71
无动力失速	98	84	80	76
急转弯	79	54	51	38
加速失速	90	51	52	57
模拟发动机熄火	92	88	67	77
迫降	95	74	67	76
无管制的起落飞行	89	70	52	56
无管制的机场着陆	94	68	56	51
短跑道起飞	95	75	56	56
短跑道着陆	90	67	54	51
软跑道起飞	94	80	65	61
侧风起飞	93	89	53	75
侧风着陆	93	81	58	63
S转弯飞行	88	54	53	41
定点转弯飞行	83	52	52	41
定速率爬升	84	56	62	38
磁罗盘转弯	74	51	40	33
异常姿态改出——仪表	97	66	70	66
180°转弯——仪表	90	79	63	52
复飞	100	90	85	78
管制机场着陆	94	68	65	54
通信	100	93	87	74

　　表13.2按保留度最低的顺序排列任务。这些任务大部分看起来非常熟悉，每一种都是至少一类事故的诱因。其中四项任务涉及起飞或着陆。学习加速失速和最小机动速度，是用来预防意外失速。想想有多少事故是与失速或失速/尾旋相关的。真空系统和相关飞行仪表的失效会导致迷航和事故。当陀螺仪出现故障时，必须求助于备用仪器——磁罗盘，但磁罗盘旋转是最快丢失的技能之

一。什么情况下的空中相撞次数最多？在机场 10 英里内做起落飞行时。无管制的机场着陆和起落飞行是技能损失最大的两个任务。我认为飞行员迅速失去熟练操作能力也是许多事故的原因，这并非巧合。

表 13.2　24 个月后技能损失最大的飞行任务

24 个月后技能损失最大的飞行任务
1. 无管制机场着陆
2. 无管制机场起落飞行
3. 短跑道着陆
4. 加速失速
5. 定高转弯
6. S 转弯飞行
7. 定点转弯飞行
8. 定速率爬升
9. 磁罗盘转弯
10. 慢速飞行
11. 短跑道起飞
12. 侧风着陆
13. 有人控制机场着陆
14. VOR 航迹跟踪
15. 侧风起飞

13.3　当事故发生在优秀飞行员身上

在获得私人飞行员执照之后继续培训的飞行员很少发生事故，最大原因之一是他们保持一种"安全心态"。从不与教员一起工作的飞行员，总是脱离现状或不能跟上现状的飞行员会更快地变得自满。飞行员的个性（第 15 章）充满了新的、不同的挑战，因此，如果你脱离了这些挑战，你的飞行技能就会逐渐下降。当不再像自己想象中那么敏锐时，你就会进入事故链中。

你知道墨菲定律：凡是可能出错的，就一定会出错。实际上，墨菲是错的。通常情况下不会出错，并非每次飞行员自满都会发生事故。在大多数情况下，当我们忘记检查清单项目时，或者当我们不在状态时，我们都不会发生事故。当我们不止一次不做时，就习以为常了，很快我们的个人标准就降低了。

正常的飞行前检查包括检查燃油污染。作为一名学生飞行员，你学会了如何检查燃油污染，从那以后就一直在测试。然后有一天，你很匆忙，却忘了从舱底排水处抽取燃油样本。飞行安全，你侥幸逃脱了；毕竟你之前已经测试过 20 次排水沟里的燃油，从来没有发现污染。下一趟航班，你会觉得检查排水管没什么大不了的；上次没有问题，以前从来都不是问题。随着时间的推移，腹部的排水系统完全脱离了飞行前的例行程序，不去检查它变得很正常。逐渐地，你的认识在偏离正常。在接下来的 100 飞行小时内，这种"蠕变常态"并未引起事故，但有一天……

这种可以接受的转变并不专属于飞行员，空管和维修技术人员也面临着同样的问题。此外，它不只存在于航空领域。我相信医生、律师、教师、警官和教员都是这样。

我曾经有一辆非常喜欢的旧车。它行驶了很多里程，出现了很多小问题：自动门锁坏了，地毯磨损了，喇叭开始发出奇怪的声音。我忽略了这一切，因为他们并没有在同一天全部发生故障，否则可能会引起我的注意。我开始接受这些关于车的小问题。我的妻子不喜欢坐那辆车，因为她看到了汽车的问题，而我已经习惯了它的问题，毕竟我总能到达我要去的地方。在这种情况下，我永远不会卖这辆车。随着时间的推移，它似乎没有那么糟糕了。这就是优秀的飞行员如何自满的。

我们如何停止这种转变？重视基础，完成整个清单，找一个飞行教员，时不时地跟着你一起飞行，与另一位具有更高等级的优秀飞行员一起飞行。

航空公司的飞行员也以不断攀升的常态来应对这场"战斗"，但是他们还有更多的情况要应对。由于成本和时间安排，很少有相同的飞行员一起飞行一次以上。这意味着完全陌生的人正在驾驶你的飞机。刚认识的人怎么能相互信任，并表现出团队精神呢？难道凝聚力和相互依赖不是随着时间的推移而发展的吗？航空公司的标准操作程序（SOP）是一组严格的准则，可以预先定义角色和委派任务。不管他是哪一位的副驾驶，在飞行的特定时间总是有特定的职责，机长也会例行公事地进行适当的工作。虽然他们从来没有一起飞行过，但他们能够作为一个团队飞行，因为每个人都在正确的时间处理他的分内之事。只要全体机组人员都遵守操作规程，那么一切就都好办。

通用航空公司有标准操作规程，但它们远没有那么正式。我们有检查表、操作程序、最近的经验规则和实际的测试标准。

我们可以通过保护和维护我们的 SOP 对抗逐渐恢复的常态。这样，好习惯就不会慢慢地变成坏习惯。

13.4 激励

当回头看自己还是私人飞行员时,较短的飞行时间本该使我陷入致命地带,我简直不敢相信,为什么我可以活着通过这个阶段。然而,当时我认为自己已经知道足够多的知识,可以确保安全。我是多么天真,甚至愚蠢。现在看我的飞行,以 5 年时间的速度递增。我知道我比 5 年前有了更多的经验,现在我是一个更好的飞行员,但 5 年前我还没那么糟。我为自己的进步感到骄傲。

如果你是一个新的私人飞行员,制订一个计划,在 5 年内成为一个 500 英尺最低仪表等级的飞行员。如果你是一名仪表飞行员,设定 5 年飞行目标:成为一名精通复杂飞机的商业飞行员。请记住,商业飞行员执照并不只为拿钱飞行的飞行员保留,它是为那些想要活着飞行的飞行员准备的。如果你是一名私人飞行员,你也可以制订一个计划,在 5 年内成为水上飞机飞行员或滑翔机飞行员。如果你"真的想学习一些飞行的基本知识,享受一段美好的时光,那就乘坐水上飞机离开码头吧"。如果你真的想了解空气动力学,当放开滑翔机的拖缆时,你便可以直观感受到它。你甚至可以利用"新的"航空运输飞行员规则。今天,你不需要参加一流的航空医学课程,也不需要 1 500 飞行小时来参加知识测试。当你的总飞行时间超过 1 500 飞行小时时,你可乘坐单引擎通用航空教员机进行 ATP 检查飞行。ATP 是一种仪器检查装置,结合要进行测试的任何飞机上的系统测试,实际上并不比另一个实际的测试更难。ATP 不为飞行员保留,而是为每一个想要证明他有能力和成长中的飞行员保留的。

在 5 年内,你可以驾驶热气球,增加旋翼机等级,并花费数小时在雷达室观看控制员的工作。即使在未来 5 年内不接受这些挑战,你也应至少在 5 年内达到 FAA 飞行员熟练项目的第 5 级。熟练程序,有时称为"飞行"程序,是最好的训练方式之一。你参加一个由 FAA 赞助的安全项目,并且每年在一名教员的指导下飞行 3 飞行小时。你可以通过飞行检查、降低保险费用和穿戴飞翼来获得学分。在一些州,FAA 与州航空部门合作举办"飞行周末"活动。活动汇集了志愿飞行教员和安全计划发言人,进行 48 小时的飞行。参加者要飞 3 小时,并在周末参加一个研讨会。我曾在一个周末活动中担任安全项目的演讲者。两天活动飞行了 1 500 小时! 弄清楚你所在的州什么时候会举办下一个"飞行周末",并计划参加。

"飞行周末"活动需要 3 小时的飞行。在这 3 小时中,1 小时是空中作业(失速、急转弯、慢飞等），1 小时是仪表作业（仪表扫视练习、仪表进近等），最后 1 小时是起飞和降落（侧风、短跑道、软跑道）。飞机失速、仪表工作、起飞和降落造成事故最多。"飞行周末"计划的目标是这些领域，因为这是最需要预防的地方。

　　FAA 还应该提供激励措施，鼓励飞行员在跨越致命地带时保持专业技能。FAA 应该改变规定，要求没有仪表等级的私人飞行员在获得 400 飞行小时之前，每年进行一次飞行检查。获得仪表等级或飞行 400 飞行小时后，他们可以进行一年两次的飞行检查。这样，私人飞行员要么提高水平成为仪表等级人员，要么在他们进入该区域时至少每年进行一次指导课程。

　　如果你没有设定一个目标来提高你的技能，那么从现在开始的 5 年时间里，你将会失去一些优势。你不会像今天飞行得这样好。最重要的是，这对你的家人和自己都是危险的。

　　这不仅仅是一个人的决定，每个飞行员的行动都会影响我们其他人。当飞行员在恶劣天气中起飞，在朋友家附近"嗡嗡"飞行，或在酒精和毒品的影响下飞行时，就可能发生事故，这将使小型飞机不安全，而飞行员却像寻求刺激的人一样。我希望人们能前往机场，让飞行员向他们展示飞行的伟大。如果你是一名飞行员，你的责任就超出了你的个人决定。当成为一名飞行员时，你必须致力于成为一个终身学习者。从今天开始，制订一个 5 年计划。

14 仪表飞行和可控飞行撞地

通过上一章中的统计数据可以看出,取得私人飞行员执照后持续接受培训的飞行员更加安全。回顾图 13.1 和图 13.4,很明显获得如下好消息:这些数字很小,每个飞行小时数区间内的事故数量都不足百起。而且事故并没有集中在一个区域,事故数量在图表上分布得很均匀。一般来说,缺乏经验并不是仪表等级飞行员发生事故的主要原因。这个原因是显而易见的,得益于仪表训练,这些飞行员本就具有更多的飞行经验。而且不只是经验,仪表等级训练的作用不单单是增加训练时间,还将加强飞行员在飞行中对飞机系统整体的理解能力、操纵精度以及多信息综合判断能力。以下谁更接近一个安全的飞行员:一个有 150 飞行小时仪表飞行训练经验的私人飞行员还是一个有 150 飞行小时枯燥空中飞行经验的私人飞行员?

图 14.1 中的事故数量更小,这是一个很好的现象。图中数据来源于美国国家运输安全委员会(NTSB),列举了飞行时间低于 1 000 飞行小时的私人飞行员由于可控飞行撞地(CFIT)或低能见度引起的致命事故数量。总的来说,从 2000 年到 2011 年,共发生 93 起低能见度飞行事故和 39 起可控飞行撞地事故。其中可控飞行撞地事故的致命性为 87%。

尽管这方面发生事故的数量很少,但每一起都是一场悲剧,应该从中吸取教训。本章中使用的事故案例可以分为两类:飞机下降到最低高度以下时的可控飞行撞地事故和超出了飞行员"个人能力标准"的事故。

前面我们已经看了一些事故案例,特别是第 3 章中的飞行员失去了对飞机控制的案例。这个事故发生在飞行员在仪表气象条件下(IMC)尝试目视飞行(VFR)时,或者在没有外部参考的情况下飞行时,飞机在空中失去控制,而后失控坠地。小肯尼迪飞机坠毁事件是这类故障中最著名的一个。可控飞行撞地则不同,顾名思义,可控飞行撞地是指一架处于可控状态的飞机撞到了地面或障碍物上。在撞击的时候,飞机并没有失去控制,没有失速,飞行员依旧在飞,但是飞

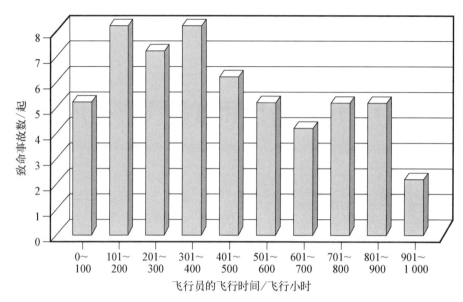

图 14.1   2000—2011 年私人飞行员低能见度和可控飞行撞地事故统计

机没有在正确的时间出现在正确的位置上。

NTBS 编号：NYC84FA143，马萨诸塞州，康科德镇

  飞机在汉斯科姆机场向 11 号跑道仪表进近时撞进了一栋建筑。在飞机到达外指点标（由波士顿进近移交给汉斯科姆塔台后）之前，波士顿进近雷达控制员收到了飞机的高度警报。随后汉斯科姆空管将警报通知了飞行员，飞行员回答说他在 1 400 英尺处，正在穿越外指点标。这是第三种事故情况：在飞行期间气压高度和显示高度出现偏差。调查还显示，事故发生时，这名飞行员刚刚结束了一个 18 小时的工作日，事故发生的前一周周末他由于生病一直在服用药物。

  在飞行时，高度是一个关键参数。飞行员是否错误地设置了气压高度表？气压高度表中的气压设置误差超过 1 000 英尺已经不是第一次发生了。当你开始飞行时，可能距离该飞机的上一次飞行已经好几天了。在这些天里，大气压力可能发生了巨大的变化。飞行员发现气压高度表中的数值不是正确的场高，因此他们转动旋钮调节指针，但他们只设置了 100 英尺级的长指针，而忽视了 1 000 英尺级的小指针是否高于或低于场高 1 000 英尺。这个错误永远不会被

发现,然后飞行开始了。我们不确定这是不是这次事故的主要原因,但是当飞行员报 1 400 英尺高度时,实际的飞行高度要低得多,最终飞机撞到障碍物上。读错高度可能吗? 当实际高度为 400 英尺时飞行员怎么能读成 1 400 英尺呢? 这看起来是一个很容易被发现的错误。在你警觉、遵循程序和思考的时候确实很容易发现;当你已经连续工作了 18 小时或者正从流感中恢复时,就很容易忽视它。当时天气阴,能见度仅为 1.5 英里,但是主要还是发生在夜间。飞机有可能在黑夜中降到云层以下,但飞行员不可能立即知道他已经脱离了云层。

　　大部分的可控飞行撞地事故发生在仪表进近或仪表着陆最后阶段时。不管盲降以何种类型的仪表进行引导(如 VOR、NDB、GPS 等),总有一条能将飞机引导至跑道的航线。由于飞行员偏离航线进入两侧地形时发生的可控飞行撞地事故很少见。盲降可控飞行撞地通常发生在航线上,飞行员在错误的时间下降或在低于最低飞行高度飞行时。

> NTBS 编号:ATL95FA128,北卡罗来纳州,罗利
>
> 　　在低云层和低能见度的影响下,已经执行了两次雷达和两次仪表进近,飞行员无法在位于北卡罗来纳州路易斯堡的富兰克林县机场降落。然后他转向罗利-达勒机场执行仪表进近。根据雷达记录数据,在大部分的进近过程中,飞机的航迹都在航道中心线左右偏移。飞机在 23 号跑道进近段东北方向约 0.5 英里处撞击地面,此处平均海平面高度(MSL)为 400 英尺。而盲降 23 左跑道进近的决断高度是 636 英尺。
>
> 　　可能原因:飞行员未能按照正确的仪表飞行规则(IFR)程序操作,将高度下降到了决断高度以下。与事故有关的原因还有天气状况和黑夜的影响。

　　这名飞行员驾驶的是一架 Piper PA - 28R - 200 飞机,基本上沿着进近中心线努力飞行着。报道称,飞机在中心线左右来回偏移但并没有离开进近线路。但是这位有着 125 飞行小时飞行经验的私人飞行员确实将高度降到了所允许最低飞行高度以下,636 英尺是盲降所允许的最低高度,而飞机在 400 英尺的高度撞到了地面。值得注意的是,这是该飞行员在第二座机场进行的第五次进近尝试。他可能是太疲劳,想不顾一切地降落。他可能在想他这次必须成功。天空

很模糊,垂直方向几乎没有能见度,前向能见度为 0.5 英里。天气能见度这么低,任何进近尝试都不可能有安全的结果。进近不能够拯救这个飞行员和他的乘客;应该复飞。

14.1 盘旋降落

讽刺的是,仪表飞行规则(IFR)飞行中最危险的部分之一就是绕着云层盘旋降落的时候。很多机场都只有一条进近路线。你只有一个选择,这经常意味着你在顺风情况下飞进跑道。一旦飞出云层,你必须绕到一个风向较为有利的跑道。该进近方法有一个单独的"盘旋进近"最低高度,该高度高于"直接进近"的最低高度,低于标准的起落航线。在盘旋过程中,必须保证跑道始终在视野范围内。如果你飞进了云层或者在能见度比较低的情况下看不到跑道,必须马上复飞。为了保证跑道在视野范围内,避免飞机爬升到云层中的风险,飞行员通常都是在很低的高度下小半径盘旋。但是在低高度、低速度下,小半径盘旋充满了风险。

> NTBS 编号:CHI94FA089,密苏里州,葛伦谷
>
> 飞行员向目标机场做了两次(非精密)仪表进近,当他错过第一次降落时,他报告说他遇到了麻烦,需要再次降落。据目击者报告说,飞机在机场上空盘旋时,一切看起来似乎都很正常。然后飞机在机场西北方向0.5 英里处,机翼开始摆动,机头上扬,最终撞到了地面。当时天气的气压高度为 400~800 英尺,能见度为 2~3.5 英里,有雾,低于 10 节的北风。记录显示,飞行员在事故飞机(Beech A36)上飞行了 9.6 飞行小时,包括 5.1 飞行小时的正常飞行时间和 3 次进近。没有证据表明存在机械故障,前座上的肩部安全带完好。
>
> 可能原因:该仪表等级飞行员在盘旋降落时不慎失速,天气也是事故发生的一个因素。

我注意到飞行员在盘旋下降机动时放松了警惕。他们所有的精力和肾上腺素都花在了穿云的过程中。当他们下降到云层以下看到地面时,往往会放松警惕。因为目视飞行比仪表飞行更容易。仪表飞行部分已经结束,他们感觉目视飞行部分没有问题而放松了。飞行员觉得,飞行已经结束,任务已经完成。但实

际上,接下来的目视飞行盘旋降落机动比仪表飞行进近更加危险,稍不注意就会发生意外。

14.2　超越个人极限

大部分仪表飞行事故的发生都是飞行员的原因。仪表飞行的飞行环境与目视飞行相比要更加复杂。目视飞行的飞行员是否执行飞行都有明确的规定:如果天气条件不允许则取消飞行。当天气不好时,仪表飞行的飞行员并不会自动取消本次飞行;他们会评估不同天气程度对仪表飞行的影响。云底高 1 000 英尺的层云,非结冰条件,是一个很好的仪表飞行条件。但是蒙蒙细雨,低能见度,结冰气象则是很糟糕的仪表飞行条件。这让仪表飞行的飞行员比目视飞行的飞行员有着更多、更艰难的选择。相对而言目视飞行的飞行员更容易做决定,因为当只有目视等级时去执行仪表飞行是"违法的"。当回答朋友们为什么不便飞行时,这将是一个很好的理由。但当持有仪表等级时,仪表飞行是合法的。但是仪表飞行的飞行环境并不十分安全,而此时飞行员无法以不合法为由拒绝飞行。他们必须自己判断情况,这意味着有时飞行员可以合法飞行但同时伴随着风险。仪表飞行经验比较欠缺的飞行员并不能很好地做出决定。甚至有些人会有相当幼稚的态度:"这是合法的,肯定没问题。"

NTBS 编号:BFO94FA103,明尼苏达州,布雷纳德

该飞机执行的是仪表飞行计划。在进近之前,飞行员告诉 ATC:"我在这方面是新手,需要尽可能多的帮助。"然后他被允许下降,根据雷达引导执行仪表着陆。在引导到航向道后,飞机开始向 VOR 飞行。飞机截获了航向道,然后脱离了雷达引导,在飞行员宣称中止进近后通信中断。飞机在机场南侧撞地。该飞行员在 6 个月前刚刚获得仪表飞行等级,空管并没有按照航空交通管制手册来进行指挥,在飞行员偏离航道后也并未做出询问。此外,空管为截获航向道提供引导,使截获所需的夹角达到了 40 度;而航空交通管制手册规定的应在 30 度夹角内完成航向道截获。

可能原因:飞行员未能遵守已公布的中断进近程序,获得和(或)保持足够的高度,以避免与地形发生碰撞。事故发生的原因如下:飞行员

> 缺乏仪表飞行经验，空管未能遵循标准流程，未能在降落的过程中向缺乏经验的飞行员提供更加全面和更有帮助的指导。

　　事故发生时的天气状况是阴有小雨伴有雾。该飞行员又是一个取得仪表飞行资格仅 6 个月的新手，只会遵从流程飞行，处置事故的能力不足。飞行员告诉空管说："需要所有能提供的帮助，我在这方面是新手。"在那之后，他说了许多话，说他对当前的环境和要面对的状况毫无准备，有 3 个朋友和他一起在 Beech A36 飞机上。面对 500 英尺的云底高度即使是有经验的飞行员也需要好好考虑，而他在起飞前，并未取消这次飞行。

　　当我还是个学生飞行员时，有一次我一个人飞进了一个大而繁忙的机场。我的教员告诉我一开始建立联系就应告诉空管我是一个学生飞行员。我告诉空管我是一个学生飞行员，需要多一点帮助，说话慢一点，不要让我置于任何紧张的境地。这是对于学生飞行员的特权，但是作为一名仪表学生飞行员不应该有这样的特权。一旦你获得了仪表飞行等级并开始在体系中飞行，你就应该表现出与其他具有同样等级飞行员一样的水准。尽管你是第一次在云中独自飞行，但是体系要求你像其他航线飞机机长一样专业、正规。从一个学生飞行员到私人飞行员的差别不像从目视飞行到仪表飞行那么大。这就是为什么有些飞行员拿到了仪表飞行资格但是却没有准备好去面对真正的仪表飞行环境，或者说是在真正的航空系统中工作。

　　上述事故的可能原因还指向空管，因为他没有提供位置信息，并指定了一个过于大的截获角度。当你在仪表飞行系统中飞行时，必须经常评估空管的服务质量。如果得到的截获角度太大，则应要求重新指定一个较小的截获指引。你必须接受或拒绝指令。换句话说，你可以接受 95% 的指令，但是你必须时刻准备着质疑。就像飞行员一样，空管也会犯错。

　　飞行员会因为自己的精度不够而去责怪空管吗？我认为不会。我认为飞行员必须在不好的导引，太晚安排的截获，被遗忘的预计放行许可时间，急下降（空管指令太晚而导致的下降过陡）等情况下工作。我曾经看到过一个关于美国职业棒球投手失利的一则采访。采访说他表现得足以赢下比赛，但因为 3 个防守方面的错误而失利。采访者给了他一个吐槽队友的机会，但他并没有这么做。他说："这是大联盟，在大联盟中我们必须与各种错误周旋并从中找到一条取胜之道。"在空管系统中进行仪表飞行就是大联盟。仪表等级飞行员就像那个投手一样,当事情不顺利的时候,当出现错误的时候,不能推卸责任,必须自己解决这些问题。当飞机返回地面后,你可以打电话给空管告诉他发生了什么。但是在空中,飞行员必须冷静处理这些问题;这也是仪表飞行规则游戏中的一部分。

NTBS 编号：LAX90FA031,加利福尼亚州,卡马里奥

在一次夜间飞行中,飞行员与穆古角的海军机场空管取得了联系,并获准在 26 号跑道 VOR 进近。当飞行员继续进近时,飞机突然急剧右转并开始下降,空管发出安全警告,提示飞行员左转航向至 210 并保持高度 2 100 英尺。飞行员接收到了信息,但没有采取适当的纠正措施。随后,飞机在向最后进近定位点(FAF)飞行时,在 1 100 英尺高度撞到了山中。而该段进近的最低下降高度是海拔 2 100 英尺。穆古角西南方 10 英里处的气象台(海拔 12 英尺)报告,当时天气多云,能见度为 6 英里,有雾有霾。该飞行员在 1989 年 4 月 28 日取得仪表飞行等级。事故发生前,仅仅飞行了 5.5 飞行小时和 4 次起降。本事故发生在 1989 年 11 月 12 日。

可能原因：飞行员执行了不正确的仪表飞行程序,他未能保持 VOR 进近段的最低下降高度。与事故相关的原因如下：黑夜,低云,雾霾,飞行员缺乏仪表飞行规则使用经验,很可能出现了空间定向障碍。

飞行员可能误读了航图,或在进近过程中丧失了位置感。不管什么原因,飞行员在最终进近定位点前就开始下降,而不是之后。报告特别提到了该飞行员最近的经历。他在 4 月 28 日获得仪表飞行等级,完成了 5.5 飞行小时的仪表飞行和 4 次起降。由于事故发生在 11 月,该飞行员不符合仪表飞行的法律规定。最新的法律规定：在最近的 6 个月里,飞行员必须要有 6 次仪表进近经验;这个飞行员只有 4 次。在事故发生时,规定还要求仪表飞行时间不小于 6 飞行小时。从这次事故之后,FAA 取消了 6 飞行小时的要求。但是在 1989 年,这起事故发生时,该名飞行员进行仪表飞行是不合法的。在法律要求他进行更多进近训练时,这个飞行员在进近时犯了一个致命错误。

NTBS 编号：ATL93FA039,亚拉巴马州,凤凰城

该飞行员在事故发生前 3 个月,获得了仪表飞行等级。第一次因仪表着陆系统(ILS)进近时失误而取消进近。当给出一个频率调整时,在到达外指点标之前,她回答说自己遇到了很严重的麻烦。飞机从雷达上消失,飞行员再未发出任何无线电信息。目击者称,飞机从云层底部俯冲而下,机头呈朝下的姿态,撞到了左边的一块空地上。对飞机的检查没有发现任何机械或仪器故障。

可能原因：飞行员在仪表气象条件下,未能保持对飞机的控制。还有一个因素是飞行员在仪表飞行方面缺乏经验。

这名飞行员有 273 飞行小时的飞行经验,但获得仪表飞行等级仅 3 个月。她做仪表进近时为阴天,云底为 300 英尺,能见度为 1.5 英里。这确实非常低,但还是在仪表着陆的最低限制之上。实际上她执行了一次错误的进近,她的进近路线并不准确;如果这架飞机在决断高度之前能够脱离云层,那么她就有足够的能见度可以看见跑道。由于飞行状况不佳,飞机取消了这次进近。这延长了她在 IFR 环境下的飞行时间。飞行员开始被给予第二次仪表着陆引导,但在开始前,就陷入了"严重的麻烦"。

为什么一个刚获得仪表飞行等级 3 个月的飞行员要在云底为 300 英尺的阴天出来飞行呢? 虽然它是合法的,但是它超出了飞行员的个人能力极限。当你成为一名仪表飞行员时,你必须学会自己做决定。你的第一次单独仪表飞行应该是在云底高度大于 1 000 英尺的时候,然后花时间练习。随着经验的提升,个人能力也会相应地提升。很快 700 英尺也会是你飞行的舒适区,而后更低的云层也会在你的掌控之内。但是这需要慢慢地、一步一步地来。

有一次我取消了一次仪表飞行课程,因为当时云层很低,能见度也很低。然后我在机场大厅遇到了一个刚刚通过仪表飞行测试的飞行员。他与三个朋友和一堆行李在一起。很明显,他是要用那张小于一周的仪表资格证带他的朋友去旅行。这场景很像 NTBS 的事故报告,所以我决定留下来,看看他需要多长时间来取消这次飞行。他打电话给飞行服务站(FSS)询问天气预报,并提交了飞行计划。他检查好了租来的飞机。我知道我没有权力告诉这个飞行员他不能去,但我决定如果他要继续飞行,我就会做些什么来阻止他。最后,他鼓起勇气

告诉他的朋友们这个坏消息,他取消了飞行而我从始至终一语未发。

NTBS 编号:CHI96FA090,印第安纳州,布鲁克斯东

在起飞之前,飞行员打电话给他的女朋友,请她 1 小时后在印第安纳州加里市机场接他。1 小时 45 分钟后,女友联系了加里空中交通指挥塔,他们告诉她,并未收到该飞行员的信息。第二天早上,飞机残骸被发现,飞行员在起飞前收到了飞行服务站的简报,简报称在飞行线路上会有低云和阵雨出现。一位目击者说,在美国东部时间 19:00—19:30 在印第安纳州的西拉法耶看到了"快速移动的阵雪"。飞行员在事故发生前一周刚刚获得仪表飞行等级,飞行员的日志上显示的实际飞行经验为 2.8 飞行小时。飞行员的仪表教员说,飞行员在第一次实际飞行时迷失过方向。

可能原因:飞行员对天气预报的漠视,在恶劣天气下的能力不足,迷失方向。与事故相关的因素有飞行员在雪雾天气下仪表飞行经验不足。

飞行员取得仪表飞行等级只有一周,我多希望有人能到机场大厅阻止这次飞行。这个飞行员的仪表飞行教员有没有和他坐下来谈过个人能力限制的问题? 这位飞行员缺乏仪表飞行经验,但更重要的是缺乏决策经验。

NTBS 编号:MIA95FA023,佛罗里达州,代托纳海滩

空管中心允许飞行员在仪表飞行条件下进近。当雷达观察到飞机航道低于进近段最低高度并以"S"转向最后的进近航线时,空管中止了本次进近。飞行员被引导并使用机场监视雷达(ASR)进近。雷达观察到这架飞机在最后的进近过程中转弯,飞行员进行了未被允许的航向修正。飞机继续在进近航线转弯,与雷达失去了联系。飞行员最后一次仪表飞行记录是在 1989 年 9 月 15 日,最后一次夜间飞行是在 1989 年 2 月 18 日。本事故发生在 1994 年 11 月 20 日。

可能原因:在仪表进近过程中,飞行员在仪表飞行条件下操纵时无法保持飞机的控制,导致飞行员在空间上失去方向感,随后在飞行中撞到了地面。造成事故的原因是飞行员缺乏近期仪表飞行和夜间飞行的经验。

该仪表等级私人飞行员独自驾驶一架 Piper PA-28-180 飞机。飞行规则要求飞行员进行训练。我们可以看到遵循这些规则可以使飞行员保持"状态"，但不能保证飞行员"熟练"。这个事故就是一个飞行员既不管当前飞行状态也不熟练的案例。他的飞行记录显示，他已经有 5 年多没有进行夜间飞行或仪表飞行了，他在事故发生时正在同时进行这两种条件下的飞行。

在所有飞行中最大的挑战就是从目视飞行规则向安全的仪表飞行转变。本章中的事故案例取自一小部分致命的仪表飞行事故。数据显示，飞行员花在仪表飞行上的时间使其成为一名更安全的飞行员。成为一名更安全的飞行员一部分是保持状态，不断精通，并了解自己飞行能力的边界。

幸存者的故事

NTBS 编号：410713

本该将 OBS 的角度设为 196 度，当我将角度设置为 186 度时问题出现了。我当时在 21 号跑道执行 VOR 进近。空管给了我一个飞行方向，以便我建立航径。在本该将 OBS 设定为 196 度时，我仍然设定为 186 度。空管让我保持 2 500 英尺飞行高度直到建立航径。指针指向中间，所以我根据进近图下降到了 1 900 英尺。在距离为 12.4DME 后，我继续下降到了 1 120 英尺[最低下降高度（MDA）]。此时空管通知我在进近航线以东 1.5 英里处。我处于错误航道上。这时我意识到了自己的错误，成功完成了第二次进近。

如果飞行方向错误或下降过快，但没有与地面接触，则称为可控向地飞行（CFTT）。

15　先进飞机事故

很多发生在先进飞机上的事故与其他的飞行事故有着相似的模式。同样的事故类型也出现在拥有更强动力和更多设备的飞机飞行时。这是非常讽刺的。你会认为一名具有驾驶先进飞机资格的飞行员同时也会是一个高等级的决策者。然而不幸的是，事实并非如此。先进飞机事故的可能原因中存在着大量的"过度自信"和"缺乏飞行经验"等情况。飞行员在没有准备好的情况下就可以获得执照。我见过几个飞行员在一架 100 马力①的教员机上拿到了私人飞行员执照，然后又买了一架 200 马力的飞机用于飞行。这就有可能超出了飞行员的处理能力。

本章描述的飞机分为三类：复杂飞机、高性能飞机和多发飞机。所有的事故案例当事人不是学生飞行员就是私人飞行员。

任何复杂的飞机都具有一个恒速螺旋桨、可收放起落架和可收放襟翼。这种复杂类型的飞机特别需要商业飞行员和飞行教员做好实践考试。作为一名复杂飞机的飞行员，FAR - 61.31(e)规定飞行员需要有教员证明。一般来说，美国联邦航空管理局(FAA)没有规定最短训练时间，但是大多数保险公司都会对其保险范围实行最低检查。在大多数情况下，规定是允许飞行员在第一次飞行时使用可收放起落架的。FAA 咨询通告 AC 61 - 65E 附录 1 第 58 条给出了证明模板："兹证明(名，中间名首字母，姓)，(飞行员执照)，(执照编号)，在(复杂飞机的型号)上接受了 FAR - 61.31(e)规定的必要培训。认定他熟悉复杂飞机的操作。"不管动力大小，只要飞机有这三个部件——恒速螺旋桨、可收放起落架和可收放襟翼——就是一个复杂飞机。

一架高性能的飞机必须具备一台 200 马力以上的发动机。一架拥有两台180 马力的飞机并不是高性能飞机，因为它没有超过 200 马力的发动机。飞机

①　1 马力≈745.7 瓦。

的总马力(180＋180)不能用来决定其是否为高性能。FAR‐61.31(f)规定,要想担任高性能飞机的飞行员必须要有资格证明。同样,咨询通告 AC 61‐65E 附录1第58条就是高性能的证书模板:"兹证明(名,中间名首字母,姓),(飞行员执照),(执照编号),(高性能飞机型号)已经接受了 FAR‐61.31(f)规定的必要培训。认定他熟悉高性能飞机的操作。"

在接受了先进飞机的训练后,你必须注意要拿正确的资格证明。我曾目睹过一个非常不愉快的事情,当一名商业飞行员与 FAA 检查员进行飞行考试时,议程上的第一项任务就是检查申请人的文件和证明。果然,他拿错了证明。他在没有证明的情况下进行飞行考试,不用说,那天他没有拿到飞行执照。他不得不在后来又进行了一次飞行考试。

一架飞机可以既不是复杂飞机也不是高性能飞机,就像一架低动力、单发、定距螺旋桨的教员机一样。一架飞机也可以既是复杂飞机又是高性能飞机,就像大型双发飞机。一架飞机可以是复杂的,但不是高性能的,就像一架拥有恒定转速的螺旋桨、可收放的起落架和可收放的襟翼,但是马力不足200的飞机。同样,一架飞机可以是高性能的,但不复杂,就像一架拥有200马力,但是起落架固定的飞机。利尔喷气机(Learjet)是一架复杂的飞机吗? 不是,因为他没有螺旋桨! 利尔喷气机可能是一种非常复杂的飞机,但它不符合复杂飞机的定义。

图15.1中的私人飞行员事故统计综合了多发、单发高性能、单发复杂等类

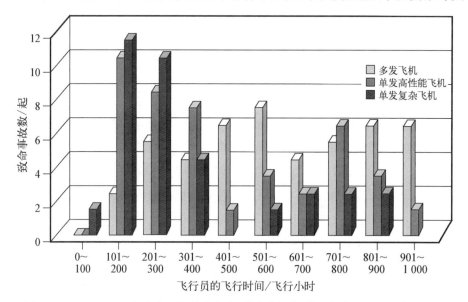

图15.1　2000—2011 年私人飞行员在多发、单发高性能、单发复杂飞机上的事故统计

型的飞机。仔细观察这些数据可以发现,一架飞机可能被列在多个类别中,因此,数据库是重复的。例如"空中国王(King Air)"飞机同时满足这三种类型(多发、高性能、复杂),所以,一架"空中国王"飞机的飞行事故会同时出现在这三类数据中。所以,我们不能单纯把这些事故数相加来得到总数,因为会存在重复统计的情况。此外,数据库只报告事故发生当天飞行员的飞行总时间。通常,我们不知道飞行员在特定类别中的飞行时间。比如一个飞行员飞行总时间为 1 000飞行小时,但他在复杂飞机上的飞行时间可能只有 10 飞行小时。因此,一个看起来飞行总时间很长(1 000 飞行小时)的飞行员,可能在事故飞机上的飞行时间很短(10 飞行小时)。这些因素无法在图 15.1 中体现,事故似乎均匀分散在整个图上,除了一个高峰和另一个致命地带,大部分都集中在 100~400 飞行小时的范围内。

15.1 目视飞行到仪表气象条件

NTSB 编号:CHI93FA153,堪萨斯州,金斯利

飞行员告诉机场空管,他必须返回基地。由于天气状况不佳,空管告诉飞行员不要离开。飞行员要求空管给他一个天气简报,空管照办了并再次劝告飞行员由于天气原因不要离开。空管说当时飞行员非常激动,告诉空管自己准备离开了。空管建议飞行员沿着公路飞行,以避免撞到出发地和目的地之间的无线电天线。飞行员没有航图,空管就给飞行员发了一张旧航图。飞行员离开不久后,一名目击者看到一架颜色和设计相似的飞机从他的卡车上方低空飞过。她说当时有一层薄雾,飞机右机翼擦到了地面。

可能原因:飞行员在仪表气象条件下进行目视飞行,结果由于空间迷失导致飞机失去控制。恶劣的气象条件也是造成事故的原因。

事故发生时天气状况是阴天,云底为 300 英尺,能见度为 2 英里,飞行员和一名乘客全部遇难。飞机型号是 PA - 28R - 200。

15.2　穿越雷雨

NTSB 编号：NYC91FA193,宾夕法尼亚州,福格斯维尼

不具备仪表飞行等级的飞行员打算进行一次目视飞行,但是起飞机场的天气状况仅适合仪表飞行,并且持续了相当长的一段时间。飞行员起飞时,天气仍处于目视飞行条件的边缘。有报告称该地区有湍流、雷暴,能见度较低。当飞机爬升至 6 700 英尺时,雷达数据显示飞机快速下降,垂直速度超过了 10 000 英尺/分钟。机翼在飞行中解体,有目击者看到飞机螺旋撞向地面,机翼在 3～4 分钟后也跟着落了下来。该飞行员的总飞行经验为 218 飞行小时。

可能原因：无仪表等级的飞行员在仪表气象条件下尝试目视飞行的决定并不恰当,导致飞机失去控制。与事故有关的原因：飞行员对自己的能力过于自信,缺乏飞行经验,尤其是仪表飞行经验。

飞机进入雷暴后,飞行员和一名乘客都遇难了。雷雨中的下降气流能量大得难以置信。这些下降气流冲向地面时会导致风切变、微下击暴流和阵风锋面。没有任何飞机,包括这架 Piper PA-28-336,能够在遭遇雷暴时毫发无损。这名私人飞行员的总飞行经验是 218 小时。

15.3　起飞

NTSB 编号：SEA91FA110,爱达荷州,哈里森

在私人机场起飞的爬升过程中,飞机未能越过前方的障碍物。随后,飞机撞到树上后坠毁。这条跑道是沿着上升的地形向上倾斜的。顺风起飞则是下降地形,会飞过一个湖,机场高度约为 2 700 英尺,坠毁点高度约为 3 000 英尺,在起飞方向跑道尽头附近。飞机无机械故障。

可能原因：飞行员的前期准备不到位。地形条件和飞行员缺乏总体经验是相关因素。

这是一名具有 215 飞行小时飞行经验的私人飞行员,驾驶的是一架 Beech

Bonanza 35 飞机。在大部分情况下,有明显坡度的机场需要一个上坡着陆/下坡起飞的操作流程。这名飞行员在尝试爬坡时,会不会对自己的能力过于自信了呢?

15.4　缺乏近期飞行

> NTSB 编号:CHI90FA236,威斯康星州,水城
>
> 飞机在夜间起飞后在机场南部 0.5 英里处撞到了地面。一名警察看到了飞机滑行到跑道,但没有看到飞机起飞。他描述了当时的天气状况,有大雨、闪电和大风。在事发地点以西 1 500 英尺的高速公路上,一名汽车上的乘客报告说,她认为这是一颗"流星"。她说由于下大雨,他们开车比平时慢。飞行员对他的家人说他必须在午夜前完成 3 次起降,要不然他将失去他的执照。他最后一次飞行是在事故发生前 92 天(正好 3 个日历月)。
>
> 可能原因:在恶劣的天气条件下进行目视飞行。造成事故的因素有恶劣的天气条件和飞行员为了维持自身执照的压力。

首先,让我们看一下目前的规定。FAR - 61.57 规定:"任何人不得担任载有乘客的飞机的飞行员,除非此人在 90 天内至少进行过 3 次起降。"报道称,该飞行员担心,如果他在午夜前不飞行,会被"取消驾驶资格"。飞行员不会因为不能保持状态被吊销飞行执照。也可能是他的家人误导了飞行员,飞行员自己对规则也不十分理解。日历月份与此规定完全无关,所以进行午夜前的飞行本身就是错误的。规定是飞行前 90 天,而事故发生时已经过了 92 天。也就是说,飞行员已经是缺乏近期飞行的状态了。第 92 天根本没必要急着飞行。此外,如果超过 90 天,你失去的只是搭载乘客的资格。飞行员可以独自完成起飞和着陆飞行,并重新取得载客资格。因此,飞行员由于不理解规则,把 7 人堆在了一架只有 6 个座位的飞机上,并在大雨、雷电中飞行,致使 7 人全部遇难。

最近出台的法规基于一条简单的规则:训练保持状态。如果你不练习,你的技能就会消失,在某个时间点(90 天内),FAA 就会认为你的技能已经退化到了一定程度,再载人飞行就不够安全了。90 天后你可以自己冒险,但不允许载人。为什么飞行员要拿自己的生命去冒险来满足安全性规定呢? 该私人飞行员驾驶的是一架 Piper PA - 32R - 300 Lance 飞机。该飞行员有 212 飞行小时的

飞行经验,但是在该飞机上只飞行了 8 飞行小时。

15.5　重量和平衡

> NTSB 编号：ATL95FA142,佛罗里达州,多拉山
>
> 　　飞行员和乘客当时正在前往威斯康星州奥什科什参加试验飞机协会年会的途中。他们本打算趁此机会顺便露营。飞行员在一大早就离开了家,飞往佛罗里达州的中部机场去接了一个人。到达后,飞行员说,在飞机的飞行过程中,飞机的重心很靠后,为了保持水平飞行,他使用了大幅推杆操作。飞行员和他的乘客在没有称重的情况下匆匆忙忙地把行李装上飞机,而后驾机离开了。飞机的起飞时间比平时更长,飞机爬升到 300 英尺。然后,飞机开始右转,飞机迎角持续增大。随后飞机急剧下降,坠入了河中。重量和平衡计算显示,飞机总重为 2 765 磅,重心为 85.4 英寸。它的最大起飞重量为 2 757.5 磅,重心后限为 85.1 英寸。
>
> 　　可能原因：飞行员的前期准备不足,重量和重心超出限制,起飞后右转时未能保持对飞机的控制,导致飞机意外失速。

　　当飞行员驾驶更强大、更先进的飞机时,他们会高估飞机的能力。当你驾驶一架性能不佳的飞机时,你就不会奢望太多。你不会梦想着飞机在超重情况下还能正常飞行。但是这架 Beech Bonanza 35F 的飞行员一定认为飞机的额外动力可以克服超重的情况。飞行员和这名乘客都遇难了,该飞行员的飞行经验为 212 飞行小时。

15.6　多发飞机

　　仅凭教员的认可是无法获得多发飞机的飞行执照的。飞行员为了获得多发飞机的飞行执照,需要通过一项实践考试。多发飞机考试项目不止一种。你可以在拥有私人飞机飞行执照的基础上,通过测试获得多发飞机的飞行执照。本节的案例主要涉及多发飞机的飞行员。如果你要获得一个私人多发飞机飞行执照,考试将按照私人飞行员的规则进行。更常见的是,飞行员会申请商用多发飞机的飞行执照,此时的实践考试就会按照商用标准执行。随后进行目视飞行和仪表飞行的考试。当考试开始时,申请人应该声明进行哪种多发飞机飞行考试。

一旦确定就不可更改了。你不能一开始选择仪表飞行多发测试,后来未通过后,改成目视飞行测试。多发飞机飞行的要求很高,事故报告再次指出,经常会出现飞行员由于没有准备好,在飞行中遇到了麻烦的情况。

15.7　无多发飞机飞行资格

> NTSB 编号:MIA85FA112,佛罗里达州,杰克逊维尔
>
> 单发飞机着陆时,该私人飞行员拥有仪表飞行执照,但是其没有驾驶多发飞机的飞行执照。在一次携带大麻的非法飞行中,他联系了位于杰克逊维尔的进场指挥员,并告知由于大雾他无法看到地面。飞机燃油不足,请求协助降落。飞行员被引导至杰克逊维尔国际机场执行仪表着陆。但他无法降落,飞机上的通信设备过于老旧导致通信质量太差。随后空管引导飞机以雷达引导进近(PAR)方式靠近海军机场,第一次尝试没有成功,飞机的燃油变得异常紧张。随后,发动机因为燃油耗尽而失去动力。当飞行员尝试单发进近时,飞机右转并坠毁。对飞机残骸的检查显示,右发动机平掠回桨(回桨至平桨),左发螺旋桨由于功率过大而损坏。

该飞行员驾驶的是一架双发的 Piper Aztec 飞机,但是无多发飞机的飞行执照;尽管如此,他还是在能见度只有 0.25 英里,云底高度为 100 英尺,有雾的恶劣天气状况下进行了飞行。右发动机因燃油耗尽失去了控制。单发进近需要通过多发仪表飞行考试,但是这个飞行员没有通过考试。飞机上有两人,全部遇难。

15.8　缺乏经验

> NTSB 编号:MIA97FA020,北卡罗来纳州,新伯尔尼
>
> 这架飞机在起飞时超重但还在重量与平衡控制能力之内。目击者观察到飞机在低空飞过一片丛林然后飞机向左倾斜。飞机下降并撞到了地面,此时起落架处于收起状态,襟翼放下了 6 度。对飞控系统和发动机的检查发现,在撞击前没有故障痕迹。舱门半开着,在撞击时指示灯没有亮,但是起落架告警灯在撞击时燃亮。该名飞行员最近购买了这架飞机,

经过了 6 次飞行训练，累计 1 小时 23 分钟。在完成了训练之后，他与其他有资质的飞行员一起飞行了 3 小时 37 分钟。这次事故是该飞行员的第一次独自飞行。

可能原因：飞行员未能保持飞机的空速，造成事故的原因是他对这种飞机缺乏全面的经验。

这是一架 Piper PA‑60‑600 Aerostar 飞机。这名飞行员拿到私人飞行员执照已经有飞行经验 382 飞行小时，但对这种飞机只有几小时的飞行经验。事故原因为"缺乏全面经验"。机上三人全部遇难。

15.9 目视飞行到仪表飞行

NTSB 编号：DEN89FA218，加利福尼亚州，赫斯珀利亚

飞行员和他的妻子在美国太平洋时区 3:10 离开苹果谷机场，飞往加利福尼亚州的里弗赛德。大约在 3:20，两名卡车司机看到飞机低空飞向凯昂隘口（海拔 4 120 英尺）。随后卡车司机看到飞机起火坠毁。虽然苹果谷和里弗赛德的天气适合目视飞行，但是凯昂隘口却被大雾和毛毛雨所笼罩。该飞行员不具备仪表飞行等级。飞行员的朋友说，他很担心天气，但是他的妻子急于返回里弗赛德。

可能原因：不具备仪表飞行资格的飞行员从目视气象条件飞到了仪表气象条件，错误地判断了自己与障碍物之间的高度。造成这一结果的因素如下：飞行员缺乏仪表飞行经验，他的妻子（乘客）给他造成的压力，黑夜，天气状况以及多山的地形。

当驾驶多发飞机时，所有可能导致单发飞行员驾驶失误的压力仍然存在。这架赛斯纳 310 在能见度为 0.125 英里的大雾中飞行。这名私人飞行员具有多发飞机飞行资格，飞行经验为 339 飞行小时。这对夫妇在这场完全可以避免的事故中丧生。

15.10　起飞

NTSB 编号：CHI92FA257，明尼苏达州，克里斯特尔

目击者称，当飞机在 23 号跑道开始起飞时，阵风转变为直接右侧风。他们报告说，飞机在跑道上停留的时间比平时要长。机头在来回"摇晃"。一位目击者说："飞机在跑道右侧被拉起，很快向左倾斜。"飞机继续以大迎角、左倾斜的姿态飞行，而后落到了树木和住宅区，撞击导致了起火。该飞行员飞行经验为 347 飞行小时，包括 253 飞行小时在这架事故飞机上进行的飞行训练。事故调查发现，飞机撞击前未发现明显故障。目击者说事故发生时该地区有"疯狂"的风和"尖叫"式风暴。

可能原因：飞行员在阵风变侧风的条件下起飞爬升时未能保持对飞机的控制。

起飞对于任何飞机来说都是一个关键的阶段。当时起飞的侧风可能太大了。记住，起飞总是可选的。这架赛斯纳 310 飞机上 5 人中有 3 人在事故中丧生。

15.11　低空特技飞行

NTSB 编号：LAX88FA264，加利福尼亚州，波托拉谷

飞行员的朋友们在吃晚饭时，飞行员告诉他们"要飞了"。在飞行结束时，他会在返回帕洛阿尔托机场前飞过屋子的上空。飞行员在机场西南方向大约 7 英里处盘旋了两圈，然后继续向西飞行。地面的目击者说，飞机在该住所以西约 0.5 英里处，进行了一个 70 度仰角的飞行动作。这一类动作类似于一种失速机动，在飞机俯冲到预定高度之前，飞机进行了快速旋转的机动飞行。另一位靠近事故现场的目击者说，飞机在触地之前已经停止了旋转，并以 45 度的角度进行下降。事故现场附近的目击者报告说，其中一个引擎的声音听起来不正常。坠机后的调查发现，在坠机前飞机或引擎并没有故障痕迹。

这个致命的动作是在一架 Beech 76 Duchess 飞机上完成的。美国宇航局曾经对一架 Beech Duchess 进行过螺旋测试,结果是其螺旋机动是不被允许的。这个飞行员是一个人在飞。

15.12　个人极限

> NTSB 编号：MIA87FA062,佛罗里达州,劳而戴尔
>
> 这名私人飞行员被允许在 27 号跑道执行仪表着陆,在 1 600 英尺高度时,空管注意到飞机在航道以北并右转向东。空管问飞行员飞行方向时,飞行员回答："东边,往哪走?"。这架飞机随后被调转方向以防与迎面来的另一架进近飞机相撞。此后飞行员并未接到进一步的无线电指令,不久之后,飞机从雷达上消失,坠入了大西洋 800 英尺的深水区。这名多发飞机的新手飞行员曾被他的飞行教员建议,在他获得更多的飞行经验之前,不要在任何严酷的飞行条件下进行夜间飞行。天气状况为夜间,该地区由于强湍流和雷电。飞机和机上人员都未找到。

教员曾告诫飞行员注意自己的"个人能力边界"。但是这名 Piper PA - 34 Seneca 飞机的飞行员并未理会这一建议,在漆黑的夜晚与一名乘客在云底高度为 500 英尺的阴天飞行。

15.13　起落架

> NTSB 编号：FTW89LA145,俄克拉何马州,奥克木吉
>
> 起飞后前起落架未能完全收回,地面人员证实,它并未完全收回或放下。在距离跑道 0.5 英里的位置,飞行员选择关闭了两个发动机。飞机立刻急剧下降。撞上了离跑道 1 080 英尺的地面。
>
> 可能原因：前起落架收放装置故障,飞行员预防性着陆措施不当,在未确保安全的情况下就关闭了发动机。

这不是一起致命事故,但这架赛斯纳 421 的飞行员受了重伤。他试图减少对飞机的损害,这是令人钦佩的。但还是应该把人放在第一位。还有一名多发

飞行员,在没能放下前起落架并锁定的情况下,他让飞机上的 6 名乘客全部移动到飞机的最后面,这样可以减少降落时对机头的损伤。飞行员希望这样可以将重量转移到飞机后方,使机头更容易保持在空中,直到获得尽可能慢的速度。飞机得救了,但飞行员却被吊销了执照。为什么? 因为他允许飞机降落时乘客不系安全带。乘客都挤在后面,没人在座位上,也没人系安全带。飞行员把对飞机的关心置于乘客之上。我们可以再买一架飞机,这也是我们为什么要支付那些大笔保险费的原因。但是生命只有一次,什么都无法替代。

16 飞行员个性

　　飞行事故比例已经证明有一个致命地带存在。飞行员有自己做决定的责任，但有些飞行员还没做好承担这一责任的准备。正所谓乐极生悲。致命地带之所以存在，是因为给予飞行员的自由太多了。

　　飞行事故比例只是更大问题的征兆。更大的问题会影响到所有飞行员，甚至那些没有涉及事故的飞行员，因此没出现在事故统计数据中。是飞行员的性格根深蒂固的问题吗？现在有大量的研究表明，那些飞行员的性格特征与其他人不同。这些个性特征在各种飞行员身上都可以找到。当飞行员被问到"你为什么要飞行"时，给出了很多答案。我们说这很有趣，我们说我们喜欢它，我们说这是项休闲娱乐活动。但实际上，它比通常难以用言语表达的东西都要深刻得多。如果我们能够描述它，如果我们对自己诚实，我们会说我们飞行是因为飞行提供了我们的内在个性所需要的要素。

　　埃里克·法默在《国际航空安全杂志》(*International Journal of Aviation Safety*)上撰文称，许多研究支持了这样一种观点，即存在飞行员的个性特征，并可以在成功的飞行员身上找到。这些研究确定了飞行员性格的特征。研究结论认为，飞行员是独立的成功人士，他们能够展示自己的能力，并乐于掌握复杂的任务。飞行的动机包括对声望和控制的需要。喜欢飞行的人渴望兴奋、力量、速度、独立、极限和竞争。

　　雇用飞行员的人的兴趣在于如何聘请一个称职的飞行员/雇员。如果飞行员有危险的个性特征，他们希望事先知道，这样他们就可以雇佣其他人了。R. A. 阿尔科夫在《航空、航天和环境医学》(*Aviation, Space and Environmental Medicine*)一书中谈到了"飞行员的人格特质"。他指出，事故对航空业来说是代价极其高昂的，不仅是人员和设备的损失，而且也深深影响着航空业能否持续成功，而这一点，关键取决于公众对飞行旅程安全性和可靠性的期望是否能得到满足。在选择过程中，识别容易发生事故的飞行员的能力将是一项宝贵的资产。

危险因素与飞行员的事故发生有显著的相关性。

今天,许多航空公司试图通过能力测试、性格测试和心理测试来预测飞行员潜在的未来行为,作为面试过程的一部分。人为因素研究人员罗纳德·费拉拉表示:"在(飞行员)选择过程中,重要的是区分哪些人会成功而哪些人会失败,以及在相当长的时间里能保持专业水准的飞行员。人员的选择涉及对个人飞行动机的各种因素的评估。"这就是为什么每次飞行员面试都会包括这样的问题:"你喜欢飞行吗?"或者"是什么让你对飞行感兴趣?"

一般来说,安全飞行员是成熟的、进取的、整体个性良好的,有积极的自我形象,好奇,活跃,是能够应对生活中的挑战的人。研究人员约瑟夫·诺韦洛和扎克·尤塞夫对男女飞行员进行了一项研究,发现了飞行员的一些好的和坏的性格特征因素,包括成就感、表现欲、控制欲、变化、冒险、自由、秩序和忍耐力。

16.1　成就感

飞行员很有目标。飞行员看到了一项艰巨的任务,就乐于为完成任务而努力。为了达到我们认为困难的驾驶技能而努力工作,满足了我们对个人奖励的需求。飞行员的性格包括强烈的目标和适应困难任务的动力。任务越困难,回报就越大。这就是为什么当我们通过飞机驾驶执照飞行考试,或者驾驶飞机进出繁忙的机场时,我们会对自己有很高的评价。但这也可能是为什么我们在一个正常天气下高速飞行时,没有这种感觉。

16.2　表现欲

飞行员不仅想在别人失败的地方取得成功,还想因此获得认可。电影把飞行员描绘成一个"浪漫的英雄"。真正的飞行员知道,在电力系统、重量平衡和性能图中几乎没有浪漫可言,但我们仍然不在乎这个形象。我们希望那些不是飞行员的人相信,我们可以勇敢地面对天空,死里逃生,触摸上帝的脸。飞行员真的喜欢谈论他们自己的经历,当然会有一部分艺术性夸张。当我们说话的时候,我们想表明,我们谈论的是非常危险的事情,你真的不应该自己尝试。对于一个有飞行员性格的人来说,仅仅取悦自己是不够的;他们还必须让别人感到敬畏。除了飞行外,还有什么别的努力能如此轻易地做到这一点呢? 也正是这种特质促使一个善意的、安全的飞行员在朋友家兴奋地交谈。

16.3　控制欲

飞行员真的很喜欢控制飞行。在现实生活中，很少的情况能给予一个人完全的权威，就像当飞行员一样。在地面上，有人和环境因素控制着我：我的雇主、我的账单、我的家庭、我忙碌的生活。但当我在飞行中控制飞机时，我终于掌握了指挥权。我有权控制这种情况。飞行员的个性需要控制，需要控制周围。在其他地方，没有比在飞机上更能获得这种力量的了。但是在控制之下，飞行员可能会对建议或选择视而不见。沉浸在掌控的快感中的飞行员可能忽视一条更安全的路径。

16.4　变化

如果你喜欢每天以同样的方式，按照同样的时间表做同样的事情，那么飞行就不适合你了。飞行员往往喜欢做新的事情，如果你真的想挫败飞行员，让他们整天在流水线上重复做同样的任务就行了，以飞行员的个性很快就厌倦了。驾驶飞机再次满足了改变的需要。在飞行过程中，情况总是处于变化的状态。每一次飞行、每一次着陆、每一次仪表进近都与以前不同。飞行员认为每一次飞行都是一个全新的和不同的挑战，必须克服。但是在任何航班上都有一些事情是经常发生的，比如检查单和标准程序。我们不是健忘错过了一个清单项目，而是我们的个性抵制每天重复做同样的检查。

16.5　冒险

当被问及他们更愿意做什么时，游览历史上的欧洲，或独自航行，他们非常喜欢一个人独自在海洋航行。飞行员更有可能去探险，去到达那些可以到达的星球。为什么要攀登珠穆朗玛峰？因为那里有飞行员这种"因为它在那里"的精神。想到驾驶飞机对抗各种元素，飞到遥远的地方，看到普通人唯一梦想的东西，这就是驱使飞行员去机场的原因，但它也能让飞行员通过冒险，去寻找刺激。

飞行提供了满足我们对成就感、表现欲、控制欲、变化和冒险的需要。我们飞行是因为它适合我们。那些需要在他们面前设定目标的人，或者喜欢谈论个人的冒险，或者推动他们自己的观点的人，这些人可以停止驾驶飞机的愿望。我们喜欢飞行是因为我们内在的、复杂的对其他事物不满意的情感，而飞行正具备这些要素。

但这一切都有不好的一面。飞行员的性格带有一些潜在的不健康的因素。

冒险主义可能带来危险。控制欲会减少我们的团队合作。表现欲可能带来低于最低飞行高度的飞行。乐极生悲,物极必反。飞行员的性格也有一些在任何层面上都不是很好的特质。飞行员有可能做出错误的决策,不仅仅因为糟糕的判断,这实际上是他们个性的一部分。

16.6 自由

飞行员不喜欢屈服于别人的判断或意愿。飞行员的个性宁愿负责,也不愿顺从。飞行员不善于接受与他们的意见相悖的批评意见。如果你需要建设性的批评,他们认为这样就不能完全控制飞机了。可能因为你想要和需要控制飞机,因此飞行员经常拒绝或反对它。这种特质可能是一个真正的问题,也可能是飞行员资源管理情况下的噩梦。如果一个教员建议你适当更改 VOR 截获角度,你的第一反应可能是他只是在挑你的事,你选择的角度是合适的。如果按照教员的建议去做,那么这将是一个由别人控制的任务。

本书使用的许多事故案例都涉及新飞行员。他们被教导不应这样做之后,立刻出去做了一件愚蠢的事。怎么会发生这种事?他们拿到了执照,第一次不再被他们的飞行教员"指手画脚"了。他们要做他们想做的事情,而不是有人一直看着他们。

16.7 秩序

飞行员与普通老百姓一样对秩序不感兴趣。他们不一定是马虎的人,但把事情安排在"适当"的顺序上对他们来说并不是一个很高的优先级。这种特性可能会导致飞行员忽视飞行前的细节,或者只忽略部分完整的导航计划。为了提高效率,进入空中的决定可能会比检查驾驶舱更重要。细节变得琐碎,要么被忽略,要么被合理化,因为其被认为不重要。

16.8 忍耐力

因为飞行员的个性喜欢改变,所以任何长期不变的事情都会让人不舒服。不幸的是,飞行的知识和技能要求学习者在长距离飞行中表现出耐力。飞行员必须"坚持"以取得任何进展,但更多的时候飞行员会把任务搁在一边。首先让潜在飞行员开始飞行课程的冒险性特征可能会因为缺乏耐力而黯然失色,而想要成为飞行员的人永远也达不到目标。颁发的学生飞行员执照比私人飞行员执照多得多。

不要仅仅因为你是飞行员就觉得自己冷漠、懒散、分心。这些好的和坏的特质，都是促使我们飞行的部分原因。把所有这些特征综合起来，就会发现飞行员性格中有一种危险的倾向。首先吸引一个人成为飞行员的一系列性格特征也会对飞行员产生不利影响。在飞行员个性的深处，是我们为什么飞行的原因。我们需要飞行，因为飞行满足和滋养我们的天性。但是在我们的性格中也播下了不成熟决策的种子。我们能够成为飞行员的优秀品质也可能使我们无法干飞行员的工作。换句话说，一个从不冒险、一丝不苟的人具备一个优秀的飞行员特质，但拥有这些特质的人很少成为飞行员。

存在致命地带的原因部分是经验不足，但把所有的责任都归咎于经验不足是不对的。由于飞行员的个性引起的致命地带也是存在的。非常讽刺的是，创造飞行员的特征同样可能会杀死飞行员。

16.9　飞行员人格自我评价

以下是 40 个问题，这些问题已被用于识别飞行员的人格特征。这是一个不科学的评估，所以不要把你所有的职业计划仅仅建立在这之上。但看看它是如何产生的确是很有趣的。要非常诚实地做完测试。

（1）如果你转世作为动物回来了，你想成为哪一个动物？（　　　）

　　a. 鲨鱼

　　b. 秃鹰

　　c. 家猫

（2）什么是你的度假选择？（　　　）

　　a. 独自环球旅游

　　b. 非洲野生动物狩猎

　　c. 游览欧洲的历史

（3）你想成为谁？（　　　）

　　a. 宇航员吉布森

　　b. 脱口秀节目主持人奥普拉·温弗瑞

　　c. 科学家爱因斯坦

（4）你最能接受什么挑战？（　　　）

　　a. 在世界系列赛第七局～第九局中，救援投手上场；你们队以 1∶0 领先；有两个人出局，一个人在第三

　　b. 你在大师高尔夫锦标赛的第 8 号果岭上；你领先一杆，同时面对一

　　　　个棘手的 10 英尺推杆

　　c. 你是"谁想成为百万富翁"的选手,你要为了赢得所有的钱面对最后

　　　　的问题

(5) 你什么时候收拾烘干的衣服?(　　)

　　a. 把衣服扔到篮子里,过一会把它们叠起来

　　b. 衣服烘干完 30 分钟后再回到烘干机

　　c. 衣服烘干后马上整齐地叠好

(6) 你什么时候为家里买食物?(　　)

　　a. 饿的时候去购物,并且只买你认为正好的东西

　　b. 在回家的路上把物品列一个简短的清单并对照清单购买

　　c. 计划一星期的饭量,只买所需的食物并且始终坚持计划

(7) 说到准时,认识你的人可能会说(　　)。

　　a. 你总是迟到

　　b. 你有时迟到,但你很忙,而大家能够承受

　　c. 很准时

(8) 当谈到"愚蠢"的意外时,你(　　)。

　　a. 被认为容易发生意外

　　b. 有时会发生意外

　　c. 非常小心

(9) 什么是最有趣的?(　　)

　　a. 面带微笑的人

　　b. 独角戏演员

　　c. 非常巧妙的政治讽刺

(10) 你是(　　)。

　　a. 某个政党的人

　　b. 善于交际的人

　　c. 伟大的听众

(11) 你对认识的人的态度是什么?(　　)

　　a. 从不完全信任任何人

　　b. 只相信你最亲密的朋友

　　c. 没有伟大的友谊你就不可能幸福

(12) 现在是凌晨 3 点钟,你被红灯挡了(可能灯坏了)。你会怎么做?

（　　）

　　a. 三思而后行

　　b. 等待变绿灯

　　c. 报告警察信号灯坏了

（13）为了帮助记住你的事情，（　　）。

　　a. 把提醒写在碎纸上，把纸放在你能看到的地方

　　b. 当你真的很忙的时候列一张要做的事情清单

　　c. 完成一件事情就在清单上把它划掉

（14）你喜欢怎么玩游戏？（　　）

　　a. 单独

　　b. 与伙伴一起

　　c. 作为一个团队的一部分

（15）你想要什么？（　　）

　　a. 我能得到的任何东西

　　b. 比我的亲密朋友拥有的更多

　　c. 没有什么是应得的或亏欠的

（16）如果你开始一项任务，你（　　）。

　　a. 找最蹩脚的借口然后停下来

　　b. 一直工作直到有别的事情发生

　　c. 不能停止直到你完全完成

（17）当你开车旅行时，（　　）。

　　a. 不管车里还有谁总是你开车

　　b. 喜欢开车

　　c. 你不在乎谁开车

（18）当你在开车时迷路了，（　　）。

　　a. 用你优越的方向感找到出路

　　b. 查找地图

　　c. 停下来找方向

（19）什么是关于你最贴切的描述？（　　）

　　a. 无论我做什么我都是最好的

　　b. 和我在一起很有趣

　　c. 我行我素

(20) 当我开车的时候,我总是( )。

　　a. 刚好超过速度限制,因为我能开得比大多数人都好

　　b. 刚好超过限速,因为限速有点太大了

　　c. 限速行车

(21) 世界将会更加美好,如果( )。

　　a. 人们更像我

　　b. 每个人都只关心自己的事

　　c. 我们都是朋友

(22) 当我看到搭便车的人,我( )。

　　a. 想都不想就开车过去

　　b. 开了过去却因为没有停下来而内疚

　　c. 载他一程

(23) 你和另一位飞行员一起飞行,他有与你一样的飞行执照和飞行经验。
如果另一个飞行员纠正了你的错误,你会( )。

　　a. 争辩说你所做的比他所建议的要好

　　b. 听着,但不再邀请他飞了

　　c. 听着并尝试学习一些新的东西

(24) 如果你看到有人在飞行时犯错,你会( )。

　　a. 指出错误并向他展示是如何做的

　　b. 悄悄地告诉那个人

　　c. 如果它没影响飞行的安全就不说

(25) 当你对某事有强烈的感觉时,你会( )。

　　a. 努力让别人看到你的方式

　　b. 给出你的意见

　　c. 守口如瓶,什么也不说

(26) 和朋友在一起时,你愿意( )。

　　a. 告诉别人你上一次飞往繁忙机场的飞行历程

　　b. 谈论你知道的飞机

　　c. 倾听其他飞行员谈论他们最后一次独自穿越的国家

(27) 你愿意做什么?( )

　　a. 做一个让你有充分的自由去探索的任务

　　b. 与大家联合一起完成任务

　　　c. 工作有严格的指导方针且你所做的都有指示

(28) 你最喜欢什么情况？（　　　）

　　　a. 你有完全的控制和权威的情况

　　　b. 集体成员平均贡献的情况

　　　c. 另一个人负责，而你必须听那个人的情况

(29) 你最可能喜欢的工作是什么样的？（　　　）

　　　a. 你每天都做些不同的事

　　　b. 与体力劳动相比做更多的思考

　　　c. 你每天都做同样的事情，没有什么惊喜

(30) 填写完整的导航记录、重量特性，并配合几个性能图是（　　　）。

　　　a. 作为一个初学者很需要，但后来不需要的

　　　b. 良好的实践，但不是每次飞行所必需的

　　　c. 每次安全飞行所必需的

(31) 如果住在你旁边的人抱怨你的音乐太吵，你会（　　　）。

　　　a. 告诉那个人如果他不喜欢他可以搬家

　　　b. 邀请他加入你

　　　c. 把音乐关掉

(32) 一个飞行员最好被描述为（　　　）。

　　　a. 寻求刺激者

　　　b. 浪漫英雄

　　　c. 仅仅是一个人在做工作

(33) 飞行员是（　　　）。

　　　a. 一个在任何领域都能出类拔萃的人

　　　b. 一个想要比普通人生活得更好的人

　　　c. 一个普通的人，认为飞行是一个良好的谋生方式

(34) 一个人应该开始飞行，因为（　　　）。

　　　a. 这不是每个人都能做的

　　　b. 很有趣

　　　c. 它可以带来大笔的钱

(35) 当一位飞行教员对你的飞行技巧提出一些建设性的批评时，你
　　　（　　　）。

　　　a. 觉得飞行教员只是在挑刺

　　　　b. 意识到你的技术并不完美,但它是被允许的

　　　　c. 试着向一个有更多经验的人学习一些东西

(36) 在飞行训练中,你的主要目标是(　　)。

　　　　a. 了解足够多以通过下一次考试

　　　　b. 给教员留下好印象

　　　　c. 学习所有要学习的东西

(37) 在你拿到私人飞行员执照后,你想发生什么事?(　　)

　　　　a. 家乡的电视新闻采访你

　　　　b. 向不是飞行员的朋友出示你的证书

　　　　c. 什么也没有

(38) 什么会给你最大的骄傲?(　　)

　　　　a. 非常轻松地得到一个好成绩

　　　　b. 浪费一个下午因为你没有更好的事做

　　　　c. 完成一项困难的任务即使需要100%的努力

(39) 你最容易被谴责忘记的是(　　)。

　　　　a. 把东西放在哪里

　　　　b. 名字、电话号码、生日

　　　　c. 容貌

(40) 你为什么要参加飞行训练?(　　)

　　　　a. 飞行适合我的个性

　　　　b. 我想要一个挑战,看看我是否能做得更好

　　　　c. 我想要一份高薪的工作

　　你已经完成了测试,让我们看看你是怎么做的。回到你的测试题目。每次你选择回答a时,给自己一分;回答b是2分;回答c是3分。如果你在第一个问题上选择b(2分),在第二个问题上选择a(1分),那么你的总分为3分。把所有40个问题的分值相加,然后除以40得到一个最终的平均值。

　　你的测试平均分越接近1.0分,你就越有被识别出来的飞行员性格特征。记住,这不是一个万无一失的测试。如果你的平均分接近3.0分,并不意味着你应该放弃飞行;事实上,你甚至可能是一个更安全的飞行员。请记住,并非所有飞行员的性格特征都是好的。最终平均分接近1.0可能说明两个重要事实:

　　(1) 你被飞行所吸引,因为它能帮助你养活自己。

　　(2) 一个有个性的人在飞行或做飞行决定时可能会遇到麻烦。

飞行员性格中的危险之处在于让飞行变得如此有趣、如此刺激、如此具有挑战性，以及吸引人们飞行的特质，正是这些特质使飞行变得危险。在冒险和寻求刺激之间有一条分界线。在指挥和头脑冷静之间有一线之隔。追求自由和滥用自由之间有一条分界线。飞行员的个性可以在这两条线的两边。目标是通过纪律、责任和经验的综合使之成为一个安全的飞行员。

17　飞行技巧

　　有一次空管勒德斯克里正在处理飞行中的紧急情况。一架飞机发动机失效,飞行员被迫在晚上紧急降落。飞行员凭借机场绿白闪烁的信号灯,在恶劣的条件下安全降落。空管说:"那个晚上飞行员展示了高超的飞行技巧。"

　　飞行技巧是一系列特征的组合,很难准确地描述它,它是你看到就知道的东西之一。飞行技巧至少包括飞行员的能力、判断力、飞行知识、飞行经验等。所有这些融合在一起,没有一个可以单独存在。飞行知识可以提高判断力;飞行经验能提高飞行员能力;判断力可以提高飞行安全,同时获得更多的飞行经验,这些特征融合得越好,飞行技巧越高。

　　致命地带存在的原因是飞行员缺乏经验。当你有 50~350 飞行小时的飞行经验时,你只是还没有练习得足够多。图 17.1 说明了飞行技巧和事故之间的潜在关系。由图 17.1 可知,在 50~350 飞行小时时,飞行员的飞行技巧很低,事故隐患很多。但随着飞行小时和飞行技巧的增加,事故发生的可能性也会降低。飞行技巧的提升可以有效防止事故的发生。

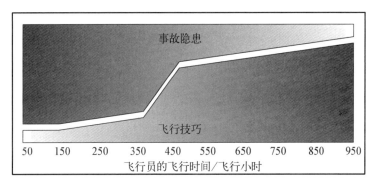

图 17.1　数据不会说谎,飞行技巧越高,事故概率越低

飞行技巧高的飞行员更有自信。新手飞行员常常过于自信。也许他们只是

不知道自己应该担心什么。在许多事故案例中，缺乏经验的飞行员已经起飞了并陷入麻烦，而此时有经验的飞行员还在地面。

过于自信和傲慢是导致许多飞行员在致命地带发生事故的真正原因，傲慢和飞行技巧并不是一回事。如果你有飞行技巧，一般你也不会傲慢。如果你傲慢，说明你还没有学到能够当一名飞行员的足够知识。

那么有价值的经验是什么呢？它是否会随着时间的推移而自动产生？经验丰富的飞行员和新手飞行员的区别在于他们做出的决策的质量。有经验的飞行员做出的决策是在过去事件记忆的基础上。如果一个人有经验，那就意味着他经历过更多的东西。他们以前遇到过问题，知道在不同的环境下什么有效，什么无效。如果他们再次遇到同样的问题，就会知道该采取什么行动，因为他们以前已经经历过了。新手飞行员没有以往的经验积累，在飞行的过程中不知道什么解决方案是正确的，所以他们猜测并希望得到最好的结果。没有经验的飞行员通常会很容易地决策失误，结果当然也很糟糕。

我曾经在仪表飞行（IFR）条件下和一个仪器专业的学生一起飞行，我们的转速（RPM）从 2 300 降到了 1 200。我把油门往前推——转速没有变化。我给化油器加热——没有作用。我们正顺风向仪表着陆（ILS）进近，但我们不能保持高度。我告诉塔台我们的飞机出了问题，需要马上截获定位信标进行进近。已经有另一架飞机正在进近，所以塔台空管马上让他们退出进近。我截获了机场定位信标，并从上面截获了下滑道。我们能够保持下滑率，在决断高度之上从云层中冲出。我们降落了，滑行到维修站，然后关闭发动机。我的学生最近刚戒烟，从 A&P 处借了一支烟，点燃了烟。在确认磁电机关闭后，A&P 机械师用手拉动螺旋桨，使第一个汽缸在压缩冲程开始压缩空气，到达上死点，然后转过上死点通过完成冲程后，螺旋桨的转动变得轻松。他不断地转动螺旋桨，汽缸不断地压缩、释放。终于，螺旋桨在一个气缸的压缩冲程中并未变得难以旋转，而是自由地转动。此时该汽缸的压缩冲程中空气并没有被压缩，没有压缩意味着那个汽缸没有动力。四个汽缸中的一个损坏了，剩下的三个汽缸拖着故障的一个汽缸工作时，使我们在飞行中几乎失去了一半的功率。我们损坏了一个阀门，排气阀坏了，掉进了汽缸里。没有阀门，就没有办法密封汽缸，因此不可能压缩空气。我所了解到的是，推动油门向前并没有任何作用，而且可能会使它变得更糟，因为现在发动机里有一个松动的阀门在旋转。但是这次我只知道前推油门，下次我会知道减少油门，因为我现在有了那次飞行作为我经验的一部分。如果这种情况再次发生，我会处理得非常聪明，但这并不意味着我比任何人都聪明，只因为我曾经碰到过这种情况。

在紧急情况下，几乎没有时间来考虑这些问题。没有时间去列出你的决策的利弊清单。如果你花了太多的时间去思考，做任何事情的机会窗口可能就会失去。但如果你以前遇到过这种情况，你就能记得上次的情况。有了这些知识，你几乎可以立即开始纠正行动，在其他人看来，你在一瞬间就做出了一个非常复杂的决定，但事实上，你只是在应用一个之前就认识到的解决方案。"经验"的真正定义是你认识到各种各样的潜在问题，并为每一个问题准备好解决方案。

这是否意味着你必须经历一些事情，才能处理这些问题？我想不是。我认为你可以用知识代替一定程度的经验。我认为，干劲加上良好的训练和成熟的心智，可以使飞行员只飞行 300 飞行小时却拥有 1 000 飞行小时的经验水平。如果这是可能的，那么我们已经有效地把飞行员从致命地带中救出，我们可以增加额外的能力、知识和判断力，以取代缺乏经验的融合。

我们已经梳理出了下一个致命地带的事故。

这就是基于场景的飞行训练背后的概念。场景和真实世界的飞行训练是迄今为止最好的证据，证明了经验可以使事故最小化。一个有经验的飞行员是一个更安全的飞行员，但是飞行员是否必须在致命地带的掩护下，在不安全的情况下飞行？不，如果他们在接受培训时接触过现实世界的经验和现实世界的决策，他们就不会。对于培训一个飞行员使其变得更安全可靠来说，质量比数量更重要。

航空公司都知道，雇佣一个 750 飞行小时的飞行员却能表现出飞行 1 500 飞行小时飞行员的飞行技巧是可能的。我与几家主要航空公司合作，协调大学生实习。航空公司知道，在未来的几年里，他们将雇用许多飞行员。他们希望雇佣年轻的飞行员，因为如果飞行员能飞行 35 年，他们的培训投资就能获得更多的回报。你从哪里得到天赋最高的年轻飞行员？美国的航空航天大学是他们所关注的地方，而实习则是他们筛选的方式。他们知道，如果能找到一个渴望学习的年轻飞行员，他们就能把他变成可靠、安全的雇员/飞行员。航空公司一致认为，高质量的航空教育，抵得了上千飞行小时的飞行经验。

你如何用额外的技能、知识和判断力来代替经验不足？首先，假设你玩了一个"如果"的游戏。你问自己，或者问另一个飞行员，如果你的 RPM（转速）突然从 2 300 下降到 1 200，怎么办？如果目的地的温度是 55 华氏度，湿度是 50%，太阳正在下降，怎么办？如果你的协调转弯和姿态陀螺仪不起作用了怎么办？你可以想到一百万个这样的问题。讨论"如果"的场景，会得到不同的观点。经常会有不止一个答案和不止一种行动方案。如果有一天在飞行中出现这些假设中的一个，你就会有更好的准备。你可能没有在飞行中遇到它，但你有"历史"可以参考，你将不需要猜测和希望你的决策是最好的。

接下来要积极参加正在进行的飞行训练，参加安全研讨会，在大学学习航空课程，参加飞行项目。任何时候，飞行员都可以从书籍、杂志和互联网上获得更多的知识。没有必要在这里叙述 FAA 的咨询通告，这些都可以在线获得。你可以阅读 NASA 的飞行员在危险情况下的报告，以及他们是如何脱险的；同样你可以阅读国家运输安全委员会的事故调查报告。

如果你还没有开始使用这些方法增加知识，那么赶快使它成为你的 5 年计划的一部分并马上开始吧。

随着飞行时间的增加，你应该尝试提高你的训练质量，而不仅仅是训练数量。当挑战更大的时候，你会掌握更多的空中技巧。第 13 章说明了一个小时寻求一个更高等级的训练的价值超过一个小时的个人飞行。一般来说，IFR 飞行比 VFR 飞行更有价值；夜间飞行比白天飞行更有价值；飞行到繁忙的 C 类机场比飞行到 G 类机场更有帮助；在一架复杂类飞机上飞行一个小时比在起落架位置固定、定距桨的飞机上飞一个小时获取的飞行技巧要多。冬天通常比夏天更具挑战性。侧风飞行比在静风条件下飞行收获更大。你在仪表进近上学到的东西比在目视进近上学到的要多。同样当天气不好的时候会比在天气很好的时候更好地学到天气规划。

如果你白天在两个机场之间来回飞行 100 飞行小时，你将会得到一些好处。但你是在浪费自己的人生。通过提高标准，寻求更多的挑战，你的 100 飞行小时将更有价值，你将获得更多的飞行技巧。无论在白天还是晚上，1 小时的着陆工作费用相同。同样地，在雷达环境中工作 1 小时的费用与飞往非雷达机场的 1 小时的费用相同，但价值更高。

在航空领域，最难解决的问题是在飞行过程中突破致命地带，没有经验的飞行员如何在不死亡的情况下获得经验。答案是获得比飞行时间更多的飞行技术。

索　引